流域植被恢复与坝库工程建设的水土环境效应

THE SOIL AND WATER ENVIRONMENTAL EFFECTS OF WATERSHED VEGETATION RESTORATION AND DAM RESERVOIR ENGINEERING CONSTRUCTION

佘冬立 张翔 ◎编著

河海大学出版社
HOHAI UNIVERSITY PRESS
·南京·

图书在版编目(CIP)数据

流域植被恢复与坝库工程建设的水土环境效应 / 佘冬立，张翔编著. -- 南京 ：河海大学出版社，2024. 5
ISBN 978-7-5630-8981-9

Ⅰ. ①流… Ⅱ. ①佘… ②张… Ⅲ. ①植被－生态恢复－应用－水库工程－水土保持－研究②植被－生态恢复－应用－水库工程－环境保护－研究 Ⅳ. ①TV62

中国国家版本馆 CIP 数据核字(2024)第 094349 号

书　　名 流域植被恢复与坝库工程建设的水土环境效应
LIUYU ZHIBEI HUIFU YU BAKU GONGCHENG JIANSHE DE SHUITU HUANJING XIAOYING

书　　号 ISBN 978-7-5630-8981-9

责任编辑 彭志诚

特约编辑 薛艳萍

特约校对 王春兰

装帧设计 

出版发行 河海大学出版社

地　　址 南京市西康路 1 号(邮编:210098)

电　　话 (025)83737852(总编室)　(025)83722833(营销部)
(025)83787769(编辑室)

经　　销 江苏省新华发行集团有限公司

排　　版 南京布克文化发展有限公司

印　　刷 广东虎彩云印刷有限公司

开　　本 718 毫米×1000 毫米　1/16

印　　张 13.75

字　　数 225 千字

版　　次 2024 年 5 月第 1 版

印　　次 2024 年 5 月第 1 次印刷

定　　价 59.00 元

前言

preface

水是生命之源，土是生存之本，水土是人类赖以生存和发展的基本条件，是不可替代的基础资源。水土的保持是江河保护治理的根本措施，是生态文明建设的必然要求。近年来，我国水土保持工作取得显著成效，水土流失面积和强度持续呈现“双下降”态势，为促进生态环境改善和经济社会发展发挥了重要作用。但总体来看，我国水土流失量大面广、局部地区严重的状况依然存在，防治成效还不稳固，防治任务仍然繁重，特别是针对水少沙多的黄河，仍需要进一步抓好上中游水土流失治理和荒漠化防治，推进流域综合治理。因此，以“流域”为着眼点，紧紧抓住水沙关系“牛鼻子”，大力推行流域综合治理，对支撑黄河流域生态保护与高质量发展具有重要意义。

近几十年黄河输沙量的突兀性减少引起社会各界人士关注，泥沙减少原因和未来趋势亟待研究，也需结合现状进一步提出新的应对策略。黄土高原是我国土壤侵蚀最为严重的地区，也是黄河泥沙的主要来源区。前期研究表明，黄河泥沙减少是气候变化和人类活动共同作用的结果，而黄土高原水土流失治理是黄河泥沙减少的最主要原因。特别是退耕政策实施以来，坡面生物措施和沟道淤地坝建设的同步发展，极大地改善了区域自然生态环境，使得在正常降水年份时黄河输沙量被控制到了人类活动影响之前的程度。今后黄土高原水土保持的治理方向需要建立在对前期大规模退耕还林还草措施和坝库拦蓄工程水土环境效应深入了解的基础上。此外，植被恢复导致的流域侵蚀环境变化对水沙过程的影响，特别是对下游淤地坝水沙特征影响机制还需进一步加强研究。因此，探讨流域植被恢复与坝库工程建设下的的水沙动态变化，明确不同措施模式下，流域的水土环境效应，对明确黄土高原水土流失治理方向和促进流域可持续发展具有重要意义。鉴于此，我们组织编写了《流域植被与坝库工程建设的水土环境效应》一书。在该书编写过程中，我们充分借鉴了相关学者及有关部门的工作成果和相关研究结论，在此表示感谢！本书作者在总结过去十余年研究工作的基础上，较为系统地分析了流域植被恢复对土壤水分储存、对土壤水分分布、储存和土壤养分特征的影响规律；从流域水沙动态变化及其归因出发，探究了流域侵蚀产沙及其水文过程响应，量化了植被恢复与坝库工程建设对流域输沙变化的影响，完成了流域植被恢复与坝库工程建设的水土环境效应专著的撰写。本书中的相关研究成果得到了中国科学院西部之光项目“淤地坝水沙变化对坝控小流域侵蚀环境演变的响应机理”等项目的资助。

全书共分为七章，第一章阐述了流域植被恢复与坝库工程的现状及水土保持效应；第二章论述了土地利用变化下流域土壤水分空间变异；第三章论述了土地利用变化下流域土壤养分空间变异；第四章论述了流域水沙时空演变及其归因分析；第五章论述了小流域侵蚀产沙及其溯源分析；第六章探究了流域泥沙连通性及其水文过程响应；第七章阐明了植被恢复与坝库工程建设对流域输沙变化的影响。各章作者如下：第一章，佘冬立、张翔；第二章，佘冬立；第三章，佘冬立、葛佳敏、贺仓国；第四章，张翔、周文婷；第五章，张翔、王广博；第六章，邹钰文；第七章，张翔。全书由佘冬立、张翔统稿。

由于作者水平有限，加之时间仓促，书中疏漏和不足之处在所难免，敬请广大读者批评指正！

作　者

2023 年 9 月

目录

contents

第一章

流域植被恢复与坝库工程建设

中华人民共和国成立以来，为防治流域水土流失、减少入黄泥沙，先后实施了坡面治理、沟坡联合治理、小流域综合治理和退耕还林/草工程。植被恢复是流域水土保持与生态建设的重要措施，不仅可以遏制水土流失，而且可以通过改善土壤一植物复合系统的功能来提高土壤质量，进而使植被恢复与土壤侵蚀的作用机制发生变化。与此同时，由于淤地坝拦沙和提供肥沃农田等效益明显，近几十年来，其建设也得到了迅速发展。本章主要简介了流域的概念及特征，论述了水土保持措施（植物措施和坝库工程措施）的分布及现状，并对二者的水土保持效应进行了阐述。

1.1 流域概念及特征

流域，指由分水线所包围的河流集水区，分地面集水区和地下集水区两类。如果地面集水区和地下集水区相重合，称为闭合流域；如果不重合，则称为非闭合流域。平时所称的流域，一般都指地面集水区。每条河流都有自己的流域，一个大流域可以按照水系等级分成数个小流域，小流域又可以分成更小的流域等。另外，也可以截取河道的一段，单独划分为一个流域。流域之间的分水地带称为分水岭，分水岭上最高点的连线为分水线，即集水区的边界线。处于分水岭最高处的大气降水，以分水线为界分别流向相邻的河系或水系。例如，中国秦岭以南的地面水流向长江水系，秦岭以北的地面水流向黄河水系。分水岭有的是山岭，有的是高原，也可能是平原或湖泊。山区或丘陵地区的分水岭明显，在地形图上容易勾绘出分水线。平原地区分水岭不显著，仅利用地形图勾绘分水线有困难，有时需要通过实地调查确定。在水文地理研究中，流域面积是一个极为重要的数据。流域面积亦称受水面积或者集水面积，其指流域周围分水线与河口（或坝、闸址）断面之间所包围的面积，习惯上往往指地表水的集水面积，其单位以 km^2 计。自然条件相似的两个或多个地区，一般是流域面积越大的地区，其河流的水量也越丰富。流域根据其中的河流最终是否入海可分为内流区（或内流流域）和外流区（外流流域）。

流域特征包括：流域面积、河网密度、流域形状、流域高度、流域方向或干流方向等。①流域面积为流域地面分水线和出口断面所包围的面积，在水文上又称集水面积，单位是 km^2，它是河流的重要特征之一，其大小直接影响河流水量大小及径流的形成过程；流量、尖峰流量、蓄水量多少及集流时间、稽延时间长短皆与流域面积大小成正比。②河网密度（D）为流域中干支流总长度和流域面积之比，表征单位流域面积内河川分布情形，或称排水密度，单位是 km/km^2，其大小说明水系发育的疏密程度，受到气候、植被、地貌特征、岩石土壤等因素的控制。D 值大表示河川切割强烈之区域，降水可迅速排出；D 值小则表示排水不良，降水排出缓慢。由观测得知，D 值大者其土壤容易被冲蚀或不易渗透、坡度陡、植物覆盖少；D 值小者，其土壤能抗冲蚀或易渗透，坡度小。③流域形状特征会对河流水量变化有明显影响。④流域高度主要影响降水形式和流域内的气温，进而影响流域的水量变化。⑤流域方向或干流方向一般对冰雪消融时间有一定的影响。河床坡度（S）通常表现为上游坡度较大，向下游逐渐减少，河床纵剖面为向上凸，一般流域河道坡度仅考虑主流长度。主流长度是流域在水平面上投影最长的河流之长度；平均宽度为流域面积与主流长度的比值；流域周长则是流域沿分水岭一周的长度。

黄河为中国第二大河，以河水含沙量高和历史上水灾频繁而闻名。黄河流域幅员辽阔，西部属青藏高原，北邻沙漠戈壁，南靠长江流域，东部穿越黄淮海平原。全流域多年平均降水量 466 mm，总的趋势是由东南向西北递减，降水量最多的是流域东南部湿润、半湿润地区；降水量最少的是流域北部的干旱地区。流域内黄土高原地区水土流失面积 43.4 万 km^2，其中年平均侵蚀模数大于 5 000 t/km² 的面积约 15.6 万 km²。流域北部长城内外的风沙区风蚀强烈。严重的水土流失和风沙危害，使脆弱的生态环境继续恶化，阻碍当地社会和经济的发展，而且大量泥沙输入黄河，淤高下游河床，也是黄河下游水患严重而又难以治理的症结所在。黄河中游的黄土高原，水土流失极为严重，是黄河泥沙的主要来源地区。在全河 16 亿 t 泥沙中，有 9 亿 t 左右来自河口镇至龙门区间，占全河来沙量的 56%；有 5.5 亿 t 来自龙门至三门峡区间，占全河来沙量 34%。黄河中游的泥沙，年内分配十分集中，80%以上的泥沙集中在汛期；年际变化悬殊，最大年输沙量为最小年输沙量的 13 倍。

黄河中游河龙区间位于黄土高原中部（图 1.1），是指河口镇（头道拐站）和龙门镇（龙门站）两个干流水文控制站之间的区域。研究区面积约为 1.3×10^5 km²，占整个黄河流域面积的 15%。河龙区间的黄河干流长约为 733 km，该区共有 22 个大型支流，分别有皇甫川、浑河、偏关河、县川河、孤山

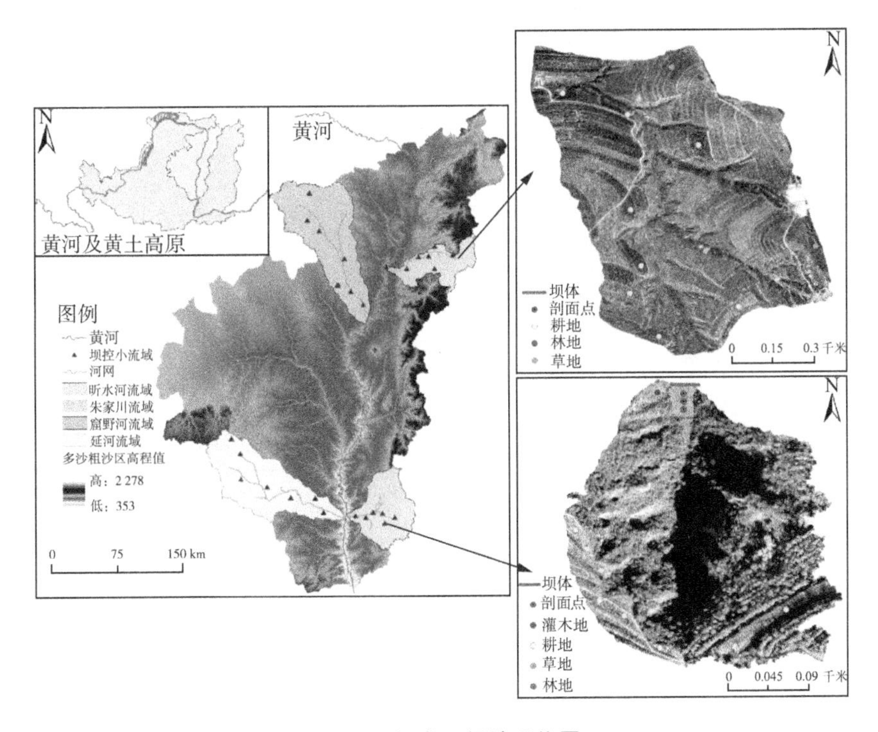

图 1.1　河龙区间地理位置

川、窟野河、秃尾河、佳芦河、清凉寺沟、湫水河、朱家川、岚漪河、蔚汾河、无定河、清涧河、延河、汾川河、仕望川、三川河、屈产河、昕水河和州川河。河龙区间是黄土高原侵蚀最严重的地区，在1955—1969年期间，该地区为黄河提供了69%的泥沙量；在1970—2009年期间，该地区为黄河提供了42.1%的泥沙量[1-2]。该区域已成为研究输沙量变化和水沙关系的热点地区。该区域属于干旱半干旱气候，年均气温为6～14℃，潜在蒸散发量能达到1 500～2 000 mm，而在1956—2014年，该区的年平均降水量为443 mm，东南部为580 mm，西北部不到300 mm[3]。72%的年总降雨量发生在洪水期(6月至9月)，而且通常以高强度暴雨的形式出现。此外，该地区土壤主要是在黄土母质基础上发育而来的，包括黄绵土、灰褐土、黑垆土等，这些表层土壤非常容易侵蚀和运输[4]。因此，该区域约88%的泥沙是在洪水期间受到侵蚀而产生的。

表1.1　所选28个坝控小流域的基本特征

流域	子流域	流域面积(km^2)	坝地面积(m^2)	高程(m)
窟野河流域	布日都梁流域	0.032	1 366.21	1 332～1 377
	赛乌素18#小型坝	0.083	1 987.97	1 313～1 355
	补连沟流域	0.011	332.36	1 195～1 227
	石拉沟流域	0.510	4 111.42	1 068～1 224
	六道沟子流域1#	0.344	2 468.61	1 118～1 408
	六道沟子流域2#	0.054	885.76	1 139～1 195
	韩家窑堳流域	0.162	1 661.47	915～1 042
	凤凰塔骨干坝子流域	0.053	809.38	849～914
朱家川流域	细岭沟流域	0.613	3 177.00	1 450～1 573
	华家沟流域	0.408	1 439.00	1 231～1 468
	郜家峪沟流域	0.370	2 446.86	1 262～1 413
	柳树咀沟流域	0.377	5 243.37	1 325～1 463
	高家沟流域	0.292	4 057.00	1 208～1 369
	丛岭沟流域	0.570	4 263.00	1 123～1 339
	后会沟流域	1.029	13 965.00	825～1 004

续表

流域	子流域	流域面积(km^2)	坝地面积(m^2)	高程(m)
延河流域	安塞峁沟流域	0.440	6 252.29	1 195～1 413
	窑子湾流域	0.095	338.94	1 211～1 556
	阴阳沟流域	0.063	552.15	1 157～1 295
	刘兴庄流域	0.130	2 557.58	1 105～1 227
	窑则沟流域	0.291	2 330.53	959～1 169
	管村骨干坝子流域	0.336	1 778.88	879～1 081
	铺子沟流域	0.511	9 504.14	886～1 085
昕水河流域	堡子沟流域	0.353	3 680.05	1 040～1 220
	枣家河流域	0.055	845.25	1 009～1 152
	古绎流域	0.071	967.36	839～977
	罗曲流域	0.107	2 135.57	687～819
	河底沟流域	0.170	1 671.00	807～966
	北风流域	0.028	583.92	668～747

注：部分数据按照四舍五入原则取约数，后文同。

1.2　水土保持措施分布及现状

1.2.1　区域植被覆盖变化特征

自20世纪80年代以来，黄土高原实施了一系列控制水土流失的措施，包括优化土地利用结构和配置、封山育林、建造水库等。到2006年，我国已在约49%的侵蚀土地实施了这些措施(包括农田优化52 729 km^2，植树造林94 613 km^2和草种植34 938 km^2)[5]。毫无疑问，这些人类活动在促进植被覆盖方面发挥了重要作用。然而，无节制地利用水资源，区域过度城市化和工业化，过度放牧、伐木和过度开垦及采矿都对黄土高原的植被生长造成了不利影响[6]，加速了植被生长的变化[7]。因此，分析黄土高原的植被覆盖变化仍然需要对人类活动的影响进行全面评估。

绿色植被的光谱反射率与其他土地利用类型(如水体、裸露地表或冰雪)差异较大，植被的反射光谱在近红外波段高而在可见光波段低。近几十年来，随着遥感科学的不断发展，利用植被这一反射光谱特征构建植被指数，对绿色植被长势进行监测，已在全球得到广泛应用。目前，最常用的植被指数为归一化植被指数(normalized difference vegetation index, NDVI)，由近红外波段和红波段的反射值差值与这两个波段反射值之和的比值得到。植被指数一般表示植物的光合作用活性[8]，因此植被较密集或覆盖率较高的地区通常植被指数较高。

1985—2015年，黄土高原年NDVI总体呈上升趋势，年均变化率为0.002[图1.2(a)]。黄土高原年NDVI变化具有阶段性特征，可分为5个阶段：上升阶段(1985—1988年)，下降阶段(1988—1992年)，上升阶段(1992—1998年)，下降阶段(1998—2001年)，上升阶段(2001—2015年，年增长率为0.005 7)。NDVI的空间变化情况表明[图1.2(b)]，黄土高原明显改善和轻微改善的区域分别占黄土高原面积的68.53%和20.61%，而严重退化和轻微退化的区域分别仅占2.49%和8.37%。明显改善区域分别是严重退化和轻微退化区域的27.52倍和8.19倍，由此可见黄土高原植被改善趋势明显。从空间分布上看，明显改善的地区主要分布在黄土高原中部。严重退化区主要分布在黄土高原北部、南部和西南部，轻度退化区分布在严重退化区周围。严重退化区主要由呼和浩特市(占退化总面积的4.52%)、延安市东部(占退化总面积的8.23%)、青海省东部(占退化总面积的13.99%)和宝鸡—咸阳、西安—渭南沿线4个区域组成(占退化总面积的50.20%)[9]。

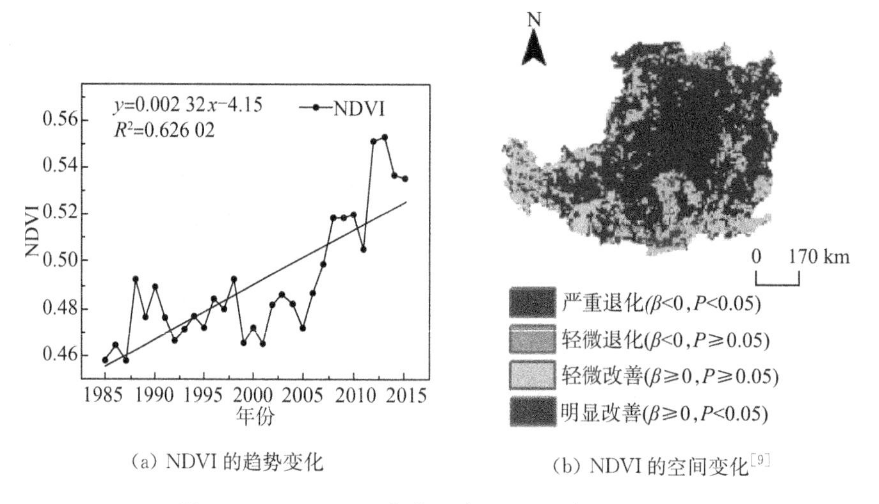

(a) NDVI的趋势变化

(b) NDVI的空间变化[9]

图1.2 1985—2015年黄土高原NDVI年际变化特征

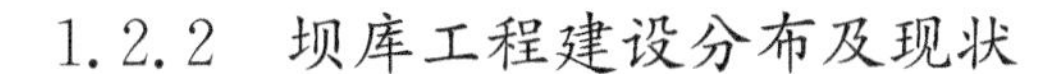

1.2.2　坝库工程建设分布及现状

淤地坝在黄土高原具有悠久的建设历史。最早的淤地坝不是人工建造的，而是自然形成的，自形成至今已有400多年[10]。1569年，由于一场大规模滑坡，在黄土高原的陕西省子洲县形成了一座高60 m的天然淤地坝，坝控面积0.54 km^2[11]。最早的人工筑坝记录在1573—1619年[12]。中华人民共和国成立后，经过大量的试验、示范与推广，淤地坝建设进入了快速发展及扩张阶段，主要包括以下三个阶段：一是，20世纪60—70年代的建设高峰阶段，现有的中小型淤地坝大多都是由当地群众在这段时期修建的；二是，20世纪80—90年代的增建骨干坝及旧坝加固阶段，通过总结前期建设的经验和教训，在沟道适当位置增建骨干坝，提升防洪标准，并对因洪水损坏的中小型淤地坝进行除险加固；三是，2000年以来的建设小高峰阶段，2003年淤地坝被确定为黄土高原地区水利亮点工程，《黄土高原地区水土保持淤地坝规划》提出将投资830.6亿元用于淤地坝、坝系的建设。

淤地坝是阻滞泥沙进入黄河的最有效措施[13]。1970—2010年间，黄土高原上的淤地坝和水库每年减少入黄泥沙约2.7亿吨[14]。《水土保持综合治理 技术规范　沟壑治理技术》(GB/T 16453.3—2008)中的淤地坝分级标准指出，依据淤地坝坝控面积、坝高以及淤积库容等固有特征，可将其划分为骨干坝、中型坝以及小型坝三种类型。

GUO等[15]使用1950—2014年黄河水利委员会黄河上中游管理局提供的骨干坝及中型坝数据进行统计分析发现，截至2014年，黄土高原共有17 094座库容超过10万 m^3 的淤地坝，其中骨干坝5 829座，中型坝11 265座，分别占总数的34%和66%。通过划分各省级淤地坝分布情况发现，陕西省的淤地坝数量最多(11 632座)，占总量的68%，其次是山西省(10%)和内蒙古(8%)，而青海、甘肃、宁夏和河南四个省份的淤地坝数量之和占总数的14%。此外，通过对所有淤地坝进行风险评定发现，黄土高原共有5 282座淤地坝被评定为危险坝，其中57.3%为骨干坝，42.7%为中型坝。同样地，陕西省的危险坝也最多，共有2 892座，其中的84%主要分布在榆林地区，其次是山西省(1 020座)，其中临汾市和忻州市分别占39%和26%。

刘蓓蕾[16]依据2011年第一次全国水利普查的骨干坝数据、2009年淤地坝安全大检查的中型坝数据以及2017年淤地坝除险加固资料进行研究，截至2018年，共有58 776座淤地坝分布在整个黄土高原，其中骨干坝、中型坝和小型坝分别占10.05%、20.70%和69.25%。此外，20世纪80年代以前分别建设了1 418座骨干坝、8 275座中型坝和28 084座小型坝。中型坝累积坝控面积达到4.8万km^2，拦蓄泥沙近56.5亿t。随着《黄土高原地区水土保持淤地坝规划》的通过，2000—2010年期间修建了近3 000座骨干坝，属于骨干坝的建设高峰期；中小型坝的修建高峰期则在1968—1976年间，分别建设了47%的中型坝和48%的小型坝。截至2018年，黄土高原全部淤地坝的总库容为110.33亿m^3、设计淤积库容为77.50亿m^3、已淤库容为55.04亿m^3，其中，已淤满的淤地坝已达41 008座，1986年前修建的已淤满淤地坝占85%以上。西北黄土高原区依据其地形地貌特征可以划分成5个二级区，依次为丘陵沟壑区、高塬沟壑区、覆沙黄土丘陵区、山地丘陵沟壑区以及盆地丘陵区，其中丘陵沟壑区和高塬沟壑区是遭受土壤侵蚀最为严重的区域。丘陵沟壑区和高塬沟壑区分布面积仅占黄土高原总面积的38.08%，但却占据了黄土高原近84%的淤地坝，两区分别建设淤地坝47 745座和1 632座（表1.2）。

表1.2　黄土高原各区淤地坝分布状况[16]

类型	丘陵沟壑区		高塬沟壑区		其他区域		黄土高原总数量(座)
	数量(座)	比例(%)	数量(座)	比例(%)	数量(座)	比例(%)	
骨干坝	4 631	78.43	374	6.33	900	15.24	5 905
中型坝	10 698	87.91	180	1.48	1 291	10.61	12 169
小型坝	32 416	79.64	1 078	2.65	7 208	17.71	40 702
合计	47 745	81.23	1 632	2.78	9 399	15.99	58 776

通过对黄土高原早期修建的淤地坝数据进行统计发现，骨干坝和中小型坝的淤积率（已淤库容与总库容的比值）分别达到0.77和0.88时，淤地坝便丧失了其基本功能[17]。以此为标准，通过统计、筛选黄土高原仍具有拦沙效益的淤地坝，发现截至2011年，依然可以继续发挥拦沙作用的骨干坝、中型坝和小型坝分别有4 319座、5 134座和12 855座[16]。

1.3 植被恢复与坝库建设的水土保持效益

1.3.1 植被恢复水土保持效应

土壤侵蚀是土壤在诸如流水、风力等外营力作用下发生的被剥蚀迁移的过程。自从开始研究土壤侵蚀，人们就认识到植被对于防止土壤侵蚀的重要作用。1877年，德国土壤学家 Wolly 利用覆盖植被建立了第一个防止侵蚀的实验小区，该方法迅速传到欧美及世界其他国家，成为人们研究土壤侵蚀的有效方法和手段之一。1947年，美国学者 Musgrave G W 首次提出了植被作用系数，并将其引入到美国东部和中部土壤流失方程中，并在1954年问世的通用流失方程中使之更加系统而明确。植被因子一直是影响土壤侵蚀的重要因子因而受到科研人员的重视[18]。植被对侵蚀过程中的侵蚀力和侵蚀物质都产生了深刻的影响[19]。尺度不同，植被恢复与土壤侵蚀的作用机制也会发生变化。斑块尺度植被对降雨和径流侵蚀能量具有很大的减弱或消除作用，减小或避免了雨滴对地面的直接打击，并由于增加了地面糙率而减小了流速，使水流的作用被分散在植被覆盖物之间，地表的覆盖物因素承受了原来作用于地表土粒上的力。而植被覆盖物腐烂后可以增加土壤中有机质的含量[20]，进一步改善了土壤的理化性质，可以强化土壤的抗冲性与土壤通透性和蓄水容量，增加入渗，消减超渗产流，防止冲刷，尤其是灌草植被可以分散或消除上方袭来的股流[21]，增加坡面径流运动阻力，削弱径流侵蚀能力，进而减少当地的水土流失。不同植被类型、层次结构及形态结构具有不同的侵蚀控制作用。从水土流失控制的角度看，土壤水分较低可以更好地控制径流和侵蚀的产生[22]。基于较低的土壤水分和其他水文功能，乔木林地和灌木林地对水土流失控制具有非常重要的影响[23]。当乔木林地和灌木林地位于坡上部时，就可以较好地减少径流和侵蚀[24]。和梯田、撂荒地、乔木林地、灌木林地相比，传统农地对径流和侵蚀的贡献率最大[23]。黄志霖等[24]在自然条件下连续14年对半干旱黄土丘陵沟壑区坡耕地及其4种退耕类型径流、侵蚀进行观测实验表明，坡耕地退耕能显著减少地表径流和土壤侵蚀，退耕类型之间径流和侵蚀量存在显著差异，14年累积减流、减沙效应依次为：灌木林地>自然草地>乔木林地>牧草地。坡面尺度主要从坡位、坡度、坡向对植被生长和分布格局的影响、对水土流失过程和格局的影响以及裸地-植被镶嵌格局、植被的条带格局对水土流失的影响和反映水土流失过程的影响以及格局指数的构建等方面进行了研究，相应尺度上的模型有 USLE/RUSLE、WEPP 等。相关的研究表明，前期土壤含水量对径流和侵蚀的产生具有非常重要的影响[25]，而建立不同土地利用类型斑块的镶嵌格局是控制水土流失的基础[26-28]。Rey[29]研究了草本和小灌木对上坡来水来沙的拦截作用，指出坡面底部的植被屏障覆盖仅仅达到 20%的时候就可以有效地拦截上坡来沙。Martinez 等人[30]在西班牙东南部通过四年的径流小区观测，指出植被条带能够有效地减少径流和侵蚀，而且不同植被类型效果不同。陈浩等[31]根据目前黄土高原小流域的综合治理现状和水土保持坡、沟措施配置方案，探讨了坡面植被恢复对沟道侵蚀产沙的影响及植被减沙的效益，结果表明，黄河中游多沙粗沙区产沙模数与自然和人类活动的侵蚀环境背景的综合影响密切相关，暴雨、垦殖率、林木覆盖率是影响多沙粗沙区产沙模数的主要因子。退耕还林(草)、减少垦殖率、增加林草植被是抑制多沙粗沙区侵蚀的关键，杨家沟的典型案例表明植被恢复可以使沟道侵蚀产沙减少 75%以上。流域/区域尺度植被与水土流失的关系更大程度上受到气候、地貌特征的影响，因此研究多从一定气候条件控制的植被覆盖及其分布格局的水土流失效应方面进行，多从遥感监测、GIS 集成和模型模拟方面开展，是对流域/区域等大尺度生态安全格局设计的有力支持，相应尺度上的模型有 LISEM、AGNPS、EUROSEM 和 SEDEM 等。王晗生和刘国彬[32]综合引用水土保持林草植被的相关资料，对植被结构的研究意义及其与土壤侵蚀的关系进行分析，得出结论表明，黄土区林草植被保持水土的临界盖度约为 40%～60%，风蚀区植物固沙的临界盖度约为 20%～50%，黄土区流域控制土壤侵蚀效果最佳的林草植被覆盖率约为 48%。

1.3.2 坝库工程建设的水土保持效应

近 90%的入黄泥沙主要源于黄土高原的侵蚀土壤[33]。由于土地利用不当、生态系统脆弱、抗水土流失能力差、暴雨强度大，该地区成为世界上水土流失最为严重的区域之一。自 20 世纪 50 年代以来，黄土高原开展了一系列水土流失防治措施，特别是1999年实施的“退耕还林还草”工程，恢复了植被，改善了自然生态环境，遏制了严重的水土流失，减少了流入黄河的泥沙。与此同时，由于拦沙和提供肥沃农田等效益明显，近几十年来，淤地坝的建设也得到了迅速发展。淤地坝被认为是一种有效的泥沙缓解技术，通常布置在河流或沟道中，用以减缓流速、拦截泥沙以及减少下游沟道侵蚀[34-35]。目前，由于其截水拦沙效果明显，许多国家已将淤地坝作为区域水土流失防治的重要措施。Polyakov等[36]评估了美国圣丽塔实验区（SRER）内淤地坝的泥沙保持能力，发现这些坝在四年内储存了75 t泥沙，减少了50%的泥沙量排放。Borja等[37]通过计算淤地坝中的泥沙累积量指出，超过70%的泥沙无法通过淤地坝。Shi等[38]应用SWAT模型模拟了中国黄土高原无定河流域在不同情景下的侵蚀情况，发现淤地坝可以减少11.7%的产沙量。冉大川等[39]通过对黄河中游河龙区间以及泾河、北洛河、渭河流域的淤地坝数据进行统计分析发现，河龙区间淤地坝在1970—1996年间的减水减沙效益分别为59.3%和64.7%，而泾河、北洛河和渭河流域淤地坝的减沙效益分别为17.2%、29.9%和27.6%。通过对河龙区间淤地坝拦截粗泥沙效果进一步分析发现，当河龙区间坝地的配置比例达到2%左右，淤地坝拦截泥沙的效益可达45%以上[40]。依据黄土高原丘陵沟壑区皇甫川、窟野河、佳芦河、秃尾河以及大理河5个流域内的淤地坝资料，分析单坝的拦沙效益及其对影响因素的响应发现，5个流域淤地坝的拦沙效益在23.3%～52.9%，与坝高成正比，与坝控面积、粗泥沙输沙模数呈反比[41]。为探明淤地坝拦沙对河流输沙的影响，魏艳红等[42]通过估算延河和皇甫川两典型流域内淤地坝在不同年代的拦沙量后指出，2000年以后淤地坝拦沙量占人类活动影响的比例均低于20%。

参考文献

[1] GAO P, DENG J, CHAI X, et al. Dynamic sediment discharge in the Hekou-Longmen region of Yellow River and soil and water conservation implications[J]. Science of the Total Environment, 2017, 578: 56-66.

[2] RUSTOMJI P, ZHANG X P, HAIRSINE P B, et al. River sediment

load and concentration responses to changes in hydrology and catchment management in the Loess Plateau region of China[J]. Water Resources Research, 2008, 44(7): 1-17.

[3] MCVICAR T R, LI L T, VAN NIEL T G, et al. Developing a decision support tool for China's re-vegetation program: Simulating regional impacts of afforestation on average annual streamflow in the Loess Plateau[J]. Forest Ecology and Management, 2007, 251(S1): 65-81.

[4] WANG G L, LIU G B, XU M X. Above-and belowground dynamics of plant community succession following abandonment of farmland on the Loess Plateau, China[J]. Plant and soil, 2009, 316(1): 227-239.

[5] GAO Y Z, CHEN Q, LIN A, et al. Resource manipulation effects on net primary production, biomass allocation and rain-use efficiency of two semiarid grassland sites in Inner Mongolia,China[J]. Oecologia, 2011, 165(4): 855-864.

[6] FENG X M, FU B J, PIAO SL, et al. Revegetation in China's loess plateau is approaching sustainable water resource limits[J]. Nature Climate Change, 2016, 6(11):1019-1022.

[7] LI X,NARAJABAD B, TEMZELIDES T. Robust dynamic energy use and climate change[J]. Quantitative Economics, 2016, 7(3): 821-857.

[8] MYNENI R B, HALL F G,SELLES P J, et al. The interpretation of spectral vegetation indexes[C]. IEEE Transactions on Geosciebce and Remote Sensing, 1995, 33(2): 481-486.

[10] JIN Z, CUI B L, SONG Y, et al. How many check dams do we need to build on the Loess Plateau? [J]. Environmental Science & Technology, 2012, 46(16): 8527-8528.

[11] 李敏. 淤地坝在黄河中游水土流失防治中的作用[J]. 人民黄河, 2003(12): 25-26.

[12] 魏艳红. 延河与皇甫川流域典型淤地坝淤积特征及其对输沙变化的影响[D]. 杨凌:中国科学院大学研究生院(教育部水土保持与生态环境研

究中心)，2017.

[13] WEI Y H，HE Z，LI Y J，et al. Sediment yield deduction from check-dams deposition in the weathered sandstone watershed on the North Loess Plateau，China[J]. Land Degradation & Development，2017，28(1)：217-231.

[14] WANG S，FU B J，PIAO S L，et al. Reduced sediment transport in the Yellow River due to anthropogenic changes[J]. Nature Geoscience，2016，9(1)：38-41.

[15] GUO W Z，WANG W L，XU Q，et al. Distribution，failure risk and reinforcement necessity of check-dams on the Loess Plateau：A review [J]. Journal of Mountain Science，2021，18(2)：499-509.

[16] 刘蓓蕾. 黄土高原淤地坝建设与地形特征的响应关系研究[D]. 西安：西安理工大学，2021.

[17] 高云飞，郭玉涛，刘晓燕，等. 陕北黄河中游淤地坝拦沙功能失效的判断标准[J]. 地理学报，2014，69(1)：73-79.

[18] 李鹏,李占斌,郑良勇. 植被保持水土有效性研究进展[J]. 水土保持研究,2002,9(1):76-80.

[19] 李鹏,李占斌,郑良勇. 植被恢复演替初期对模拟降雨产流特征的影响[J]. 水土保持学报,2004,18(1):54-57，62.

[20] HOFMANN L，RIES R E，GILLY J E. Relationship of runoff and soil loss to ground covers of native and reclaimed grazing land[J]. Agronomy Journal，1983，75(4):599-602.

[21] 查轩,唐克丽. 植被对土壤特性及土壤侵蚀的影响研究[J]. 水土保持学报,1992,6(2):52-58.

[22] FITZJOHN C，TERNAN J L，WILLIAMS A G. Soil moisture variability in a semi-arid gully catchment：Implications for runoff and erosion control [J]. Catena，1998，32(1):55-70.

[23] LUDWIG J A，TONGWAY D J，MARSDEN S G. Strips，strands on stipples：Modeling the influence of three landscape banding patterns on resource capture and productivity in a semi-arid woodlands，Australia

[J]. Catena, 1999, 37:257-273.
[24] 黄志霖,傅伯杰,陈利顶,等.黄土丘陵沟壑区不同退耕类型径流、侵蚀效应及其时间变化特征[J].水土保持学报,2004,18(4):37-42.
[25] WESTERN A W, BLOSCHL G. On the spatial scaling of soil moisture [J]. Journal of Hydrology, 1999, 217(3/4):203-224.
[26] FLÜGEL W A. Delineating hydrological response units by geographical information system analyses for regional hydrological modeling using PRMS/MMS in the drainage basin of the river Brol Germany [J]. Hydrological Processes, 1995, 9(3/4):423-436.
[27] FU B J. Soil erosion and its control in the Loess Plateau of China [J]. Soil use and Management, 1989, 5(2):76-82.
[28] FU B J, GULINCK H. Land evaluation in an area of severe erosion, the Loess Plateau of China [J]. Land Degradation and Development, 1995, 5(1):33-40.
[29] REY F. Effectiveness of vegetation barriers for marly sediment trapping [J]. Earth Surface Processes and Landforms, 2004, 29(9):1161-1169.
[30] MARTINEZ R A, DURAN Z V H, FRANCIA M J R. Soil erosion and runoff response to plant-cover strips on semiarid slopes (SE Spain) [J]. Land Degradation and Development, 2006, 17(1):1-11.
[31] 陈浩,蔡强国.坡面植被恢复对沟道侵蚀产沙的影响[J].中国科学:地球科学,2006, 36(1): 69-80.
[32] 王晗生,刘国彬.植被结构及其防止土壤侵蚀作用分析[J].干旱区资源与环境,1999,13(2):62-68.
[33] YU Y G, WANG H J, SHI X F, et al. New discharge regime of the Huanghe (Yellow River): Causes and implications[J]. Continental Shelf Research, 2013, 69: 62-72.
[34] NYSSEN J, VEYRET-PICOT M, POESEN J, et al. The effectiveness of loose rock check dams for gully control in Tigray, northern Ethiopia [J]. Soil Use and Management, 2004, 20(1): 55-64.

[35] ZHANG X, SHE D L, HOU M T, et al. Understanding the influencing factors (precipitation variation, land use changes and check dams) and mechanisms controlling changes in the sediment load of a typical Loess watershed, China[J]. Ecological Engineering, 2021, 163: 106-198.
[36] POLYAKOV V O, NICHOLS M H, MCCLARAN M P, et al. Effect of check dams on runoff, sediment yield, and retention on small semiarid watersheds[J]. Journal of Soil and Water Conservation, 2014, 69(5): 414-421.
[37] BORJA P, MOLINA A, GOVERS G, et al. Check dams and afforestation reducing sediment mobilization in active gully systems in the Andean mountains[J]. Catena, 2018, 165: 42-53.
[38] SHI P, ZHANG Y, REN Z P, et al. Land-use changes and check dams reducing runoff and sediment yield on the Loess Plateau of China[J]. Science of the Total Environment, 2019, 664(1): 984-994.
[39] 冉大川,罗全华,刘斌,等.黄河中游地区淤地坝减洪减沙及减蚀作用研究[J].水利学报,2004(5):7-13.
[40] 冉大川,左仲国,上官周平.黄河中游多沙粗沙区淤地坝拦减粗泥沙分析[J].水利学报,2006(4):443-450.
[41] 焦菊英,王万忠,李靖,等.黄土高原丘陵沟壑区淤地坝的淤地拦沙效益分析[J].农业工程学报,2003(6):302-306.
[42] 魏艳红,焦菊英,张世杰.黄土高原典型支流淤地坝拦沙对输沙量减少的贡献[J].中国水土保持科学,2017,15(5):16-22.

第二章

土地利用变化下流域土壤水分空间变异

黄土高原植被恢复过程引进了深根系乔灌草植被，土地利用变化下土壤剖面水分分布对降水和种植年限的响应有明显差异，且与农地相比差异显著，甚至发生严重耗水情况。土地利用结构/覆被变化是全球变化研究的热点问题之一。土地利用结构变化引起如土壤水分、土壤养分、土壤生物以及各种物质的地球化学循环等许多生态过程变化[1-5]。自 1999 年至 2003 年，黄土高原退耕还林(草)面积达到 402.9 万 hm^2[6]。如此大规模植被恢复必将对黄土高原土地利用格局及生态环境产生强烈影响。因此，有必要对植被恢复过程中土地利用方式变化、土地利用结构及小流域土壤水分空间变异进行综合分析，了解土壤水分长期性分布规律，从而提高区域土壤水资源利用效率，为植被恢复过程中恢复植被类型选择和恢复措施制定提供科学依据。

2.1 土地利用变化下土壤剖面水分变异特征

在黄土高原神木六道沟小流域选取六种土地利用类型，进行为期 2 年的土壤剖面水分变化的动态监测。六种土地利用方式下 0～120 cm 土壤平均含水量随时间的变化情况如图 2.1 所示，该图也显示了试验期间降雨量的日变化情况。六种土地利用类型(灌林木地、果园、草地、牧草地、休闲地、农地)下土壤水分随时间的动态变化具有相似的趋势，整体表现为随降雨量波动起伏。方差分析表明，六种土地利用类型下土壤水分差异显著(表 2.1)。农地和休闲地保持最高的土壤水分含量，年内十次测定的平均值分别为 11.6%和

10.1%，均显著高于其它四种土地利用类型，其中杏树林地、长芒草地、柠条林地和苜蓿草地的土壤水分含量分别为7.0%、7.0%、6.8%和6.3%。因此，同等降雨条件下土壤水分差异的主要原因是不同植被类型间土壤蒸散的差异和土壤表面物理特性的差异[7-8]。利用标准差表示土地利用类型间土壤水分的变异的结果表明，试验前期(4—8月)土地利用类型间土壤水分的差异大于试验后期(9—10月)水分差异(图2.1)。这主要与降雨的分布和土壤含水量水平有关。土地利用方式通过影响降雨入渗和水分的蒸散发等过程，控制局地土壤水分变异。在较湿润条件下，土壤水分的空间分布格局受地形、土壤物理性质(如土壤容重和土壤导水率)等控制作用影响较大。而土地利用的影响作用较小。因此，试验后期的明显降雨过程显然对0～120 cm土层水分变异起到了一定的平滑作用，使得湿润条件下土地利用类型间土壤水分的变异程度较干旱条件有所降低[9-10]。

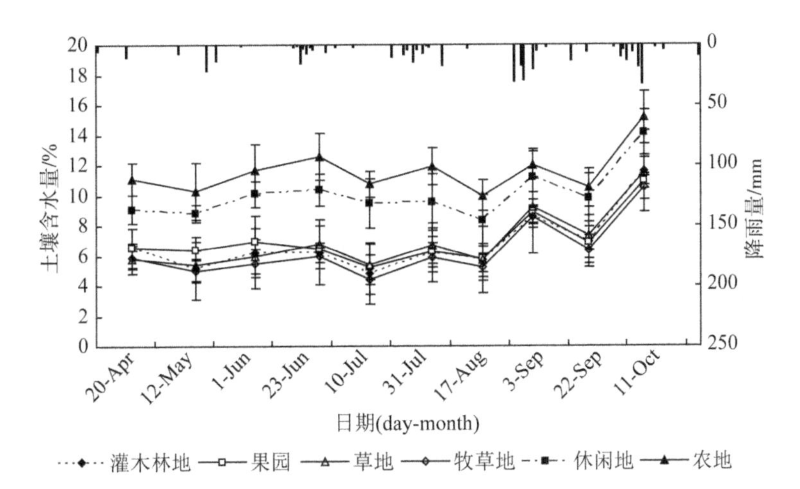

图2.1　六道沟小流域不同土地利用类型土壤含水量的时间变化(2007年4—10月)

表2.1　六道沟小流域内六种土地利用方式下土壤水分含量的多重比较结果(2007年4—10月)

土地利用方式	平均土壤含水量/%
灌木林地	6.8a
果园	7.0a

续表

土地利用方式	平均土壤含水量/%
草地	7.0a
牧草地	6.3a
休闲地	10.1b
农地	11.6b

注：土地利用方式间字母不同表示经 LSD 多重比较后在 $P<0.05$ 水平差异显著。

土壤水分的垂直分布不仅受土壤质地、土壤结构等内部因素的控制，降雨、蒸发、土地利用类型、植被等环境因子也对其产生深刻的影响。根据不同测定时期土地利用类型下土壤水分沿垂直剖面的变化趋势，不同土地利用类型土壤含水量垂直梯度变化图可分为 4 种类型，图 2.2(a)、(b)、(c)为均匀分布型，图 2.2(e)、(g)为增长型，图 2.2(i)为降低型，图 2.2(d)、(f)、(h)、(i)为波动型。

植物生长前期(4 月—6 月初)，气温较低，地面蒸发弱，农作物植株小，树木处于展叶时期，植物蒸腾作用弱，开春后的少量降雨补给就可以平衡土壤水分的蒸散损失，土壤水分随土层深度的增加变化较小，为均匀型的剖面分布类型。6 月 23 日测定的结果表明，由于降雨的影响，0～30 cm 土层土壤水分得到明显补给，从表层至深层呈逐渐降低型；而 30 cm 以下，由于植被的蒸腾耗水差异，不同土地利用方式间土壤水分剖面特征差异明显，农地和休闲地的作物和杂草都处于生长初期，土壤剖面水分仍保持均匀型，而其他土地利用方式下 30～60 cm 深度耗水明显，随着深度的增加，土壤水分含量有增加的趋势。7 月初到 8 月中旬，尽管 7 月底的降雨较大程度的补给了土壤表层水分，可由于持续的强烈蒸散过程研究深度内土壤各层均处于耗水过程，且上层土壤耗水更加明显，各土地利用方式下土壤水分随土层深度的增加而增加，为增长型的剖面分布特征。9 月以后，由于陕北气温降低，植物生长减慢，土壤水分的蒸散发降低，且本研究年度内主要降雨集中在 9 月和 10 月，降雨频率较高，土壤水分从土壤表层到下层逐渐得到补给。特别是 10 月 11 日测定的结果表明，土壤水分的补给深度已经超过了研究土层的深度(120 cm)，土壤剖面水分呈明显的降低型分布特征。

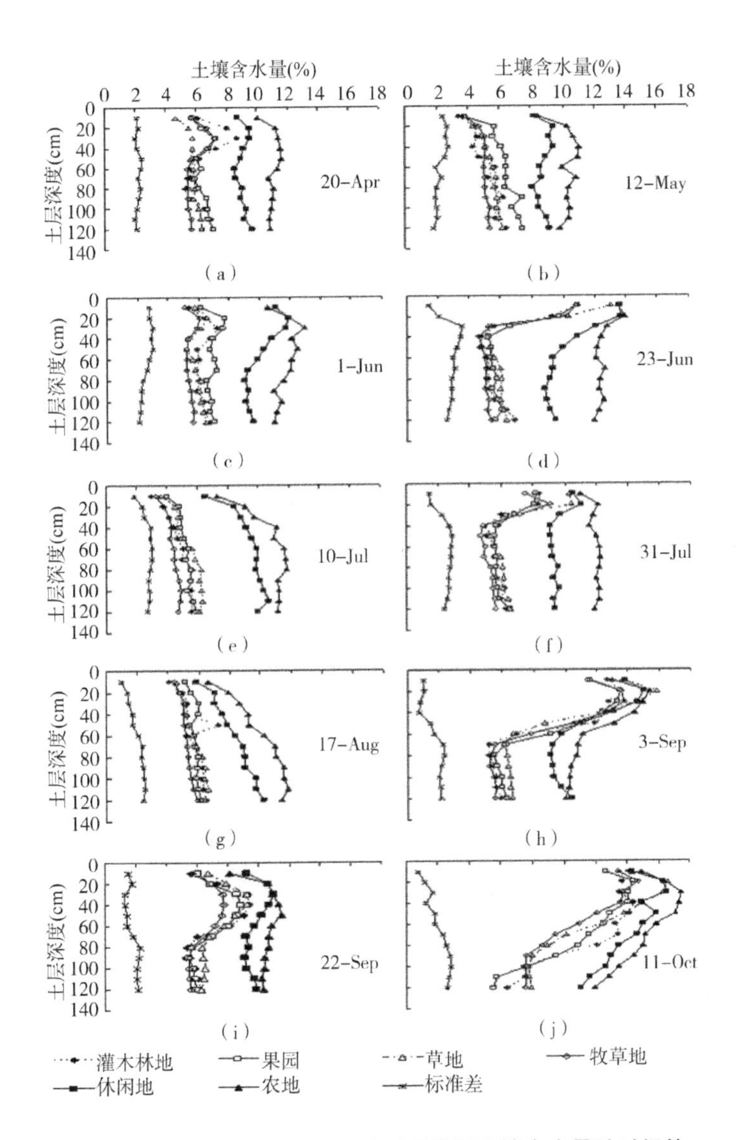

图 2.2　六道沟小流域不同土地利用类型土壤含水量随时间的垂直梯度变化(2007 年 4—10 月)

2.1.1　柠条地和杏树地土壤水分与储水量变化

从图 2.3 和图 2.4 可以看出,2007 年和 2008 年柠条林和杏树林地剖面土壤水分的季节变化具有相似特征,均表现为“消耗-补偿”的过程。不同土壤质地对柠条林剖面土壤水分分布具有很大的影响。硬黄土和风沙土柠条林地土壤水分随土壤深度增加而逐渐增加，黄绵土柠条林地土壤水分随土壤深度增加逐渐减小，而沙黄土柠条土壤水分随土壤深度的增加而均匀分布。杏树林地土壤水分的剖面分布趋势表现为，表层土壤含水量低，随着土层深度的增加，土壤含水量从上层向下逐渐增大，至一定深度达到最大值后土壤含水量逐渐减小，而且水分变化比较平缓。

从柠条林和杏树林土壤含水量的垂直分布曲线（图 2.3 和图 2.4）可以看出，2007 年，硬黄土柠条地（Ⅶ）约在 120 cm 以上，黄绵土柠条地（Ⅷ）约在 100 cm 以上，风沙土柠条地（Ⅸ）约在 180 cm 以上，沙黄土柠条地（Ⅹ）约在 80 cm 以上，杏树林地约在 200 cm 以上；2008 年，硬黄土柠条地（Ⅶ）约在 1.4 m 以上，黄绵土柠条地（Ⅷ）约 1.4 m 以上，风沙土柠条地（Ⅸ）约在 200 cm 以上，沙黄土柠条地（Ⅹ）约在 100 cm 以上，杏树林地约在 200 cm 以上。不同测定月份的土壤含水量都有较大的差异。这主要是由于研究区降雨量的季节分布差异和不同质地土壤降雨入渗深度的差异性造成的。

鉴于土壤水分剖面分布的差异性，为分析不同小区相同土层的含水量，本文均以 200 cm 作为分界点。杏树林地土壤水分量显著高于柠条林地土壤水分含量，而不同质地土壤的柠条林地之间，硬黄土、黄绵土和沙黄土柠条林地土壤水分含量差异不显著，但都显著高于风沙土柠条林土壤水分含量（$P<0.05$）。200～400 cm 土层中，按上述植被小区的顺序，2007 年测定的平均土壤含水量分别为 0.102、0.056、0.053、0.130 和 0.213 $cm^3 \cdot cm^{-3}$，2008 年测定的平均土壤含水量分别为 0.104、0.057、0.055、0.132 和 0.211 $cm^3 \cdot cm^{-3}$。200～400 cm 的平均土壤水分含量同样表现为杏树林地土壤水分含量显著高于柠条林地土壤水分含量（$P<0.05$），这主要由于杏树林密度小、长势差、植物的生长耗水较柠条林耗水少等。不同质地土壤柠条林地 200～400 cm 土壤水分方差分析的结果表明，黄绵土和风沙土柠条林地由于强烈耗水，土壤水分基本稳定在 0.05 $cm^3 \cdot cm^{-3}$ 左右，低于凋萎含水量水平，显著低于硬黄土和沙黄土柠条林地土壤水分含量。由于柠条林根系发达，根系深度一般都超过 400 cm，为了研究柠条林深层根系的耗水情况，我们在 2008 年还进一步分析了地下埋深 400～600 cm 的土壤水分变化动态。400～600 cm 土层内，硬黄土柠条、黄绵土柠条、风沙土柠条和沙黄土柠条林地 2008 年测定的平均土壤水分含量分别为 0.133、0.049、0.061 和 0.158 $cm^3 \cdot cm^{-3}$。除了黄绵土

柠条地土壤水分随着深度的增加持续减少外，其他三个小区 400～600 cm 土壤水分含量均较前一层次 200～400 cm 土壤水分含量略有增加，但不同土壤质地小区间仍然表现为硬黄土柠条和沙黄土柠条地土壤水分显著高于黄绵土和风沙土柠条林土壤水分($P<0.05$)。

土壤储水量的变化主要受降雨和蒸散发过程的影响，柠条林地和杏树林地土壤储水量动态变化趋势(见图 2.5 和图 2.6)与降雨量的变化趋势基本一致，尤其是表层土壤储水量。将 0～600 cm 的土层分为 0～50 cm、50～120 cm、120～400 cm 和 400～600 cm 进行分析，比较土壤储水量的动态变化特征。从图 2.5 可以看出，2007 年测定的柠条林和杏树林地 0～50 cm 和 50～120 cm 土层储水量都遵循相同规律，均表现为：杏树林＞沙黄土柠条＞黄绵土柠条＞硬黄土柠条＞风沙土柠条。表层 0～50 cm 储水量季节波动性较大，前期由于降雨较少，且作物的生长耗水，储水量较低；而进入 8 月雨季，土壤水分得到了有效的降雨补给，土壤储水量呈增加趋势。50～120 cm 土壤储水量的季节波动没有表层明显，但在 7 月底，植被生长的强烈耗水要求，使得土壤储水量明显降低；而在 9 月底，强降雨也使得该层土壤水分得到了有效的补充恢复。120～400 cm 土层由于受降雨的影响较小，土壤储水量未表现出明显的季节波动，但各种植被类型和土壤质地之间土壤储水量差异显著，表现为杏树林＞沙黄土柠条＞硬黄土柠条＞黄绵土柠条＞风沙土柠条。由于 2008 年测定土壤水分的频率基本增加到半月一次，土壤储水量的季节变化体现得更加明显(图 2.6)。试验初期，随着植物的生长，蒸散耗水增加，表层 0～50 cm 土壤储水量逐渐减少，直至 6 月 15 日的强烈降雨(降雨量 49.8 mm)使得消耗的土壤水分得到了补充恢复；6 月 18 日测得的土壤储水量明显增加，但此时也正值植被生长盛期，且气温高，土壤蒸发强烈，因此 0～50 cm 土壤储水量降低很快，直至 8 月 7 日达到最低。

8 月以后降雨频率较高，且降雨量大，消耗的土壤水分逐渐得到恢复，土壤储水量增加。50～120 cm 土壤受降雨影响小，储水量的季节波动小，但仍可以看出水分的消耗和恢复过程。而在 120 cm 以下，土壤储水量季节变化较小，但各种植被类型和土壤质地之间土壤储水量差异显著，杏树林地和沙黄土柠条林地土壤储水量显著高于硬黄土柠条、黄绵土柠条和风沙土柠条林地土壤储水量($P<0.05$)。

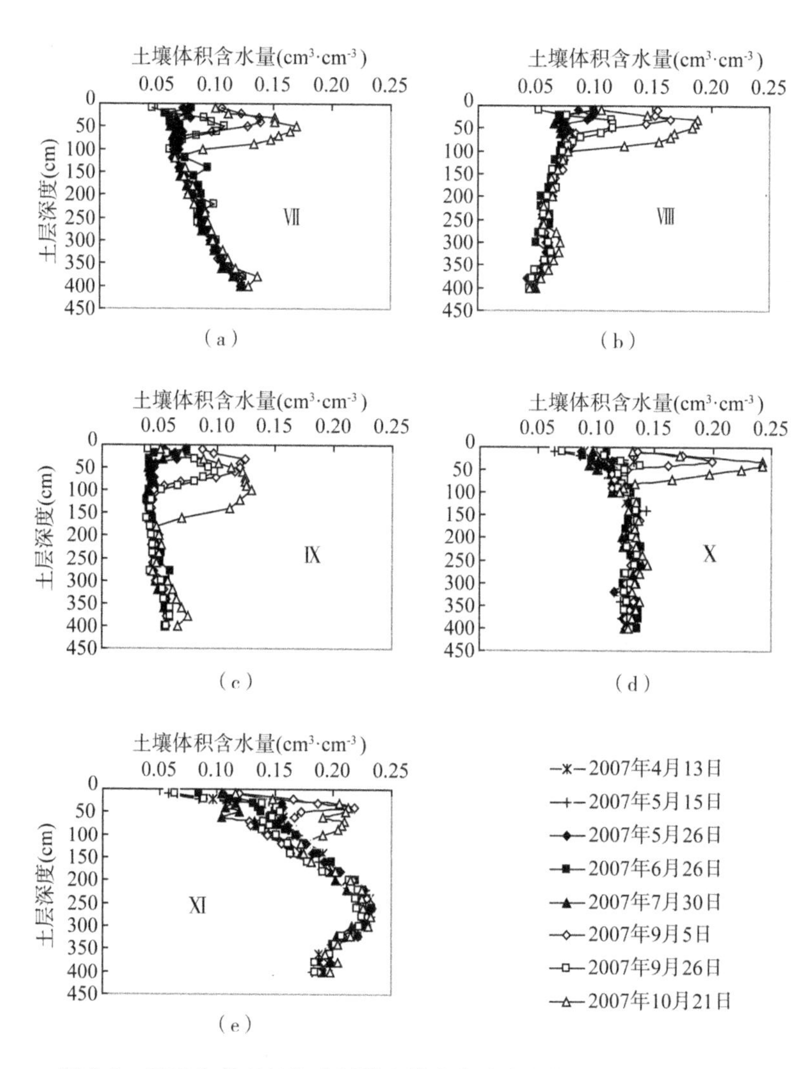

图 2.3　2007 年柠条林和杏树林土壤水分动态变化(2007 年 4—10 月)

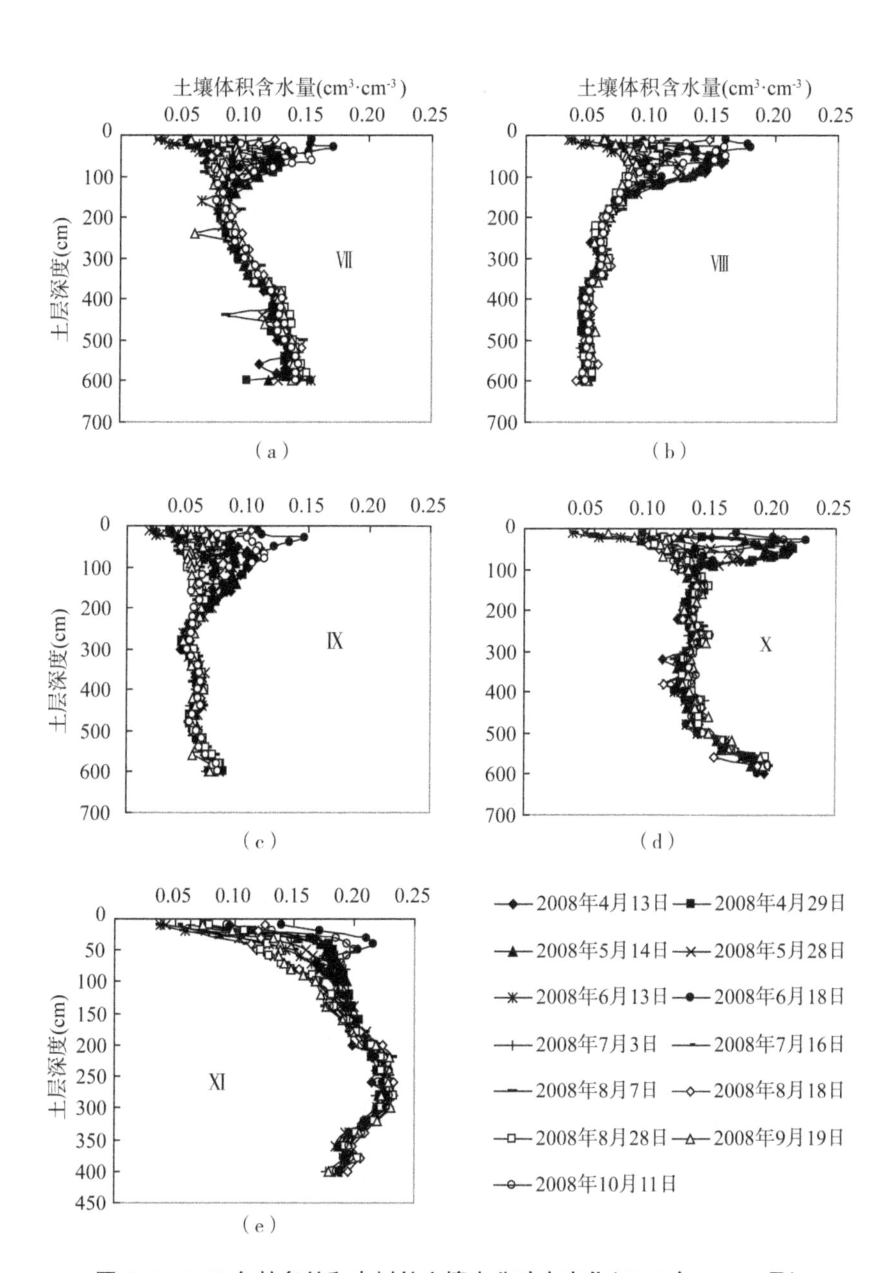

图 2.4　2008 年柠条林和杏树林土壤水分动态变化(2008 年 4—10 月)

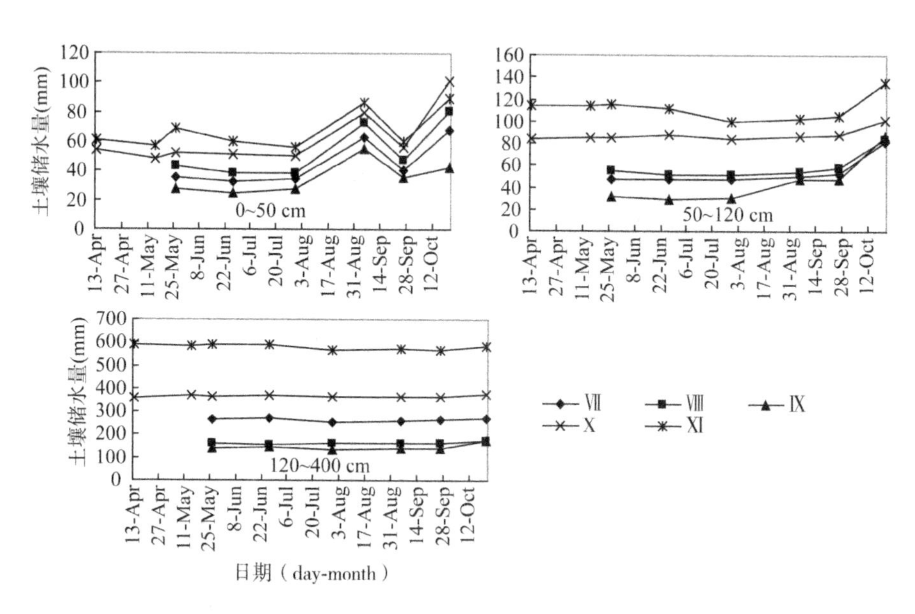

图 2.5　2007 年柠条林和杏树林地土壤储水量动态变化(2007 年 4—10 月)

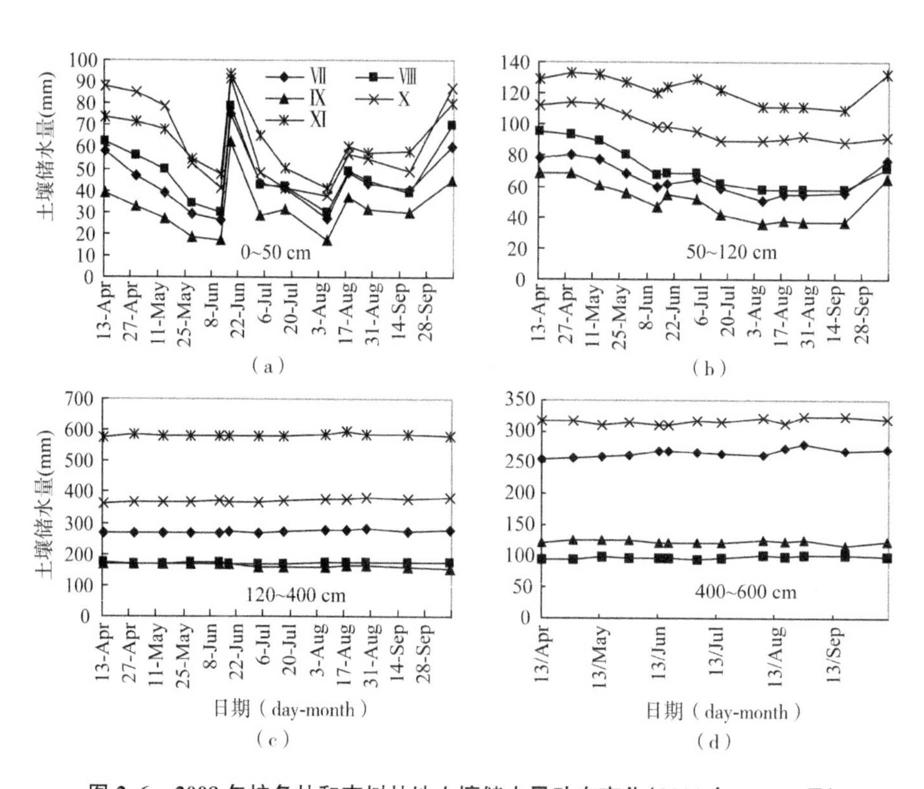

图 2.6　2008 年柠条林和杏树林地土壤储水量动态变化(2008 年 4—10 月)

2.1.2 草地和农地土壤水分与储水量变化

紫花苜蓿具有抗旱、耐贫瘠、截流保土等多种生态适应性特征，且经济价值高，成为黄土高原地区退耕还林还草普遍栽培的优质豆科牧草。但是近年来，苜蓿生产力的退化以及土壤的干燥化问题愈发严重，已经引起了人们的普遍关注。苜蓿草地退化以后演替为长芒草地，在加速植被群落演替速度的同时，也必将改变土壤的水文循环过程。

2007 年和 2008 年测定的草地和农地土壤水分剖面分布见图 2.7 和图 2.8。整体来看，研究的八个小区土壤水分的垂直分布主要分为两种类型：一种为增长型，主要包括黄绵土苜蓿（Ⅰ）和（Ⅱ）小区、翻耕裸地（Ⅲ）小区、农地撂荒地（XIII）小区；另外一种为均匀型，主要包括硬黄土苜蓿（Ⅳ）小区、硬黄土长芒草（Ⅴ）小区、黄绵土长芒草（Ⅵ）小区、农地（XII）小区。2007 年黄绵土上种植的苜蓿（Ⅰ）和（Ⅱ）年限分别为 4 年和 5 年，2008 年分别为 5 年和 6 年，土壤水分均表现为随着土壤深度的增加而增加。0～100 cm 受降雨的补给，土壤水分的季节波动性较大，2007 年平均含水量分别为 0.079 $cm^3 \cdot cm^{-3}$ 和 0.082 $cm^3 \cdot cm^{-3}$，2008 年分别为 0.083 $cm^3 \cdot cm^{-3}$ 和 0.087 $cm^3 \cdot cm^{-3}$，最低含水量均不足 0.06 $cm^3 \cdot cm^{-3}$，低于凋萎含水量。100～280 cm 土层水分相对于 0～100 cm 土层显著增加，且由于受降雨入渗影响小，水分的季节波动小，2007 年测得的该层水分平均值分别为 0.121 $cm^3 \cdot cm^{-3}$ 和 0.118 $cm^3 \cdot cm^{-3}$，2008 年测得的该层水分平均值分别为 0.112 $cm^3 \cdot cm^{-3}$ 和 0.119 $cm^3 \cdot cm^{-3}$。该层水分有逐渐减少的趋势，两小区从观测初期的 0.131 $cm^3 \cdot cm^{-3}$ 和 0.129 $cm^3 \cdot cm^{-3}$（2007 年 4 月 13 日），分别下降到观测末期的 0.110 $cm^3 \cdot cm^{-3}$ 和 0.121 $cm^3 \cdot cm^{-3}$（2008 年 10 月 11 日）。

翻耕裸地（Ⅲ）小区为 2004—2005 年种植草木樨后，在 2006 年及以后每年进行翻耕裸露而成。尽管人工种植的草木樨与苜蓿类似，同样能消耗大量的土壤水分，特别是能使 0～100 cm 保持较低的水分含量[11]，但是经过两到三年的翻耕以后，土壤水分明显高于苜蓿地土壤水分，2007 年和 2008 年 0～100 cm 土壤平均水分分别为 0.115 $cm^3 \cdot cm^{-3}$ 和 0.133 $cm^3 \cdot cm^{-3}$，100～280 cm 的平均水分含量分别为 0.191 $cm^3 \cdot cm^{-3}$ 和 0.205 $cm^3 \cdot cm^{-3}$。随着翻耕年限的增加，土壤水分逐年恢复。同时，为了比较深层土壤水分的消耗和补偿过程，我们还比较了2008年黄绵土苜蓿（Ⅱ）小区和翻耕裸地（Ⅲ）小区280～400 cm的土壤水分动态变化特征。6年生的苜蓿深层水分是一个逐渐消耗的过程，而翻耕三年的裸地深层水分是一个逐渐恢复和升高的过程，两者的平均含水量分别为0.192 $cm^3 \cdot cm^{-3}$和0.259 $cm^3 \cdot cm^{-3}$，差异显著（$P<0.05$）。硬黄土种植的苜蓿地除表层80 cm土壤水分受降雨影响波动较大外，80～400 cm土层土壤水分随土壤深度的增加而保持均匀型的垂直分布趋势，基本保持在0.130 $cm^3 \cdot cm^{-3}$以上。这主要是因为该苜蓿地小区是在野外苜蓿地圈建而成，该地苜蓿经常遭受牲畜的啃食与践踏，苜蓿的生物产量较低，生长较差，处于苜蓿的退化阶段；且由于该地土壤质地比较黏重，土壤容重大，抑制了苜蓿根系的向下伸展，耗水量低，剖面土壤水分相对较好。而与该小区建立在同一坡面的硬黄土长芒草（Ⅴ）小区中的长芒草为该地苜蓿完全退化后演替发育而成的天然草地，剖面的土壤含水量分布与硬黄土苜蓿基本相同。

黄绵土长芒草（Ⅵ）同样由苜蓿的退化演替发育而成，且土壤水分的剖面分布同样保持均匀型的分布特征，但是2007年0～100 cm和100～400 cm的平均含水量分别仅为0.092 $cm^3 \cdot cm^{-3}$和0.086 $cm^3 \cdot cm^{-3}$，2008年分别仅为0.107 $cm^3 \cdot cm^{-3}$和0.090 $cm^3 \cdot cm^{-3}$，均显著低于硬黄土长芒草地相应土层土壤水分含量。农地的土壤水分含量高于人工草地土壤水分含量，0～100 cm、100～280 cm和280～400 cm测得的平均土壤水分含量，2007年分别为0.165、0.160和0.178 $cm^3 \cdot cm^{-3}$，2008年分别为0.192、0.180和0.184 $cm^3 \cdot cm^{-3}$。经常的农事耕作使得土壤松散，降雨入渗对土壤水分的影响可以达到300 cm。农地退耕撂荒（Ⅻ）以后，当地浅根系草本物种迅速侵入，退耕撂荒两年后即可覆盖整个小区，且生长茂盛。因此，耗水量的逐渐增加，使得土壤上层水分消耗明显，从而使得整个土壤剖面水分随着土壤深度的增加而呈增长型特征。两年测得的0～100 cm土壤平均含水量分别为0.133 $cm^3 \cdot cm^{-3}$和0.143 $cm^3 \cdot cm^{-3}$，显著低于农地相应土层水分含量；而两年测得的100～280 cm和280～400 cm土壤水分含量分别为0.161 $cm^3 \cdot cm^{-3}$、0.182 $cm^3 \cdot cm^{-3}$和0.169 $cm^3 \cdot cm^{-3}$、0.184 $cm^3 \cdot cm^{-3}$，与农地相应土层水分含量差异不大。

2007年和2008年苜蓿、长芒草、撂荒地和农地在0～50 cm、50～120 cm、

120～280 cm 和 280～400 cm 的 4 个土层土壤储水量季节变化见图 2.9 和图 2.10。土壤储水量的季节波动与前述的柠条、杏树的土壤储水量季节波动性相似。两个生长季苜蓿、长芒草、撂荒地和农地 0～50 cm 土层储水量的季节消长变化最为明显，其次为 50～120 cm 土层，而 120～280 cm 和 280～400 cm 土层土壤储水量变化相对平缓。2006 年黄绵土上 4 年和 5 年生苜蓿 0～50 cm 土层储水量基本一致，由于苜蓿的强烈耗水，平均储水量分别仅为 40.5 mm 和 43.2 mm，为 8 个比较小区中表层土壤储水量最低的小区。苜蓿可利用的水分较少，雨季(4 月至 6 月)来临之前，降雨量少且降雨频率低，植被生长迅速，土壤储水量保持较低水平，基本保持在 20～35 mm；而进入 7 月以后，降雨增加，特别是 9 月和 10 月，降雨量加大，而相应的土壤储水量明显增加，基本保持在 35～75 mm。

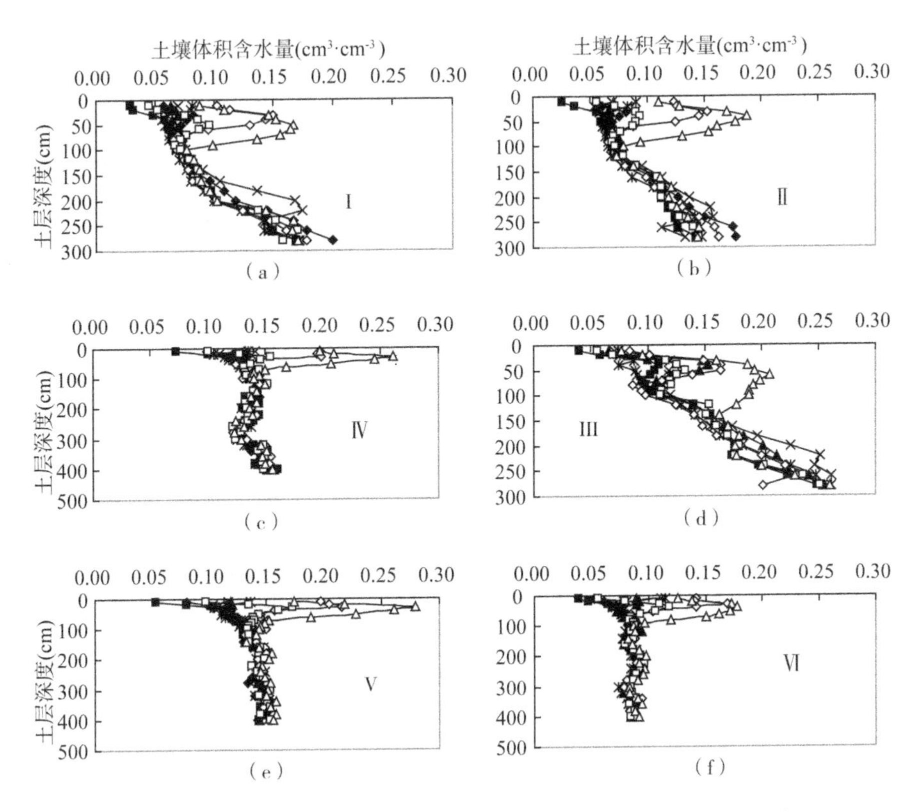

图 2.7 2007 年草地与农地土壤水分动态变化(2007 年 4—10 月)

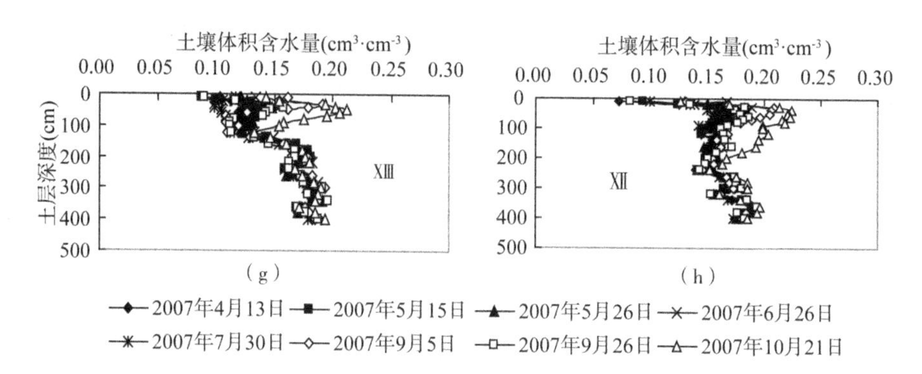

图 2.7　2007 年草地与农地土壤水分动态变化(2007 年 4—10 月)(续)

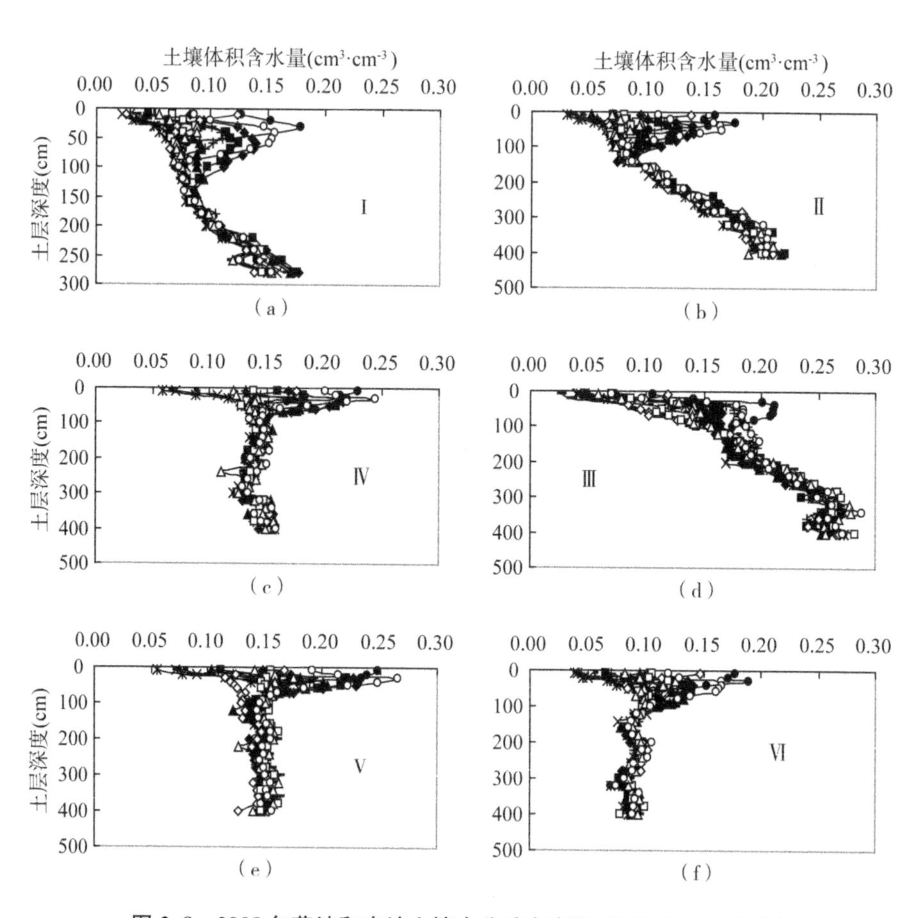

图 2.8　2008 年草地和农地土壤水分动态变化(2008 年 4—10 月)

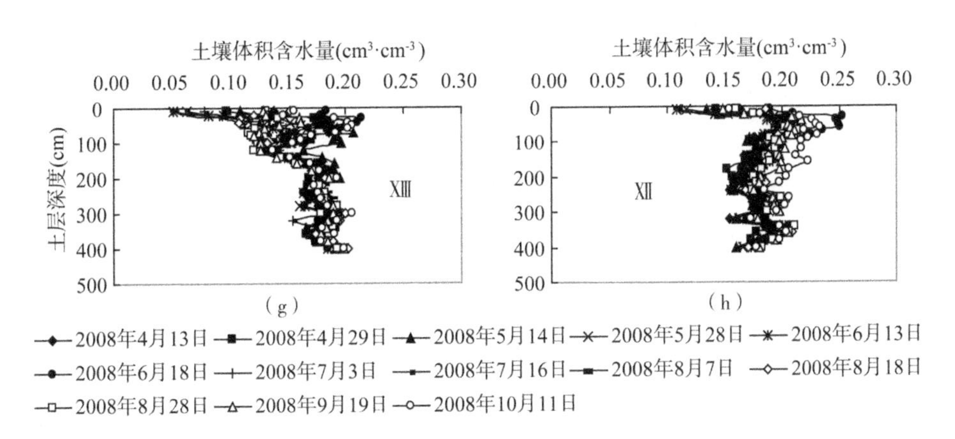

图 2.8　2008 年草地和农地土壤水分动态变化(2008 年 4—10 月)(续)

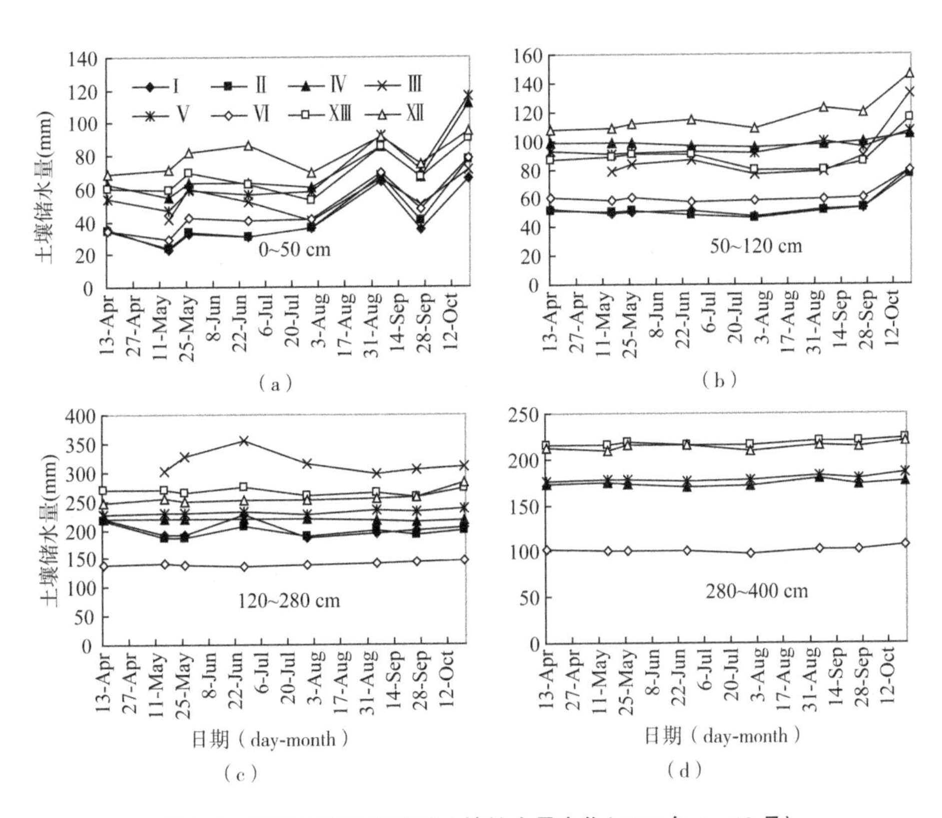

图 2.9　2007 年草地和农地土壤储水量变化(2007 年 4—10 月)

翻耕裸地(Ⅲ)小区土壤储水量经历了明显的水分恢复过程,0～50 cm 土层储水量平均为 54.5 mm。硬黄土苜蓿和长芒草土壤水分状况相对较好,而且剖面土壤水分分布特征也基本一致,表层 0～50 cm 土壤储水量平均分别为 71.3 mm 和 69.1 mm;而黄绵土长芒草小区经过苜蓿生长阶段水分的严重消耗,土壤储水量保持较低的水平,0～50 cm 土层土壤储水量平均为 47.9 mm。撂荒地和农地表层 0～50 cm 土层储水量分别为 68.2 mm 和 80.0 mm,撂荒地表层土壤储水量低于农地,表明农地撂荒后演替发育的浅根系草本对浅层土壤水分的消耗比农作物对水分的消耗要多。各比较小区 50～120 cm 土层土壤储水量的季节波动虽然没有表层 0～50 cm 明显,但各处理小区间的差异显著,8 个小区该层土壤储水量大小依次为:农地(117.5 mm)>硬黄土苜蓿(98.8 mm)>硬黄土长芒草(95.0 mm)>撂荒地(89.5 mm)>翻耕裸地(89.4 mm)>黄绵土长芒草(61.7 mm)>4 龄黄绵土苜蓿(54.5 mm)>5 龄黄绵土苜蓿(53.6 mm)。随着研究土层深度的增加,各处理间土壤储水量的

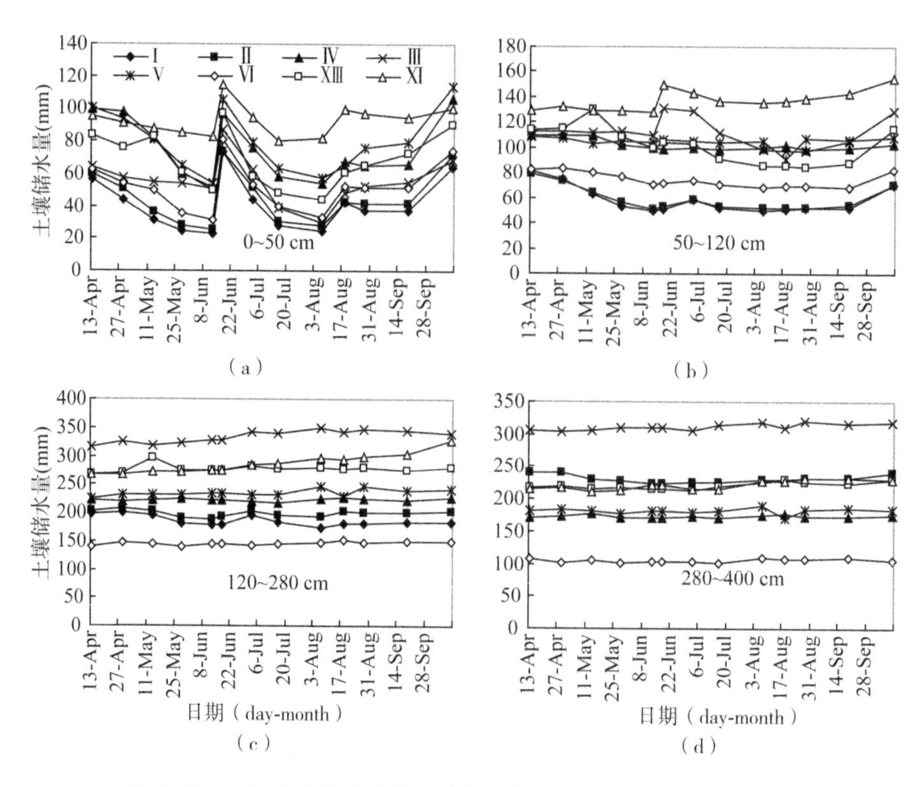

图 2.10　2008 年草地和农地土壤储水量变化(2008 年 4 月—10 月)

差异发生变化。120～280 cm 土层中，储水量最低的为黄绵土长芒草地，平均储水量为 140.1 mm，显著低于 4 龄和 5 龄苜蓿地相应土层储水量的 201.3 mm 和 196.7 mm。这主要是由于黄绵土长芒草地经过苜蓿生长阶段消耗了过多的深层水分没有得到恢复。而在 280～400 cm 土层中，硬黄土苜蓿、硬黄土长芒草、黄绵土长芒草、撂荒地和农地 5 个处理小区的土壤储水量基本已无季节性波动，但储水量之间明显聚类为 3 组，分别为农地和撂荒地＞硬黄土苜蓿和硬黄土长芒草＞黄绵土长芒草。2008 年观测的苜蓿、长芒草、撂荒地和农地各土层土壤储水量动态变化与 2007 年类似。由于 2008 年土壤水分测定频率增加，0～50 cm 土层土壤储水量季节波动明显，从 4 月开始，土壤储水量持续降低，至 6 月 13 日测得储水量最低；而在 6 月 14 日至 6 月 16 日的持续降雨，使该层土壤乃至下层 50～120 cm 土层储水量得到了明显的补充恢复，土壤储水量处于一个峰值。随着植被生长进入盛期，且持续的干旱缺雨，土壤水分被持续消耗，土壤储水量在 8 月初期进入一个新的谷底值。2008 年的降雨特征与 2007 年的相似，雨季的来临相对于往年都表现出季节的后偏，降雨主要分布在 8—10 月，因此土壤储水量在 8—10 月逐步得到了降雨补充恢复，特别是 0～50 cm 表现得非常明显。0～50 cm、50～120 cm、120～280 cm 和 280～400 cm 各个土层 8 个处理小区间土壤储水量的比较结果与 2007 年的结果相似。值得提出的是，为了比较苜蓿的深层耗水，我们在 2007 年的基础上加深测定了黄绵土苜蓿（Ⅱ）小区和翻耕裸地（Ⅲ）小区 280～400 cm 土层的土壤储水量。结果表明，翻耕裸地（Ⅲ）小区该层土壤储水量显著高于黄绵土苜蓿（Ⅱ）小区该层土壤储水量（$P<0.05$），分别为 311.3 mm 和 230.7 mm，表明苜蓿对深层土壤的耗水较为严重。

2.2　土地利用结构变化下土壤剖面水分分布特征

土壤水分沿坡长方向的变化受坡面土地利用结构的影响而不同。选择黄土高原六道沟小流域 2006 年建立的坡地五条样带，研究小流域内较为典型的坡面五种土地利用结构下土壤水分分布特征。5 种土地利用结构 0～120 cm 土壤含水量（一种土地利用类型整个观测期的平均值）沿坡面的变化情况见图 2.11。单一的草地利用结构（M1，草地-草地-草地）下土壤水分沿坡长增加方向呈现上升的趋势，坡底的土壤水分含量明显高于坡顶和坡中部的土壤水分含量，表明在土壤和地表覆盖相对一致的坡地，由于地表径流和壤中流的作用，土壤水分可以沿坡面至坡顶向坡底有规律的增加。该土地利用结构下整个坡面的平均土壤水分含量为7.6%，为五种坡面土地利用结构中最低。而同样在土地利用方式比较均一、由农地和休闲地组成的坡面2上(M2，休闲地-休闲地-农地)，土壤水分含量均未表现出沿坡长增加而直线增加或降低的情况，而是自坡顶向下呈现波浪式的变化规律，整体上有增加的趋势。坡顶、坡中和坡底的土壤水分含量分别为10.8%、9.8%和10.8%(图2.11)。经分析，造成该土地利用结构样带土壤水分有此规律的原因主要是：①微地形特别是坡度影响地表径流和壤中流，从而影响水分的分布特征[9]。整个研究坡面的坡度并非完全一致，处于相对平缓的测点，特别是在坡顶，保持水分能力相对较强，而在坡面中部坡面相对较陡，地表径流和壤中流作用增强，土壤水分较低。②土壤质地不同。取样时发现，在40～60 cm深处普遍存在多年沉积下来的坚硬钙积层，它的存在对土壤水分向下运动起到一定的阻碍作用，易于壤中流的形成，从而影响水分的分布。已有的研究结果表明，坡面侵蚀强度与土壤的前期含水量呈正相关关系[12]，因此考虑到其他条件，包括土壤类型、地形地貌和降雨特征等相对一致的情况下，该种土地利用结构坡面最易于形成产流和土壤侵蚀。

在灌木-草地-农地-草地(M3)和牧草地-农地-灌木(M5)的土地利用结构中，坡上部和底部的灌木和草地土壤含水量低，坡中部的农地土壤含水量最高，均显著高于坡上部和底部土壤水分含量，整个坡面土壤水分从坡顶到坡底呈倒“V”字形；而在休闲地-灌木-牧草地-休闲地(M4)的土地利用结构中，坡中部灌木和牧草地的土壤水分含量明显低于坡上部和底部休闲地土壤水分含量，整个坡面土壤水分呈“V”字形分布。因此，不同土地利用方式组合的混合土地利用结构可以改变单一土地利用结构下土壤水分沿坡面的单调分布趋势，从而形成含水量高低不同的斑块镶嵌坡面格局。土壤水分的入渗、降雨产流的形成与前期土壤水分含量显著相关，因此坡面土地利用结构的布局同时也就形成了不同的坡面侵蚀格局，对黄土高原地区的侵蚀控制具有重要的意义。

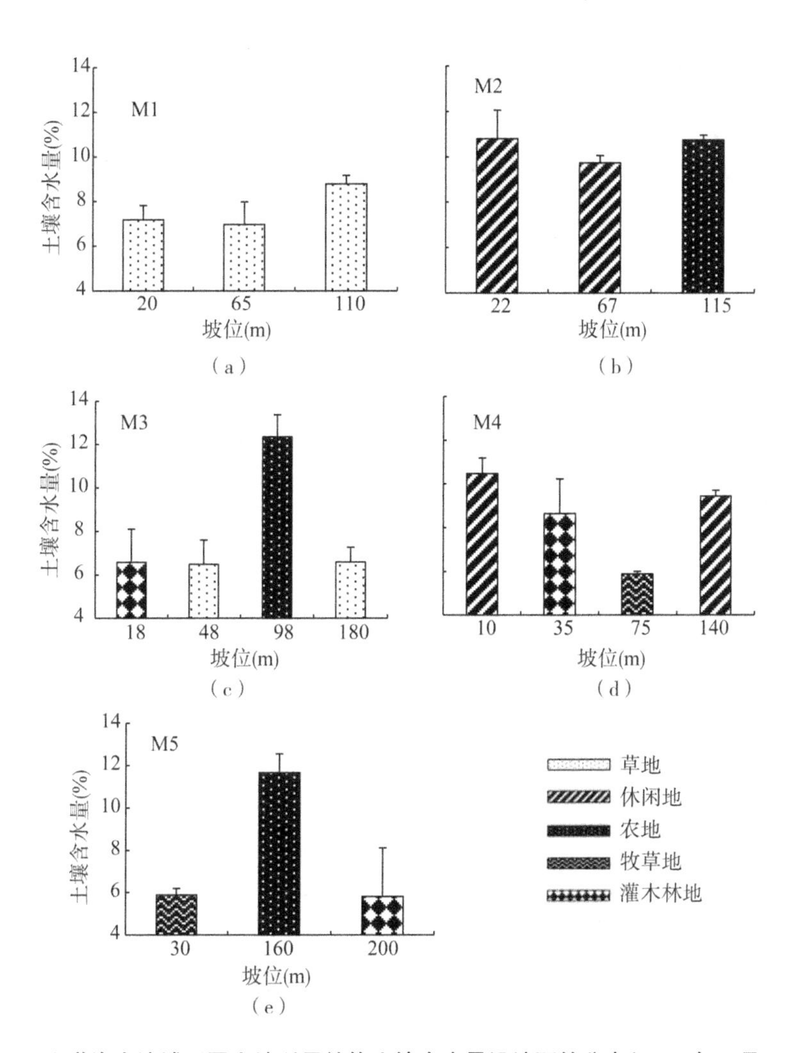

图 2.11　六道沟小流域不同土地利用结构土壤含水量沿坡面的分布(2007 年 4 月—10 月)

表 2.2 显示了不同土地利用结构下土壤水分变异特性(表示为变异系数)的动态变化。五种土地利用结构坡面土壤水分变异系数差异明显。坡面结构 M5(牧草地-农地-灌木)和 M3(灌木-草地-农地-草地)保持最高的土壤水分变异特性,变异系数分别为 24.1%～56.2%和 20.5%～52.2%。而在休闲地-休闲地-农地(M2)的土地利用结构中,土壤水分保持最低的变异系数为 8.6%～18.2%。试验研究前期,土壤水分含量较低时,土壤水分变异性较大;而进入 9 月,降雨频率增大,土壤水分含量增加,土地利用结构间土壤水分

变异性差异逐渐缩小。从生态学的角度看，土壤水分的变异性增强，有利于生态系统多样性的形成[13-14]，同时也有助于径流和侵蚀的控制[13,15]。

表 2.2　六道沟小流域不同土地利用结构下土壤水分与水分变异系数动态变化（2007 年 4—10 月）

土地利用结构	时间/(day-month)									
	20 - Apr	12 - May	1 - Jun	23 - Jun	10 - Jul	31 - Jul	17 - Aug	3 - Sep	22 - Sep	11 - Oct
土壤含水量/%										
M1	6.2a	6.1a	6.7a	7.5a	6.5a	7.5a	6.3a	9.9ab	7.8a	12.0a
M2	8.8b	8.6b	10.1b	10.8b	10.1b	10.4b	9.1b	11.5b	10.3b	14.6b
M3	7.7ab	6.6ab	7.3a	8.4ab	6.7a	8.0a	6.6a	9.6a	7.9a	12.8ab
M4	8.2ab	7.3ab	8.3ab	8.4ab	7.0a	7.7a	6.6a	10.0ab	8.0a	12.7ab
M5	7.7ab	7.0ab	7.8ab	8.1a	6.6a	7.8a	7.2ab	9.6a	7.9a	12.2a
土壤水分变异系数/%										
M1	19.8	15.8	17.3	17.4	16.5	15.4	19.7	9.8	14.0	9.5
M2	8.6	8.6	9.9	9.7	13.0	16.5	18.2	16.9	11.9	10.3
M3	39.7	51.5	52.2	42.3	48.2	38.3	33.7	22.0	29.3	20.5
M4	27.9	28.2	32.0	28.5	36.2	29.4	25.3	14.5	25.3	14.5
M5	50.6	52.4	47.2	51.2	56.2	49.2	46.3	29.6	33.1	24.1

注：同列字母不同表示经 LSD 多重比较后在 $P<0.05$ 水平差异显著。M1、M2、M3、M4 和 M5 指示不同土地利用结构。

2.3　小流域土壤水分空间变异

小流域尺度视角下，对黄土高原神木市六道沟小流域 70 个测点土壤水分进行描述性统计，结果见表 2.3 和图 2.12。小流域 0～120 cm 土壤含水量的平均值随时间的变化结果表明，土壤水分的波动变化与降雨的分布特征具有很好的一致性。整个研究时段内，7 月 10 日测得的土壤水分含量最低，各层次土壤水分平均值为 6.5%，接近土壤凋萎含水量，这主要与测定前很少的降雨和该时期正处于研究区的强烈蒸散发时期有关[16]。相反，在 11 月 4 日和

5 日的降雨量分别为 18.70 mm 和 33.10 mm，强的降雨补给使得 10 月 11 日测得的土壤水分含量最高，各层次土壤水分平均值为 12.2%。因此，土壤含水量的升高和降低是前期降雨量补给与土壤水分的蒸散发损失交互作用的结果。在黄土高原和其他区域都有相似的研究证明[11,17-20]。

土壤水分变异特性(方差与变异系数表示)随时间的动态变化与土壤水分平均值的动态变化趋势相反(图 2.12)。变异系数 C_v 反映了特性参数的空间变异程度，揭示区域化变量的离散程度。研究区域内，0～120 cm 土层平均含水量都表现为中等变异，但是，干旱条件下变异系数明显大于湿润条件下土壤水分变异系数。测定时段内，小流域土壤水分变异系数最小值为 18.0%(10 月 11 日)，最大值为 42.4%(7 月 10 日)。图 2.13(a)为土壤水分与变异系数的散点图，可以看出，小流域土壤水分变异系数随着土壤水分含量的降低呈指数函数降低。这主要是强降雨后，整个小流域土壤均达到较湿润状态，因此强降雨对小流域内土壤水分变异有一定的平滑作用，土地利用方式(图 2.9)和土壤物理特性的空间变异对土壤水分空间变异的影响作用最小[21]。这使得在湿润条件下研究土壤水分时的测定误差变得相对重要些，因为总的变异较小时，测定误差占总变异的比例就增大，测定误差对总变异的贡献就越大。

研究深度 0～120 cm 土层内 12 个土层时间平均的土壤含水量随土壤深度的变化表明，除表层 0～10 cm 以外，土壤水分的垂直变化表现为降低型，即研究深度内随着土壤深度的增加而降低(表 2.3)。土壤水分的垂直分布不仅受土壤内部因素的控制，同时受降雨、蒸发和植被的吸收利用影响。上层土壤受降雨的影响，水分含量较高。采样测定过程中观察表明，研究时段内的降雨入渗的湿润峰很少有超过 50 cm 深度的，因此也就表明大部分降雨的影响深度在 50 cm 以内，越深入，影响越小。下层被植物根系吸收的土壤水分得不到补充，因此保持较低水平。土壤含水量的变异特性(方差与变异系数表示)随着土壤深度的增加，同样保持一定的垂直分布特征，与土壤含水量的剖面分布趋势相反，表现为随土层深度的增加而增大。造成深层土壤水分变异较大的原因一方面是植物根系分布的差异，另一方面主要是钙积层的分布差异。

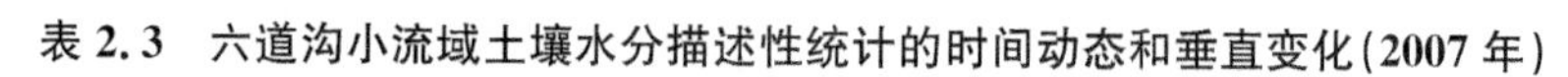

表 2.3 六道沟小流域土壤水分描述性统计的时间动态和垂直变化(2007 年)

层次平均的土壤含水量							
日期/(day-month)	前期降雨量(10days)/mm	平均值/%	方差/%²	变异系数	25%p./%	75%p./%	K-S值
20-Apr	6.1	7.22	5.71	33.1	5.46	8.93	1.22*
12-May	6.9	6.54	5.50	35.8	4.82	8.37	1.15*
1-Jun	0.7	7.39	7.23	36.4	5.08	9.56	1.32*
23-Jun	36.0	7.88	7.40	34.5	5.81	9.80	1.26*
10-Jul	2.2	6.47	7.55	42.4	4.28	9.07	1.48*
31-Jul	33.3	7.60	6.42	33.3	5.45	8.93	1.36*
17-Aug	2.9	6.60	4.67	32.7	4.87	7.90	0.94*
3-Sep	102.4	9.67	3.40	19.1	8.33	10.86	0.79*
22-Sep	6.6	7.86	3.77	24.7	6.16	9.54	0.90*
11-Oct	61.0	12.19	4.82	18.0	10.76	13.75	1.25*

时间平均的土壤含水量						
土层深度/cm	平均值/%	方差/%²	变异系数	25%p./%	75%p./%	K-S值
10	8.36	2.92	20.4	6.97	9.83	1.19*
20	9.28	3.92	21.3	7.82	10.62	1.16*
30	8.85	4.78	24.7	7.09	10.37	1.01*
40	8.45	5.12	26.8	6.62	9.96	1.06*
50	8.10	5.49	28.9	6.38	9.63	1.74*
60	7.76	5.44	30.0	5.88	9.11	1.22*
70	7.50	6.06	32.8	5.56	9.01	1.49*
80	7.41	6.26	33.8	5.35	9.16	1.21*
90	7.32	6.02	33.5	5.30	9.23	1.44*
100	7.39	6.07	33.4	5.37	9.57	1.37*
110	7.43	5.85	32.5	5.39	9.48	1.45*
120	7.46	5.47	31.3	5.58	9.35	1.20*

注：* 表示数据数列服从正态分布

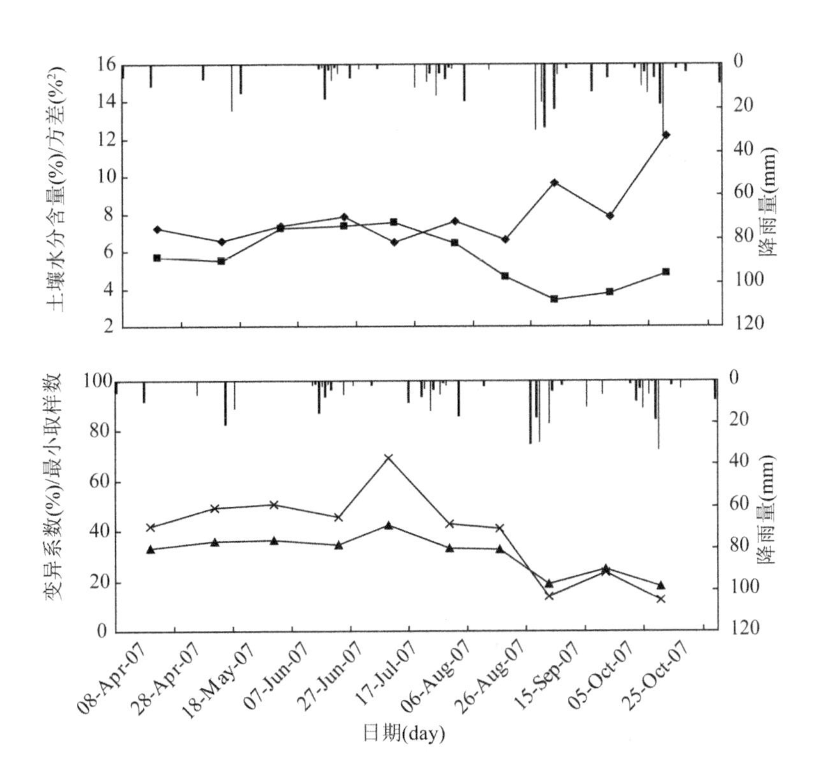

图 2.12　六道沟土壤水分均值(—◆—)、方差(—■—)、变异系数(—▲—)、最小取样数(—×—)以及降雨量(▬)的动态变化(2007 年 4—10 月)

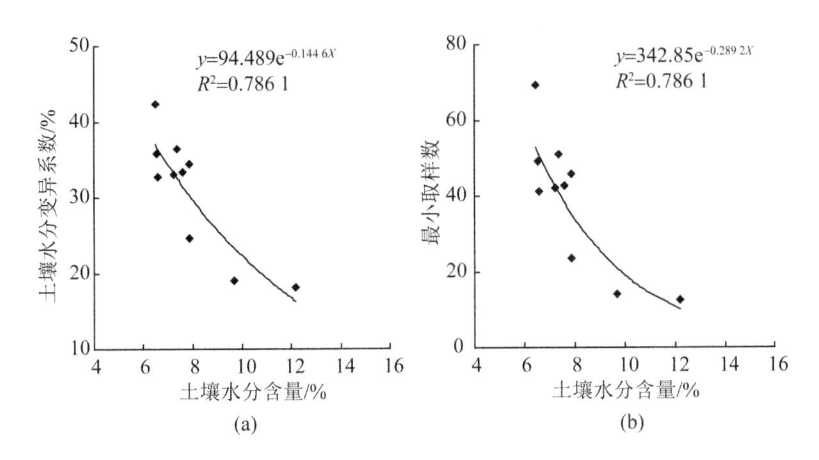

图 2.13　六道沟小流域土壤水分含量(2007 年 4—10 月)

单样本柯尔莫哥洛夫-斯米诺夫(One-sample Kolmogorov-Semirnov，K-S)非参数检验表明，在0.05检验水平下，各采样次和各采样层的土壤含水量均服从正态分布(表2.3)。因此，在一定的精度(k)要求下，研究区域的合理取样数(N_r)可以通过下式计算：

$$N_r = \mu_a{}^2\left(\frac{CV\%}{k}\right)^2 \tag{2.1}$$

式中：μ_a 为一定置信水平下的 t 分布值；k 为研究要求的相对精度。

在置信水平为95%，相对精度 $k=10\%$ 时计算各次采样的合理取样数，见图2.12。根据公式(2.1)我们可以看出，合理取样数与土壤水分变异系数呈正相关关系，因此，合理取样数同样表现出随土壤含水量的增加而指数降低的趋势，如图2.13(b)所示。因此，进行整个研究区域土壤水分的估算时，在干旱条件下由于土壤水分较强的变异特性，需要较多的采样测定结果。相反，降雨发生后，土壤水分的变异得到降雨的平滑，变异系数降低，合理采样数的需求也随之降低。在相对精度 $k=10\%$ 的条件下，为了较准确地估算整个小流域土壤0～120 cm平均含水量，最干旱条件(7月10日)下要求的合理取样数为69，最湿润条件(10月11日)下要求的合理取样数为10。本次研究的实际取样数为70，因此在干旱和湿润条件下，10次测定的实际取样数都达到了合理取样数的要求。在同样的研究区域内，由于各种外界因素的影响，土壤性质空间变异的强度可能随时间的变化而变化，在这种情况下，要适时准确地获取参数，合理采样数目会发生相应的变化，这在获取某些水文和土壤物理模型参数时应该注意。

图2.14是六道沟小流域0～120 cm土层含水量半方差函数时间动态变化和剖面垂直变化图，同时图2.15给出了其相应的土壤水分变异函数理论模型的相关参数。通过分别计算10次采样和12层采样土层土壤含水量的实验变异函数值，经理论模型的最优拟合处理发现，大部分拟合的最优模型为高斯模型。因此，为了便于比较半方差函数的相关参数，所有拟合的理论模型均采用高斯模型，理论变异函数与实验变异函数拟合较好(图2.14)，它们的决定系数在0.6～0.9之间，F检验(由公式计算得出)达到显著水平($P<0.05$)，说明理论模型较好地反映了各测次和各土层土壤水分的空间结构特

征。10次采样和12层采样土层土壤水分均表现出基台值(图2.14),反映出土壤水分在研究区域内具有平稳特性或近平稳特性。

变异函数在原点处的数值称为块金值。块金值通常表示由实验误差和小于实验取样尺度(本试验的取样尺度为10 m)引起的变异,较大的块金方差表明较小尺度上的某种过程不容忽视。本研究中无论干湿条件,测定的10次0～120 cm土层平均含水量的块金值都较小,除6月1日测得土壤水分的块金值偏高,为2.4%^{2}以外,其余9次土壤水分的块金值均在0.9～1.8%^{2}(图2.15),这反映了小于10 m尺度影响水分过程的作用较小,若增加取样密度并不能大幅度增加土壤水分的空间结构信息,这与经典统计分析下计算的最小取样数提供的信息一致。同时从图2.15也可以看出,块金值随季节动态变化随机性较大,随着时间动态未表现出明显的规律性,与土壤水分含量的高低相关性不大。

基台值为半方差函数随测点间距递增到一定程度时出现的较为稳定的半方差值,通常表示系统内的总变异包括结构性变异和随机性变异。从图2.14和图2.15可以看出,8月份以前测定的土壤水分的基台值都要高于试验后期测定的土壤水分的基台值,且因土壤水分在8月份开始出现明显的增加趋势,这就表明基台值在整体上表现出干旱条件下比湿润条件下要大的特点,土壤水分的变异程度在平均含水量较低时较大,基台值的季节变化格局与平均土壤含水量相反,这与张继光等在喀斯特地区研究的结果一致[22]。

已有的研究结果表明,黄土高原地区影响土壤水分分布的因素中,除降雨外,土地利用方式和利用结构起到了主要控制作用[9]。土地利用方式通过影响降雨入渗和水分的蒸散发等过程影响土壤水分分布,而土地利用结构主要通过影响径流侵蚀等过程影响土壤水分分布[9],从而控制局地土壤水分变异。在较湿润条件下,土壤水分的空间分布格局受地形、土壤物理性质(如土壤容重和土壤导水率等)控制作用影响较大,而土地利用的影响作用较弱,因此进入雨季后的8—10月的相对频繁和较大的降雨过程显然对0～120 cm土层水分变异起到了一定的平滑作用,使得湿润条件下土壤水分的变异程度较干旱条件有所降低。

块金值与基台值之比即空间异质比,表示随机部分引起的空间异质性占系统总变异的比例,反映了土壤属性的空间依赖性。从图2.15可以看出,空间异质比的季节变化呈波动性，但整体表现出上升的趋势，与土壤含水量的变化趋势一致。9月份以前，除6月1日测定土壤水分的块金值较高导致空间异质比达到了0.25以外，其于6次土壤水分的空间异质比均在0.13～0.25，这意味着在试验前期土壤水分较低情况下土壤水分在研究的尺度上具有强烈的空间自相关格局。而9月3日和10月11日测定前的较强降雨平滑了土壤水分的变异，使得基台值明显降低，从而导致土壤水分的空间异质比大于0.25，分别为0.36和0.38，土壤水分表现为中等的空间依赖性。因此，整个试验研究期间，0～120 cm土层平均土壤水分含量在研究的六道沟小流域尺度上具有明显的空间自相关格局。变程表明研究因子空间自相关范围的大小，变程以内的空间变量具有空间自相关或空间依赖性，反之则没有。本研究0～120 cm土层平均水分的变程变化在32～54 m，且季节变化同样表现出干旱季节变程较高，特别是6月至8月蒸散耗水较大的季节土壤水分变程升高明显，而进入9月和10月，土壤水分变程明显降低。因此，在研究的流域内，坡面的混合土地利用结构尽管会改变局部地段土壤水分的空间分布，但是测定深度的平均土壤水分仍具有一定的空间连续性。干旱条件较湿润条件具有相对低的(块金值/基台值)和高的变程，进一步说明了降雨等气候条件导致平均含水量的不同能改变土壤水分的变异程度及分布格局。在水分的空间变异研究中，应根据其平均含水量采取不同的取样设计。

图2.14(c)、(d)给出了0～120 cm剖面各层10次测定的平均土壤水分的变异函数图，同时图2.15(b)给出了高斯模型拟合的相关参数的剖面垂直分布特征。高斯模型模拟的决定系数经F检验都达到了显著水平($P<0.05$)，说明剖面各层土壤水分半方差理论模型的拟合是可以接受的。土壤水分的块金值随着土壤深度的增加而增加，表现出明显的系统变化。而基台值在100 cm深度以上也随着土层深度的增加而增加，100 cm土层深度以下基台值有一定的回落。随着土壤深度的增加，土地利用中不同植物根系分布的差异对土壤水分的影响增大，导致土壤水分的变异进一步增加，且取样观测过程中发现40～60 cm土层普遍存在的坚硬钙积层也增加了土壤水分的变异性，故基台值随土壤深度增加。而该研究区植物根系的影响主要在100 cm以上[23]，因此100 cm土层深度以下基台值会有回落的趋势。土壤表层10 cm土壤水分的空间异质比为0.096，表现为强烈的空间依赖性。随着土壤深度

的增加，土壤水分的空间异质比变化虽然呈一定的波动性，但整体表现出增加的趋势，空间异质比的大小都在0.75以下。因此，土壤剖面分析同样表明土壤水分具有强烈和中等程度的空间自相关。变程随土壤深度变化与空间异质比的剖面分布有一定的相似性，在土壤表层土壤水分的变程较小，仅27 m，随着深度的增加而增大，至30 cm土层深度时增大至61 m；随着土层深度的进一步加深，变程并不显示明显的增加或减小趋势，而是呈均匀的较小的波动变化。深层土壤水分的变程与表层水分的变程的变化幅度差异超过了2倍，表明影响剖面土壤水分格局的过程在不同水分条件和不同深度是不同的。

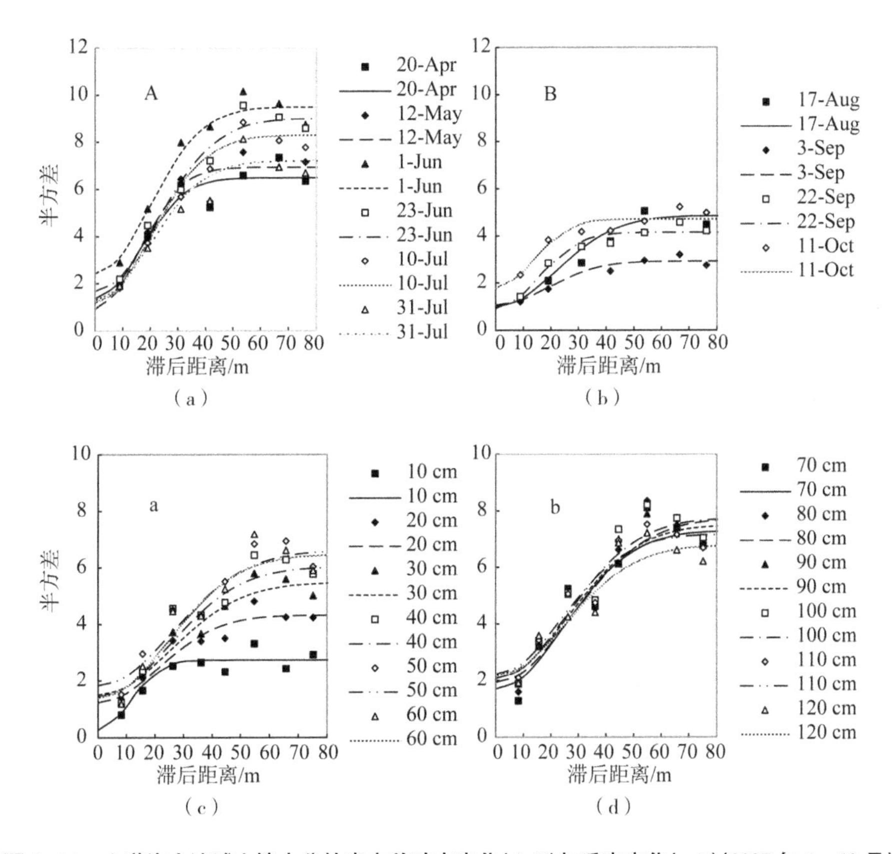

图2.14　六道沟小流域土壤水分的半方差动态变化(A、B)与垂直变化(a、b)(2007年4—10月)

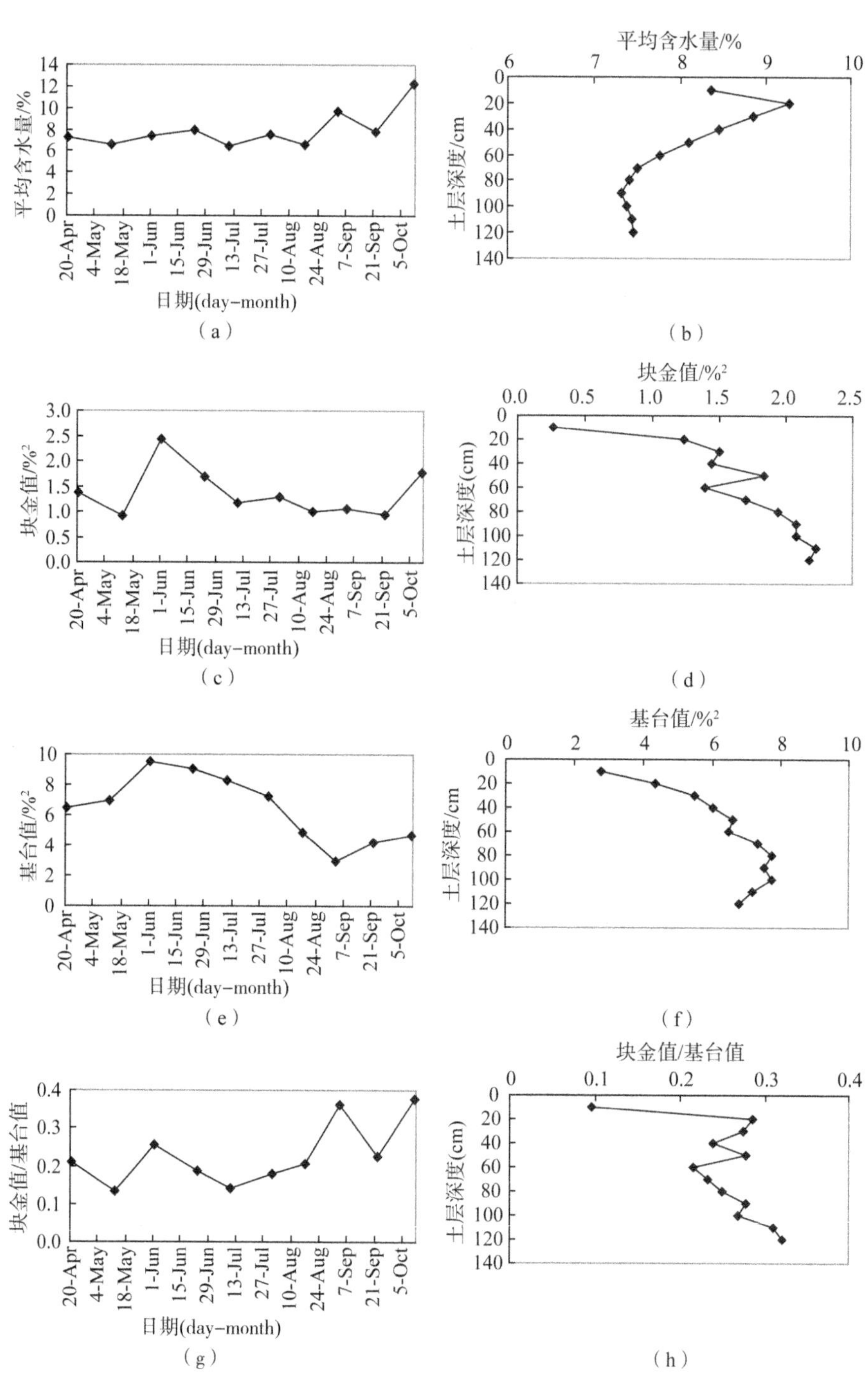

图 2.15 六道沟小流域土壤水分变异函数理论模型相关参数动态变化和垂直变化(2007 年 4—10 月)

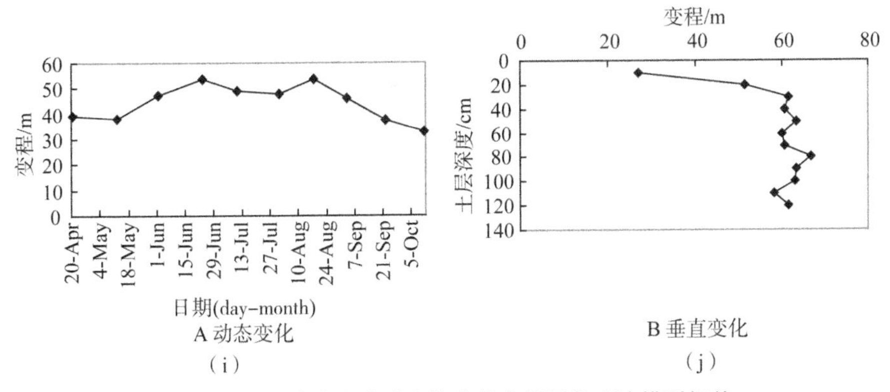

图 2.15　六道沟小流域土壤水分变异函数理论模型相关参数动态变化和垂直变化(2007 年 4—10 月)(续)

进一步利用相关分析研究了土壤水分动态变化的影响因素(表 2.4)。表 2.4 给出了土壤水分与定量的 6 种土地利用类型之间的相关性分析。正值表示该土地利用类型的土壤水分值大于六种土地利用类型土壤水分的平均值，负值则表示相反含义，绝对值越大，表示差异越显著。相关系数检验结果与方差分析的结果相同，土地利用对 10 次测定的 0～120 cm 土层平均含水量的空间异质性都有显著的影响。强烈的蒸腾耗水使得测定到的自然草地和牧草地土壤含水量均较低，而农地和休闲地土壤水分均显著高于其他土地利用类型。这主要是由于农地作物根系稀少，土壤水分的蒸腾耗水少，加之耕作措施松土使得土壤物理蒸发也较弱。

表 2.4 给出了 10 次测定的 0～120 cm 土层平均水分与土壤因子的相关性分析。统计分析表明，表层土壤黏粒和粉粒含量与土壤水分都为正相关，而砂粒含量都为负相关，且与粉粒和砂粒的相关关系均达到了极显著水平($P<0.01$)。砂粒含量高或者黏粒和粉粒含量较低的土壤，土壤孔隙度一般较大，但毛管孔隙少，毛管作用小。

表 2.4　各测定时期土层平均水分含量与环境因子的相关系数(2007 年 4 —10 月)

类别	20 - Apr	12 - May	1 - Jun	23 - Jun	10 - Jul	31 - Jul	17 - Aug	3 - Sep	22 - Sep	11 - Oct
灌木	−0.10	−0.21	−0.16	−0.22	−0.22	−0.20	−0.15	−0.21	−0.17	−0.10
果园	−0.06	−0.02	−0.04	−0.11	−0.10	−0.11	−0.08	−0.09	−0.11	−0.12
草地	−0.38**	−0.32*	−0.34*	−0.27*	−0.25*	−0.24*	−0.27*	−0.17	−0.18	−0.19

续表

类别	20 - Apr	12 - May	1 - Jun	23 - Jun	10 - Jul	31 - Jul	17 - Aug	3 - Sep	22 - Sep	11 - Oct
牧草地	−0.32*	−0.39**	−0.42**	−0.41**	−0.45**	−0.40**	−0.38**	−0.36**	−0.45**	−0.44**
休闲地	0.34**	0.42**	0.44**	0.40**	0.47**	0.34**	0.35**	0.36**	0.44**	0.38**
农地	0.66**	0.66**	0.66**	0.71**	0.64**	0.70**	0.65**	0.53**	0.56**	0.56**
黏粒	0.19	0.19	0.14	0.22	0.25*	0.24*	0.22	0.33*	0.23	0.25*
粉粒	0.54**	0.49**	0.48**	0.58**	0.58**	0.56**	0.53**	0.64**	0.52**	0.49**
砂粒	−0.51**	−0.47**	−0.45**	−0.52**	−0.55**	−0.54**	−0.50**	−0.62**	−0.50**	−0.47**
容重	−0.31**	−0.30*	−0.37**	−0.30*	−0.26*	−0.24*	−0.23	−0.11	−0.13	−0.17
坡度	−0.25	−0.19	−0.23	−0.28	−0.28	−0.26	−0.30	−0.22	−0.20	−0.27
cos（坡向）	−0.00	−0.00	−0.02	−0.05	−0.03	−0.00	0.02	0.03	0.06	0.03
相对海拔	0.09	0.05	−0.03	0.01	0.05	0.02	−0.06	0.07	−0.06	0.02

水分渗漏很快，而且蒸发耗水强烈，因此土壤水分较低[24]。土壤容重与10次测定到的土壤水分均呈负相关关系，即容重较小的土壤比较疏松，易于雨水渗入土壤并保持，因而土壤水分比较高。同时，由于本试验中农地和休闲地受耕作的影响，表层土壤疏松，容重较小，但土壤水分含量最高，这也加大了容重与土壤水分的负相关关系。容重对土壤水分的影响在试验前期比较干旱时期更为显著。

从表2.4可以看出，坡向和海拔对土壤水分空间异质性的影响非常微弱，相反，坡度的影响却要大些，但都没有达到显著水平（$P<0.05$）。坡度与土壤水分的负相关系数也表明，坡度越大，土壤水分的渗透越剧烈，再加上降雨过程中出现超渗产流的可能性越大，造成径流多而入渗少，所以土壤水分含量越低。

在相关分析的基础上，从70个样点数据随机抽取50个样点，利用回归分析建立了土壤水分与土地利用方式、土壤属性和地形属性之间的空间多元回归预测模型（表2.5）。多元线性回归模型的因变量为10次测定的0～120 cm土层平均含水量，自变量中土地利用类型包括灌木林地、果园、草地、牧草地、休闲地和农地6种类型，土壤属性变量包括黏粒含量、粉粒含量、砂粒含量和土壤容重4个因子，地形因子有坡度、cos（坡向）和相对海拔3个变量。所有回归模型建立在土壤水分与环境因子的物理关系基础之上，利用建立的回归模型可以有效地预测小流域内不同地点和不同植被覆盖情况下的土壤水分含量。表 2.5 给出了不同测定时期 0～120 cm 土层平均土壤含水量的多元回归模型的截距和各自变量的回归系数，同时还给出了各回归模型的 F 检验值和各回归模型中回归系数的 t 检验结果。在逐步回归分析中，不同测定时期的水分条件下，最终进入回归模型的自变量都不同，表明在不同气候条件土壤水分受不同的环境因子控制，例如，8 月份以前测得的较干旱条件下土壤水分只有土地利用和土壤属性进入了回归方程，而进入雨季较湿润条件，土地利用、土壤属性和地形属性都有因子进入土壤水分的回归方程。模型中自变量的回归系数前的正负号反映各自变量与土壤水分之间的相关关系。例如，因为休闲地和农地测定的土壤相对比较湿润，所以其回归系数均为正值，而草地的回归系数为负值；粉粒含量的回归系数为正值而砂粒含量的为负值，表明土壤水分随着粉粒含量的增加或者砂粒含量的减少而增加。但是，从绝对意义上讲，不能通过回归系数比较出哪个自变量对土壤水分的影响更重要，主要是由于一方面回归系数的大小受自变量的量纲影响较大；另一方面变量之间的相互作用会消弱变量与土壤水分的相关关系，造成回归系数的混乱，如砂粒、粉粒和黏粒含量三者之间的相互关系使黏粒和砂粒很少进入回归方程。

从表 2.5 也可以看出，10 次测定的 0～120 cm 土层平均含水量建立的回归模型都保持较高的 R^2 值，变化在 0.582～0.865，经 F 检验，均达到了极显著水平。8 月份以前较干旱条件下建立的回归方程虽然只有土地利用和土壤属性进入方程，但方程的 R^2 和 F 值都保持较高水平，两者综合可以解释 78.7%～86.5%的土壤水分空间变异。进入 9 月，随着降雨量的增加，土壤湿润程度加大，虽然增加了地形因子变量进入土壤水分的预测逐步回归模型，但其方程的 R^2 和 F 值都有明显的降低。土地利用、地形指标和土壤属性三者综合可以解释 58.2%～77.7%的土壤水分空间变异。这也表明，湿润条件下影响土壤水分空间变异的因素比干旱条件下多，且更加复杂。应用验证数据集数据分别对 10 次测得的 0～120 cm 土层平均含水量建立的回归模型进行验证，即对各次水分预测偏差及预测准确性进行检验。图 2.16 给出了 10 次土壤水分的实测值与预测值的比较结果、验证数据集的平均预测误差(MPE)和均方根预测误差(RMSPE)的动态变化。从图中可以看出，10 次土壤水分的预测结果均较为理想，20 个验证数据点的平均值表现为预测值都比

表 2.5　不同测定时期基于空间特征参数建立的土壤水分逐步多元回归预测模型参数(2007 年)

日期/(day-month)	截距	灌木林地[a]	果园[a]	草地[a]	牧草地[a]	休闲地[a]	农地[a]	黏粒	粉粒	砂粒	容重	坡度	cos(坡向)	相对海拔	R^2	F
20 - Apr	0.498	—	—	−0.713*	—	2.643**	4.279**	—	0.116**	—	—	—	—	—	0.847	62.095**
12 - May	1.626	—	1.550*	—	—	3.478**	5.560**	—	0.071**	—	—	—	—	—	0.865	72.334**
1 - Jun	2.163	—	—	—	—	4.023**	5.508**	—	0.075**	—	—	—	—	—	0.809	65.153**
23 - Jun	10.539**	—	—	—	—	3.648**	6.018**	—	—	−0.093**	—	—	—	—	0.856	91.704**
10 - Jul	−0.976	—	—	—	—	4.135**	5.274**	—	0.120**	—	—	—	—	—	0.854	89.581**
31 - Jul	0.797	—	—	—	—	2.879**	4.996**	—	0.111**	—	—	—	—	—	0.787	56.705**
17 - Aug	2.762*	—	—	—	—	2.647**	3.702**	—	0.107**	—	—	—	—	−0.045*	0.706	26.959**
3 - Sep	3.394**	—	—	—	—	1.816**	2.231**	—	0.113**	—	—	—	—	—	0.616	24.647**
22 - Sep	−2.962	—	—	—	—	3.427**	2.880**	—	0.093**	—	5.156**	—	0.368*	−0.036*	0.777	24.975**
11 - Oct	14.288**	—	—	—	—	2.452**	3.373**	—	—	−0.068**	—	—	—	—	0.582	21.320**

注:"—"表示未进入逐步回归方程的自变量;"a" 表示亚变量(0 为不存在,1 为存在)。"*"表示经 t 检验在 p=95%水平显著,"**"表示经 t 检验在 p=99%水平显著。

观测值略低，因此验证数据集的 MPE 都呈正的偏差。9 月 3 日测定的偏差最小，而 9 月 22 日的偏差最大，MPE 值分别为 0.145 和 0.683。从预测的精度分析，RMSPE 最小值同样出现在 9 月 3 日，而最大值出现在 4 月 20 日，分别为 0.85 和 1.65。综上，模型可以用于该研究区土壤水分的预测。

由于土壤水分本身变异性较高，且黄土高原土壤水分变异的影响因素复杂，利用环境因素建立的土壤水分预测回归模型的预测精度有待提高。如果使用较高分辨率的数字地形模型或更详尽的环境变量，回归模型的预测精度将提高，回归方程将解释更多的残差。但由于黄土高原自然地理条件复杂，且土壤水分本身变异性较大，回归模型预测精度提高的空间有限。

2.4　结论

水分是黄土高原植被恢复的主要限制性因子。本章采取坡面样带和流域随机布点相结合方式在六道沟流域内共布设 70 个采样点，采用烘干法测定 0～120 cm 土层水分的动态变化特征，从土地利用方式、坡面土壤结构、小流域三个尺度分析植被恢复对土壤水分时空分布特征的影响，得到的主要结论如下：

1. 六种土地利用类型柠条林地、杏树林地、长芒草地、苜蓿草地、休闲地、农地下土壤水分随时间的动态变化具有相似的趋势，整体表现为随降雨量的多少而波动，且六种土地利用类型下土壤水分差异显著，农地和休闲地土壤水分显著高于其他四种土地利用方式下土壤水分含量。根据不同测定时期土地利用类型下土壤水分沿垂直剖面的变化趋势，分为以下 4 种类型，分别为均匀分布型、增长型、降低型和波动型。土壤水分不同的剖面分布类型变化反映了不同环境条件下降雨入渗和土壤水分蒸散发之间的动态平衡过程。

2. 从坡面尺度来看，土壤水分沿坡长方向的变化受坡面土地利用结构的影响而不同。单一的草地利用结构坡面和相对均一的休闲地-休闲地-农地利用结构坡面土壤水分沿坡长增加方向呈现上升或均匀分布的趋势，且均保持较低的空间变异性。不同土地利用方式组合的混合土地利用结构改变了单一土地利用结构下土壤水分沿坡面的单调分布趋势，从而形成含水量高低不同的斑块镶嵌坡面格局。这种坡面土地利用方式的多元化明显增大了土壤水分的变异系数。因此土地利用结构变化成为导致土壤水分变异的最关键因素之一。从生态学的角度看，土壤水分的变异性增强，有利于生态系统多样性的形成，同时也有助于径流和侵蚀的控制。

3. 小流域土壤水分具有明显的空间结构，利用高斯模型可以较好地反映各测次和各土层土壤水分的空间结构特征。在相关分析的基础上，本章建立了土壤水分与土地利用方式、土壤属性和地形属性之间的空间多元回归预测模型。研究发现，8 月份以前较干旱条件下建立的回归方程只有土地利用和土壤属性进入方程，两者综合可以解释 78.7%～86.5%的土壤水分空间变异；9 月以后，随着降雨量的增加，土壤湿润程度加大，虽然增加了地形因子进入土壤水分的预测回归模型，但其方程的 R^2 和 F 值都有明显的降低，土地利用、地形指标和土壤属性三者综合可以解释 58.2%～77.7%的土壤水分空间变异。应用验证数据集数据对回归模型进行验证，发现水分模型的平均预测误差和均方根预测误差都较小，这表明模型可以用于该研究区土壤水分的预测。

参考文献

[1] 傅伯杰，陈利顶，马克明. 黄土丘陵区小流域土地利用变化对生态环境的影响——以延安市羊圈沟流域为例[J]. 地理学报，1999，54(3)：241-246.

[2] BORMANN H, BREUER L, GRÄFF T, et al. Analysing the effects of soil properties changes associated with land use changes on the simulated water balance: a comparison of three hydrological catchment models for scenario analysis [J]. Ecological Modelling, 2007, 209(1): 29-40.

[3] WANG X J, GONG Z T. Monitoring and evaluation of soil changes under landuse of different patterns at a small regional level in south China [J]. Pedosphere, 1998, 6: 373-378.

[4] REY F. Influence of vegetation distribution on sediment yield in forested marly gullies [J]. Catena, 2003, 50(2-4): 549-562.

[5] GAFUR A, JEUSEN J R, BORGAARD O K, et al. Runoff and losses of soil and nutrients from small watersheds under shifting cultivation in the Chittagong Hill Tract of Bangladed [J]. Journal of Hydrology, 2003, 279:293-309.

[6] 中国国际工程咨询公司. 退耕还林工程中期评估报告[R]. 2003.

[7] GIERTZ S, JUNGE B, DIEKKRÜGER B. Assessing the effects of land use change on soil physical properties and hydrological processes in the sub-humid tropical environment of West Africa [J]. Physics and Chemistry of the Earth, Parts A/B/C, 2005, 30(8-10): 485-496.

[8] ZHANG Y K, SCHILLING K E. Effects of land cover on water table, soil moisture, evapotranspiration, and groundwater recharge: a field observation and analysis [J]. Journal of Hydrology, 2006, 319(1-4): 328-338.

[9] QIU Y, FU B J, WANG J, et al. Soil moisture variation in relation to topography and land use in a hillslope catchment of the Loess Plateau, China [J]. Journal of Hydrology, 2001, 240(3-4): 243-263.

[10] HU W, SHAO M A, WANG Q J, et al. Spatial variability of soil hydraulic properties on a steep slope in the Loess Plateau of China [J]. Scientia Agricola, 2008, 65: 268-276.

[11] 樊军. 水蚀风蚀交错带土壤水分运动与数值模拟研究[D]. 北京：中国科学院大学研究生院(南京土壤研究所),2005.

[12] LUCK S H. Effect of antecedent soil moisture content on rainwash erosion [J]. Catena, 1985, 12 (R-37): 129-139.

[13] FITZJOHN C, TERNAN J L, WILLIAMS A G. Soil moisture variability in a semi-arid gully catchment: implications for runoff and erosion control [J]. Catena, 1998, 32(1):55-70.

[14] IBANEZ J J, DE-ALBA S., BERMUDEZ F. F, et al. Pedodiversity: concepts and measures [J]. Catena, 1995, 24(3): 215-232.

[15] BERGKAMP G, CAMMERAAT L H, MARTINEZ-FERNANDEZ J. Water movement and vegetation patterns on shrubland and an aban-

doned field in two desertification-threatened areas in Spain [J]. Earth Surface Processes and Landforms, 1996, 21(12): 1073-1090.

[16] KIMURA R, FAN J, ZHANG X C, et al. Evapotranspiration over the Grassland Field in the Liudaogou Basin of the Loess Plateau, China [J]. Acta Oecologica, 2006, 29(1): 45-53.

[17] WILCOX B P, DOWHOWER S L, TEAGUE W R, et al. Long-term water balance in a semiarid shrubland [J]. Rangeland Ecology & Management, 2006, 59(6): 600-606.

[18] BARLING R D, MOORE I D, GRAYSON R B. A quasi-dynamic wetness index for characterizing the spatial distribution of zones of surface saturation and soil water content [J]. Water Resources Research, 1994, 30(4): 1029-1044.

[19] SEGHIERI J, GALLE S, RAJOT J L, et al. Relationships between soil moisture and growth of herbaceous plants in a natural vegetation mosaic in Niger [J]. Journal of Arid Environments, 1997, 36(1): 87-102.

[20] CHEN L D, HUANG Z L, GONG J, et al. The effect of land cover/vegetation on soil water dynamic in the hilly area of the loess plateau, China [J]. Catena, 2007, 70(2): 200-208.

[21] GRAYSON R B, WESTERN A W, CHIEW F H S, et al. Preferred states in spatial soil moisture patterns: local and nonlocal controls [J]. Water Resources Research, 1997, 33(12):2897-2908.

[22] 张继光,陈洪松,苏以荣,等. 湿润和干旱条件下喀斯特地区洼地表层土壤水分的空间变异性[J]. 应用生态学报,2006,17(2):2277-2282.

[23] 成向荣. 黄土高原农牧交错带土壤-人工植被-大气系统水量转化规律及模拟[D]. 北京:中国科学院大学研究生院(教育部水土保持与生态环境研究中心),2008.

[24] SINGH J S, MILCHUNAS D G, LAUENROTH W K. Soil water dynamics and vegetation patterns in a semiarid grassland [J]. Plant Ecology, 1998, 134:77-79.

第三章 土地利用变化下流域土壤养分空间变异

在黄土高原植被恢复的过程中，土地利用类型发生了显著性改变，进而导致土壤质地、土壤结构等土壤物理性质也发生改变，同时引起土壤水热过程及养分含量的改变。土壤水分与养分的协调机制对黄土高原生态重建起着极其重要的支撑作用，二者相互促进又相互制约。水分的有效管理可以提高养分的利用效率，增加土壤有机质(Soil Organic Matter，SOM)含量，可以提高土壤储水能力，SOM 也会影响土壤水分储存与降水入渗能力，并为植物根系向深层延伸创造了好的条件，因此土壤水分和养分具有相辅相成的作用。本章研究了黄土高原小流域土壤剖面养分的空间变异特征，分析了土壤养分性状与土地利用变化、土地利用结构及地形等空间因子的相关性及典型淤地坝土壤有机碳密度的垂直分布特征，旨在探讨植被恢复对土壤养分性状空间分布的影响，为合理评价退耕还林(草)工程的土壤生态效应、有效指导该地区人工植被进一步的建设提供科学依据。

3.1 土地利用变化下土壤养分变异特征

3.1.1 不同植被覆盖的土壤剖面养分分布

2016 年，在黄土高原神木六道沟小流域选择梯田上已种植 10 年的不同植被覆盖类型(农地、裸地、苜蓿地、柠条地、撂荒地)的土壤，测定并分析其剖面土壤有机质(SOM)、全氮(TN)、全磷(TP)含量分布规律。结果表明,SOM和TN含量随剖面深度逐渐降低,土壤TP含量在0~100 cm剖面土层基本稳定,120~200 cm土层略有增加(图3.1)。SOM含量在0~40 cm急剧下降,其中撂荒地在0~5 cm土层SOM从11.56 $g \cdot kg^{-1}$下降至2.20 $g \cdot kg^{-1}$。各植被条件下0~40 cm土层SOM含量降低了51.5%~77.1%,50~200 cm土层SOM含量基本稳定在1.8 $g \cdot kg^{-1}$,降低幅度为15.5%~36.0%。各植被覆盖类型SOM含量之间没有显著差异($P>0.05$),但TN含量在0~10 cm、50~80 cm、90~140 cm土层显著不同。撂荒地、苜蓿地和柠条地的0~200 cm土层TN平均含量较农地分别高18.5%、19.4%和21.8%。不同植被覆盖的土壤0~60 cm土层中,TN含量急剧下降,最大下降幅度为72.1%,深层土层TN含量稳定在0.17 $g \cdot kg^{-1}$。TP含量相对SOM和TN较为稳定,不受植被类型变化的影响。对于所有植被类型,整个剖面TP含量在0.35~0.45 $g \cdot kg^{-1}$,平均值为0.40 $g \cdot kg^{-1}$。

草地恢复对SOC含量的影响比对TN含量的影响大[1-2]。0~5 cm土层中,撂荒地SOM含量相比裸地增加幅度为54.0%,TN含量相比裸地增加幅度为43.1%,可见SOM增加幅度大于TN,但植被恢复对TN含量的影响深度能达到60 cm,对SOM含量的影响深度为40 cm。

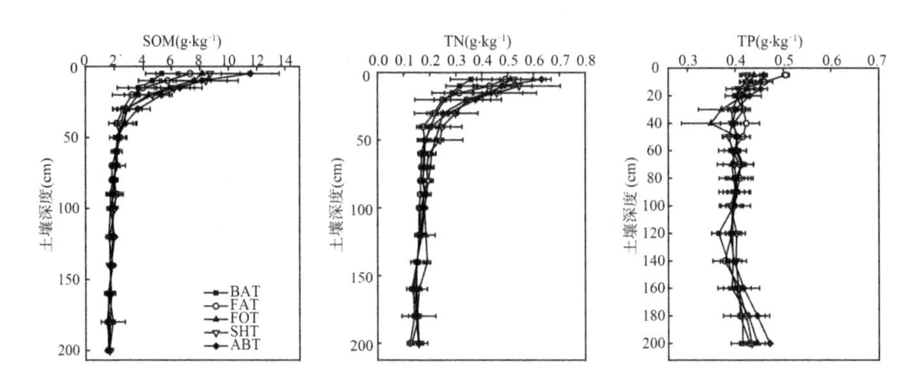

图3.1 不同植被覆盖下剖面土壤养分含量分布(2016年)

注:BAT样地为梯田裸地;FAT样地为梯田农地;FOT样地为梯田苜蓿地;SHT样地为梯田柠条地;ABT样地为梯田撂荒地

很多研究表明土壤SOC含量与TN含量高度相关[3]。我们也发现植被恢复后土壤SOC和TN含量呈显著正相关关系(图3.2),因此在确定陆地生态系统中的碳氮积累是否可长期持续时，SOC 和 TN 的相互影响应被考虑。一般如果 SOC 积累不伴随土壤 TN 的增加，生态系统将变得越来越受 TN 限制，而土壤 N 限制会降低对碳氮的权衡[4]。然而在植被恢复过程中，SOC 累积并不伴随 TN 含量增加[5]，因此我们计算了 SOC、TN 和 TP 储量变化量和 C：TN 的变化量(图 3.3)，并进行了接下来的分析。

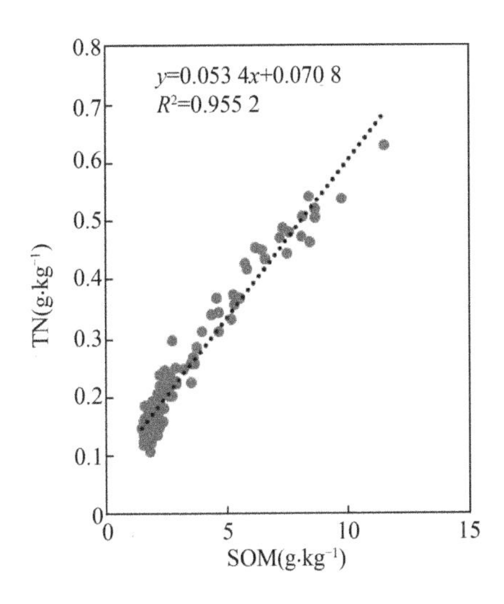

图 3.2　有机质和全氮的相关关系

各恢复类型植被对不同土层土壤 SOC 储量、TN 储量、TP 储量和 C：TN 比的变化量有不同的影响。Tuo 等人[5]的研究表明造林对土壤 SOC 积累的影响大于对土壤 TN 积累的影响，TN 积累不能满足区域尺度上土壤 SOC 积累的需求。我们的研究发现撂荒地、柠条地和苜蓿地中 0～50 cm 土层 SOC 储量的变化量和 TN 储量的变化量一致增加，而 50～200 cm 土层 TN 储量的变化量增加程度大于 SOC 储量的变化量，说明造林对 50～200 cm 土壤 TN 积累的影响大于对 SOC 积累的影响。0～50 cm 土层撂荒地 SOC 含量比 TN 含量的相对增加量大，50～200 cm 苜蓿地 TN 含量比 SOC 含量的相对增加量大。

各恢复类型 SOC、TN 储量变化量和 C：TN 的变化量随土层深度不同(图 3.3)。不同土壤深度下植被恢复后 SOC、TN 储量和碳氮比的变化量

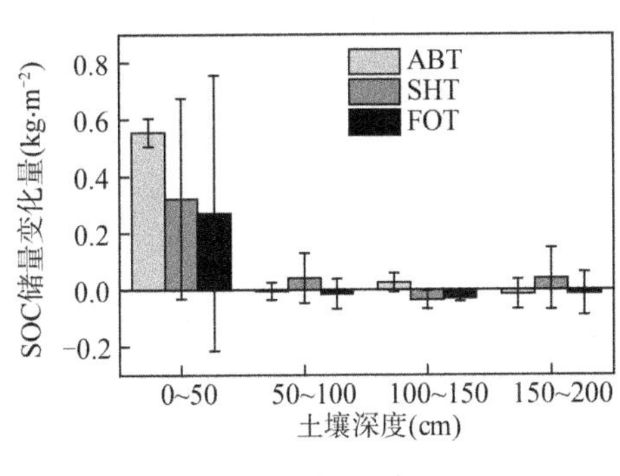

(a) SOM 储量变化量

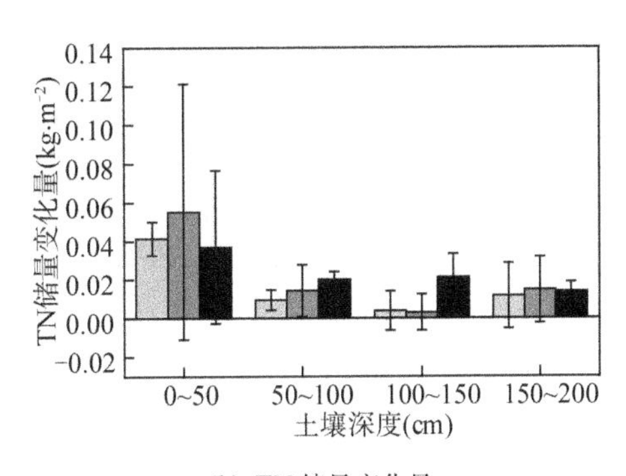

(b) TN 储量变化量

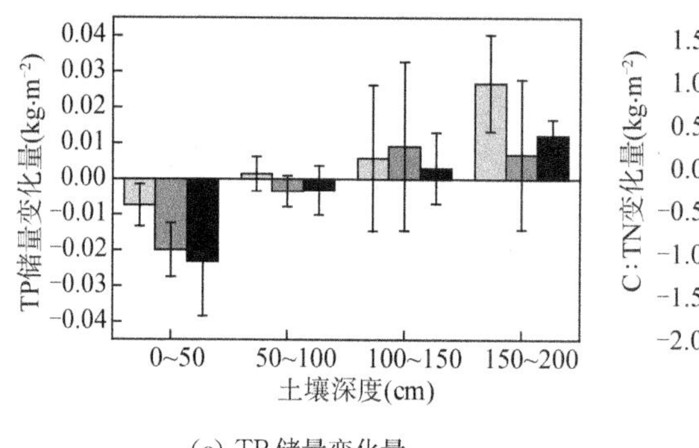

(c) TP 储量变化量

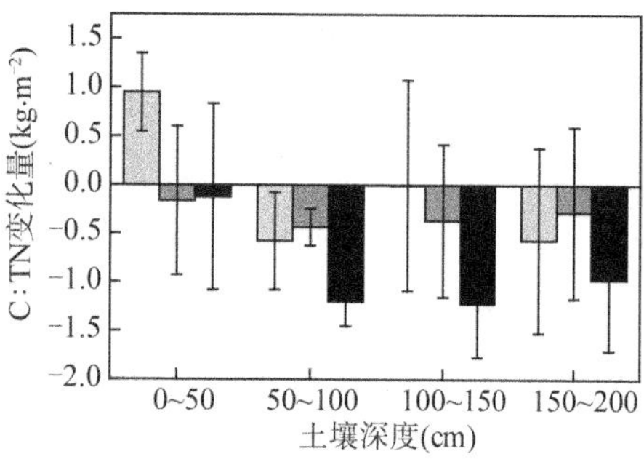

(d) C∶TN 变化量

图 3.3 梯田不同植被覆盖下不同土层土壤养分储量和 C∶TN 的变化量

注:ABT 为梯田撂荒地;SHT 为梯田柠条地;FOT 为梯田苜蓿地

(ΔSOC、ΔTN、ΔC∶TN)在降水梯度上是不同的。0～20 cm 土层的 ΔSOC 和 ΔTN 与年均降水量呈显著正相关($P<0.05$),而在 20～300 cm 土层这些指标的相关性不显著。Deng 等人[2]指出降雨可能会促进 TN 向深层土壤的迁移,从而增加植被恢复过程中底土层 TN 的积累。

不同植被覆盖方式下耕层(0～20 cm)与次层(20～40 cm)SOC 含量差异显著(表 3.1),这种差异可归因于植被覆盖、凋落物数量、根系影响、人为扰动等[6-8]。恢复植被(苜蓿地、柠条地、撂荒地)耕层 SOM 和 TN(表 3.2)显著高于农地和裸地,说明耕层土壤在 SOC 固定方面更活跃[9]。耕层 SOM 和 TN 含量高于次层,说明以苜蓿为主的土壤中 SOM 和 TN 含量具有表聚性。耕层 SOM 和 TN 的积累是由植物和土壤生物群调节的生物过程和环境过程驱动的非生物过程之间复杂的相互作用的结果[10]。干层土壤通过水渗透影响 SOC 从浅层到深层的移动,深层微生物对植物残体分解所产生的 SOC 可能受土壤水分含量的限制[5]。

表 3.1 2016 年不同植被覆盖土壤耕层与次层 SOM 含量 单位:g·kg^{-1}

处理	耕层	次层	上下层比值
BAT	4.33	2.75	1.58
FAT	4.56	2.33	1.96
ABT	7.89	3.19	2.48
FOT	6.49	2.77	2.35

续表

处理	耕层	次层	上下层比值
SHT	6.99	2.59	2.71

注:BAT 为梯田裸地;FAT 为梯田农地;ABT 为梯田撂荒地;FOT 为梯田苜蓿地;SHT 为梯田柠条地;耕层为 0～20 cm;次层为 20～40 cm。

表 3.2　2016 年不同植被覆盖土壤耕层与次层 TN 含量　单位:$g \cdot kg^{-1}$

处理	表层	次层	上下层比值
BAT	0.30	0.21	1.42
FAT	0.37	0.20	1.90
ABT	0.48	0.24	2.03
FOT	0.44	0.24	1.80
SHT	0.47	0.27	1.72

注:BAT 为梯田裸地;FAT 为梯田农地;ABT 为梯田撂荒地;FOT 为梯田苜蓿地;SHT 为梯田柠条地;耕层为 0～20 cm;次层为 20～40 cm。

0～10 cm 表层 SOM 与 TN 含量随恢复时间增加(图 3.4)。在不同恢复植被类型下(苜蓿地、柠条地、撂荒地)SOM 和 TN 含量总体上呈增加趋势,尤其是相比 2010 年,撂荒地在 2016 年的增加幅度较大,但 SOM 含量年际间不显著。撂荒地 TN 含量 2016 年相比 2013 年显著增加,增加幅度为 34.1%。至 2016 年,撂荒地、苜蓿地和柠条地的 SOM 含量基本达到 8.0 $g \cdot kg^{-1}$,TN 含量基本达到 0.5 $g \cdot kg^{-1}$。TP 含量变化不大,所有植被类型下 2016 年相较 2010 年略有降低,而农地 TP 含量高于其余植被覆盖土壤,可能是由于耕作施肥引起的(表 3.3)。SOM 和 TN 含量随植被恢复年限的增加而增加,说明水蚀风蚀交错区植被恢复对 SOM 和 TN 含量有促进作用。

表 3.3　2016 年不同植被覆盖土壤耕层与次层 TP 含量　单位:$g \cdot kg^{-1}$

处理	表层	次层	上下层比值
BAT	0.41	0.41	1.02
FAT	0.45	0.42	1.07
ABT	0.45	0.40	1.13
FOT	0.43	0.36	1.19

续表

处理	表层	次层	上下层比值
SHT	0.42	0.39	1.06

注:BAT为梯田裸地;FAT为梯田农地;ABT为梯田撂荒地;FOT为梯田苜蓿地;SHT为梯田柠条地;耕层为0～20 cm;次层为20～40 cm。

对于不同质地和不同种植方式的苜蓿样地,将不同生长年份0～10 cm养分含量对比发现(图3.5),SOM、TN差异较大,TP基本不变,说明TP含量较为稳定,其与母质有关,因此不易发生变化,而SOM、TN受土壤质地、覆盖植被类型和降水影响较大。随着苜蓿生长年限延长,其伴生种也在不断改

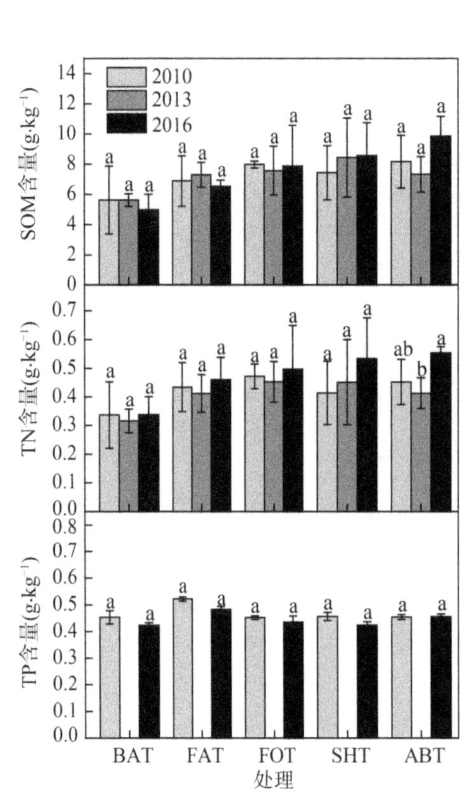

图3.4 不同植被覆盖下0～10 cm土壤养分含量对比

注:BAT为梯田裸地;FAT为梯田农地;FOT为梯田苜蓿地;SHT为梯田柠条地;ABT为梯田撂荒地

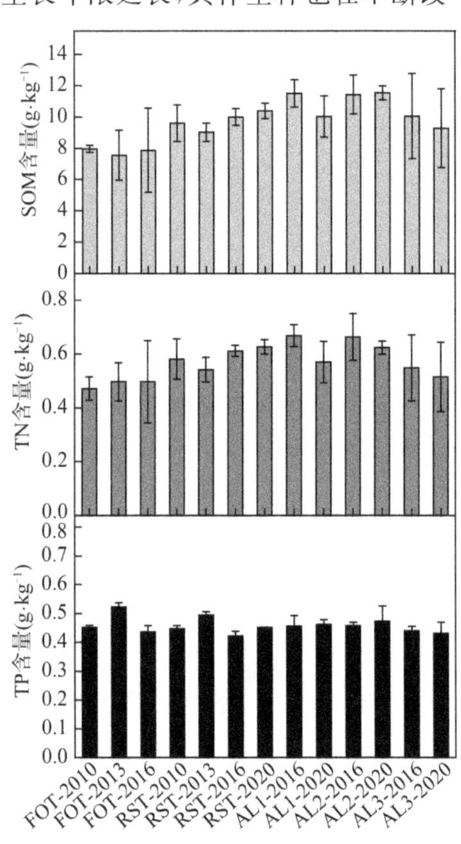

图3.5 不同处理的苜蓿样地在不同生长年限0～10 cm的养分含量

注:FOT样地为梯田苜蓿地;RST样地为苜蓿地转换为大豆地;AL1、AL2、AL3样地为大豆地转换为苜蓿地

变，它们对表层 SOM 和 TN 含量也有影响[10]。苜蓿样地（FOT）2010—2016 年 SOM 和 TN 含量较为稳定，变化幅度不大。对于苜蓿转换种植大豆样地，2010—2016 年 SOM 和 TN 含量较为稳定，2016 年种植大豆后，2020 年测得的 SOM 和 TN 含量有略微增加的趋势。对于 3 块大豆转换为苜蓿的样地，2016 年之后种植苜蓿作为消耗处理，至 2020 年测得 SOM 和 TN 含量相比 2016 年大部分都有降低，TP 含量基本维持不变。

3.1.2　覆盖植被类型转换对土壤剖面养分分布的影响

选择神木六道沟小流域梯田苜蓿地、第二章提及的农地（大豆地）转换为苜蓿地和苜蓿地转换为农地（大豆地）的样地，进行植被类型转换后土壤剖面养分分布变异研究。梯田苜蓿地（FOT）表层 SOM 和 TN 含量随生长年限表现为先降低后增加的趋势（$P>0.05$）（图 3.4），且对 2016 年不同植被覆盖下土壤剖面养分进行比较发现，恢复植被（苜蓿、柠条、荒草地）相对于裸地和农地，土壤养分含量增加（图 3.1），土壤质量得到提升。大豆地转换为苜蓿地后，三块苜蓿地（AL1、AL2、AL3）整个剖面 SOM 和 TN 含量在种植苜蓿后（2020 年）相比种植苜蓿前（2016 年）有不同程度的降低（图 3.6）。对于 AL1 样地，2020 年相比 2016 年，0～40 cm 土层 SOM 含量有降低趋势，而 TN 含量降低深度几乎发生在整个剖面（0～160 cm），TP 含量在 70～100 cm 略有增加，其余土层无明显变化。对于 AL2 样地，2020 年相比 2016 年，SOM 含量在 0～30 cm 有降低，而 TN 含量降低发生在整个剖面，TP 含量在 20～30 cm 略有降低，40～100 cm 略有增加，其余土层无明显变化。对于 AL3 样地，2020 年相比 2016 年，0～30 cm 土层 SOM 含量略有降低，TN 含量在整个剖面有降低，TP 含量在整个剖面总体上呈现略有增加趋势。剖面 TP 含量较为稳定，SOM 和 TN 含量出现降低的现象，原因可能是：其一，大豆地转换为苜蓿地之前间隔不少于 5 年，这段时间样地处于撂荒阶段，而荒草地对土壤 SOM 和 TN 含量的增加影响比苜蓿和柠条显著（图 3.1），因此种植苜蓿后，SOM 和 TN 含量有所降低；其二，3 块样地土壤 TN 含量在 0～200 cm 剖面都降低，可能是因为大豆地种植前进行施肥，表层容易富集硝态氮。农地弃耕转换为荒草地后土壤剖面容易出现蚂蚁洞，成为硝态氮随降水入渗淋溶的优先通道，故使剖面 TN 含量增加。因此，种植苜蓿后（2020 年）土壤剖面 TN

含量相比种植前(2016 年)测得的 TN 含量降低。

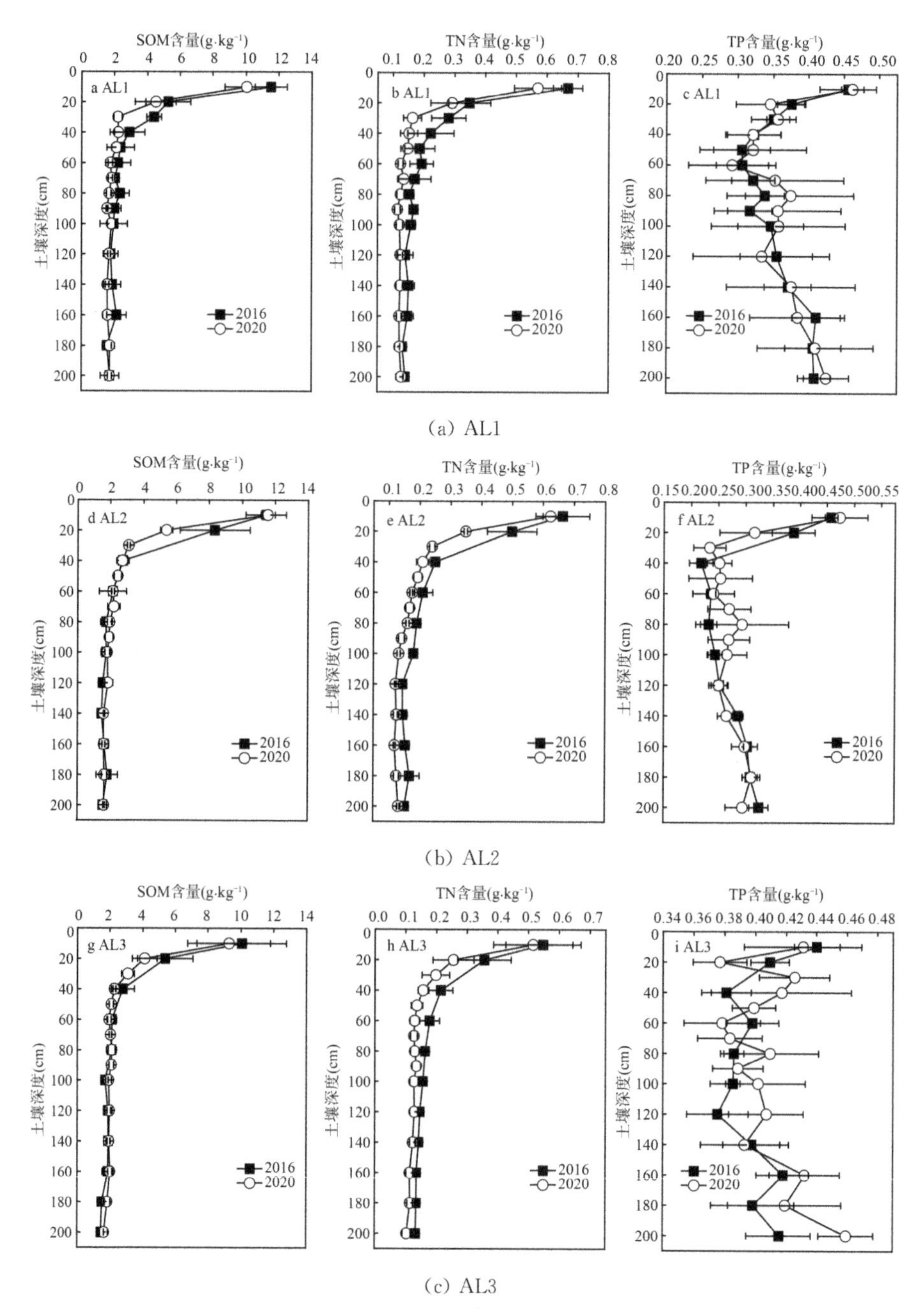

(a) AL1

(b) AL2

(c) AL3

图 3.6　AL1、AL2、AL3 样地养分含量在 2016 年和 2020 年对比

注:AL1、AL2、AL3 样地为大豆地转换为苜蓿地

对于苜蓿地转换为大豆地样地(RST 样地),经过 5 年的大豆地水分恢复,SOM 和 TN 含量有降低(图 3.7)。2020 年 10～70 cm 土层 SOM 含量较 2016 年稍低,0～10 cm 土层 SOM 含量稍高于 2016 年;2020 年 0～10 cm 表层 TN 含量较 2016 年稍高,10～200 cm 土层 TN 含量低于 2016 年未转换为大豆地之前;总的来说整个剖面 TP 含量呈增加的趋势。2020 年表层 0～10 cm 土层 SOM 和 TN 含量较 2016 年稍高,可能是因为施肥和枯落物对表层 SOM 和 TN 含量的补充,而深层降低是因为大豆生长对 SOM 和 TN 消耗较多;TP 含量增加可能是施肥引起,以及苜蓿固氮对 TP 的消耗使得 2016 年 TP 含量较 2020 年低。同时,对比 2020 年 RST 样地和 ALT 样地,发现 RST 样地 0～10 cm 表层 SOM 含量高于对照苜蓿地,10～80 cm 土层 SOM 含量较 ALT 样地低;土壤剖面 TN 含量规律与 SOM 类似,0～10 cm 土层 RST 样地 TN 含量略高于 ALT 样地,10～70 cm 土层 RST 样地 TN 含量略低于 ALT 样地;土壤剖面 TP 含量 RST 样地较 ALT 样地高。综上能看出大豆生长对 SOM 和 TN 的消耗,以及苜蓿生长对 TP 养分的吸收,致使大豆地 SOM 和 TN 含量降低,对照苜蓿地 TP 含量也相对较低。

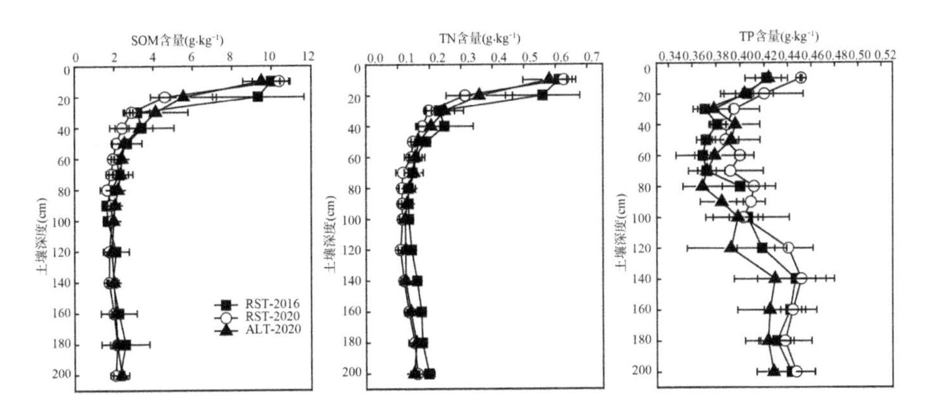

图 3.7　RST 样地与 ALT 样地 0～200 cm 剖面土壤养分含量对比

注:RST 样地为苜蓿地转换为大豆地;ALT 样地为多年生苜蓿地

对比 2010—2020 年苜蓿地转换为大豆地 0～10 cm 土壤养分(图 3.8),SOM 和 TN 含量呈增加趋势,TP 含量较为稳定。表层 SOM 含量增加可能是因为大豆根系不消耗表层养分,且枯落草或大豆叶的覆盖使地表增加了 SOM 含量。土壤表层 TN 含量增加,可能是因为施肥增加了地表 TN 含量,且根据前文研究可知 SOM 和 TN 具有表聚性。TP 含量与母质有关，故基本维持稳定。

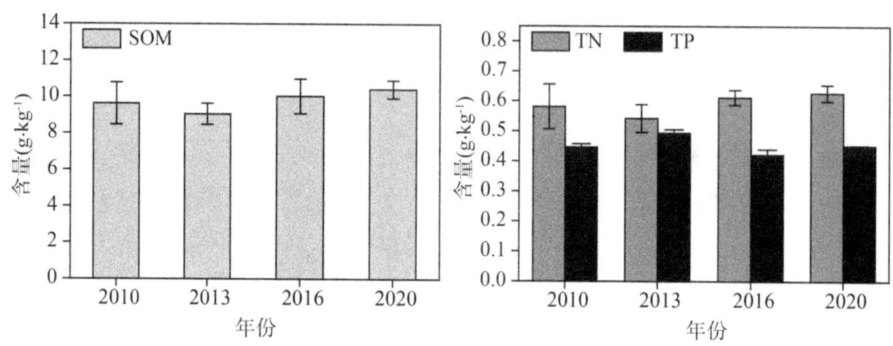

图 3.8　2010—2020 年 RST 样地 0～10 cm 土壤养分对比

注：RST 样地为苜蓿地转换为大豆地

3.1.3　不同土地利用方式下土壤养分空间变异

六道沟流域内 6 种土地利用方式下 SOC、TN 和速效氮多重比较结果显示（表 3.4），耕作土地中农地和果园（杏树地）保持较低的土壤养分状况，与许多作者的相关研究结果一致[11]。农地退耕后由于没有耕作的扰动再加上有机物质系统地输出，休闲地相对于耕作地而言保持了较高的 SOC（2.29 g·kg^{-1}）和 TN（0.31 g·kg^{-1}）水平，但差异不显著（表 3.4），这是因为小流域内的休闲地主要为退耕仅 1～2 年的土地。牧草地（苜蓿）0～40 cm 土层平均土壤 SOC 和 TN 含量显著高于耕作地土壤含量（$P<0.05$），一方面由于苜蓿生物产量较高和较多的枯落物和腐殖物质归还土壤，增加了 SOC 和 TN 含量，另一方面苜蓿本身作为一种固氮植物可以固结空气中的氮素从而增加土壤 TN 含量。然而，我们在小流域的调查研究发现，苜蓿人工草地退化很快，一般仅需要 10～15 年的时间就可以从苜蓿人工草地演替发育成该地区的顶级草地群落——长芒草草地群落。由于苜蓿生长过程中大量消耗土壤水分，使土壤硬化，土壤物理性质退化，加速了土壤中积累的有机物质的分解，同时随着苜蓿退化，归还到土壤中的枯落物减少，因此长芒草土壤中 SOC 和 TN 含量相对于苜蓿草地明显降低，在草地群落组成稳定的同时，土壤的 SOC 和 TN 含量也变得稳定，分别稳定在 2.25 g·kg^{-1} 和 0.30 g·kg^{-1} 水平上。尽管灌木林地上的柠

表 3.4　六道沟流域内 6 种土地利用方式下土壤有机碳、全氮和速效氮多重比较结果

	深度(cm)	灌木林地	果园(杏树地)	自然草地	牧草地(苜蓿)	休闲地	农地
SOC(g/kg)	0～10	3.51(±0.25)bc	2.91(±0.10)c	3.53(±0.09)bc	4.04(±0.06)a	3.85(±0.24)ab	3.57(±0.30)bc
	10～20	1.79(±0.12)b	2.09(±0.37)ab	1.92(±0.08)b	2.42(±0.09)a	1.90(±0.20)b	1.70(±0.08)b
	20～40	1.17(±0.07)ab	1.22(±0.07)ab	1.30(±0.07)a	1.11(±0.05)b	1.11(±0.06)b	1.21(±0.04)ab
	总计	2.15(±0.12)b	2.07(±0.17)b	2.25(±0.06)b	2.52(±0.04)a	2.29(±0.15)ab	2.16(±0.13)b
TN(g/kg)	0～10	0.42(±0.02)bc	0.34(±0.02)c	0.42(±0.01)b	0.50(±0.01)a	0.45(±0.02)b	0.43(±0.03)b
	10～20	0.24(±0.01)b	0.26(±0.03)b	0.27(±0.01)b	0.33(±0.01)a	0.27(±0.01)b	0.25(±0.01)b
	20～40	0.16(±0.01)b	0.17(±0.02)ab	0.20(±0.01)a	0.20(±0.01)a	0.20(±0.01)a	0.19(±0.01)a
	总计	0.27(±0.01)bc	0.26(±0.02)c	0.30(±0.01)bc	0.34(±0.01)a	0.31(±0.01)b	0.29(±0.01)bc
C∶N	0～10	8.38(±0.25)ab	8.48(±0.12)ab	8.40(±0.13)ab	8.03(±0.14)b	8.51(±0.17)a	8.30(±0.16)ab
	10～20	7.33(±0.31)a	7.90(±0.78)a	7.00(±0.16)a	7.36(±0.27)a	6.87(±0.37)a	6.67(±0.18)a
	20～40	7.11(±0.44)a	7.48(±0.60)a	6.40(±0.23)ab	5.91(±0.39)b	5.53(±0.33)b	6.29(±0.24)ab
	总计	7.61(±0.29)a	7.95(±0.45)a	7.27(±0.14)a	7.10(±0.24)a	6.97(±0.27)a	7.08(±0.16)a
NO_3^--N(mg/kg)	0～10	5.25(±0.45)ab	3.49(±0.23)cd	3.35(±0.27)d	5.98(±0.21)a	3.49(±0.52)cd	4.48(±0.44)bc
	10～20	3.92(±0.27)a	3.37(±0.24)a	3.94(±0.35)a	4.27(±0.27)a	3.88(±0.30)a	4.65(±0.60)a
	20～40	2.25(±0.18)ab	1.65(±0.19)b	2.69(±0.19)ab	2.16(±0.13)ab	3.35(±0.39)a	2.59(±0.51)ab
	总计	3.81(±0.24)ab	2.84(±0.15)b	3.33(±0.18)b	4.14(±0.15)a	3.57(±0.33)ab	3.91(±0.43)ab

续表

	深度(cm)	灌木林地	果园(杏树地)	自然草地	牧草地(苜蓿)	休闲地	农地
NH_4^+-N(mg/kg)	0～10	14.21(±0.73)a	12.82(±0.71)ab	12.31(±0.86)ab	10.39(±0.60)b	11.36(±1.10)ab	13.22(±1.18)a
	10～20	11.62(±1.02)a	12.87(±1.80)a	12.66(±1.06)a	9.13(±0.83)a	12.41(±0.82)a	12.88(±0.87)a
	20～40	7.70(±0.53)b	7.70(±1.28)ab	10.93(±0.68)a	8.67(±0.34)ab	11.31(±0.71)a	9.73(±0.51)ab
	总计	11.18(±0.50)ab	11.13(±0.75)ab	11.96(±0.66)a	9.40(±0.49)b	11.69(±0.62)a	11.95(±0.50)a
MIN(mg/kg)	0～10	19.46(±0.57)a	16.31(±0.90)ab	15.66(±1.07)b	16.38(±0.66)ab	14.85(±1.46)b	17.70(±1.43)ab
	10～20	15.54(±1.25)a	16.24(±2.01)a	16.60(±1.38)a	13.40(±0.89)a	16.29(±0.91)a	17.54(±1.21)a
	20～40	9.95(±0.64)b	9.36(±1.44)ab	13.62(±0.83)a	10.83(±0.36)ab	14.66(±1.03)a	12.32(±0.86)ab
	总计	14.98(±0.55)ab	13.97(±0.89)ab	15.29(±0.82)ab	13.54(±0.52)b	15.27(±0.83)ab	15.85(±0.79)a

注:表中数据为“平均值±标准差”,表内同一行中字母相同表示在 $P<0.05$ 水平差异不显著。

条同样属于豆科植物，有一定的固氮能力，但小流域内灌木林地土壤的SOC和TN仍保持较低的水平，0～40 cm土层SOC和TN分别为2.15 $g \cdot kg^{-1}$和0.27 $g \cdot kg^{-1}$。柠条林地SOC和TN含量低的原因一方面是柠条生长旺盛吸收同化了大量的土壤营养元素，另一方面主要是因为灌木林地土壤颗粒组成中砂粒含量较高，而已有的研究表明土壤颗粒越小，比表面积越大，吸附能力越强，保水保肥能力越强。而砂性较强的土壤通气良好，土壤微生物活动比较旺盛，所以有机质和氮的矿化硝化作用强烈，土壤保肥性能比较差。土壤硝态氮(NO_3^--N)和铵态氮(NH_4^+-N)反映了土壤的供氮水平，是表征土壤肥力质量的主要指标之一。

土壤速效氮同样呈现出一定的表聚效应，从表3.4可以看出，不同植被下土壤硝态氮和铵态氮含量均表现出0～10 cm和10～20 cm土层的含量高于20～40 cm。总体而言，牧草地0～40 cm土层硝态氮平均值最高，而果园(杏树地)和自然草地较低，显著低于牧草地水平($P<0.05$)。而牧草地铵态氮水平最低且显著低于其他5种土地利用方式下的铵态氮含量。农地和休闲地由于受施肥的影响速效氮含量较高，而灌木林地由于土壤砂性较强，氮素的矿化硝化作用强烈，土壤硝态氮和铵态氮水平也都相对较高。不同植被类型对铵态氮的影响没有对硝态氮的影响明显，其影响的机理尚不清楚，需要进一步研究。

3.2　土地利用结构与土壤养分特性变异

3.2.1　坡面不同土地利用结构下土壤物理性质的差异

选择黄土高原六道沟小流域2006年建立的坡地5条样带，研究小流域内较为典型的坡面5种土地利用结构下土壤养分分布特征。5种土地利用结构坡面样带包括样带1(M1)：草地(A)—草地(A)—草地(A)；样带2(M2)：休闲地(F)—休闲地(F)—农地(C)；样带3(M3)：灌木林地(S)—草地(A)—农地(C)—草地(A)；样带4(M4)：休闲地(F)—灌木林地(S)—牧草地(B)—休闲地(F)；样带5(M5)：牧草地(B)—农地(C)—灌木林地(S)。

图3.9给出了不同坡面结构下0～40 cm土层土壤容重、饱和导水率和砂粒含量在不同的景观位置中的差异。对于土壤容重，样带1和样带2坡面均

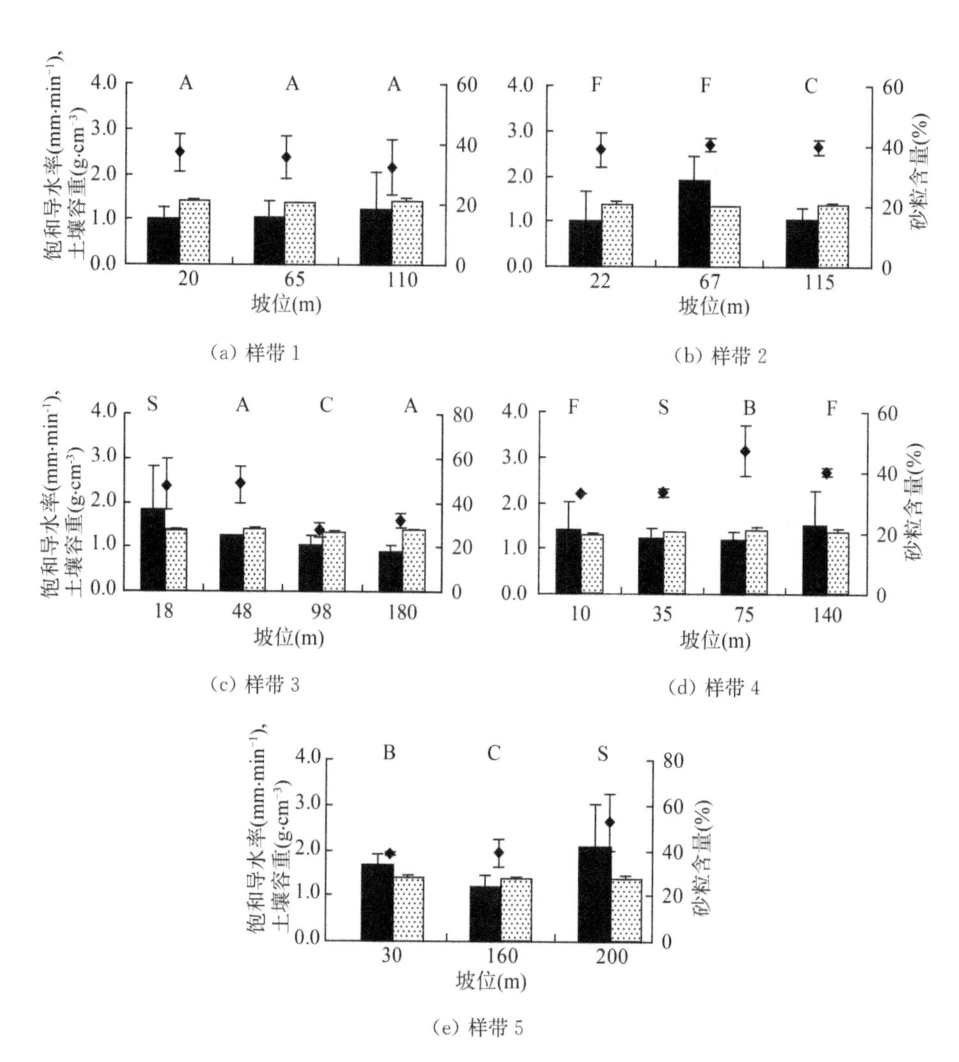

(a) 样带 1　　(b) 样带 2

(c) 样带 3　　(d) 样带 4

(e) 样带 5

图 3.9　小流域不同土地利用结构坡面 0～40 cm 土层平均 K_s、B_d、砂粒含量沿坡顶向坡底分布特征

注：土壤饱和导水率(K_s,■)、容重(B_d,▨)、砂粒含量(◆)；

A、F、C、S、B 分别代表草地、休闲地、农地、灌木林地和牧草地

表现为上高中低下高的趋势，坡中部容重较低的主要原因是这两个样带的中部均比较陡，侵蚀较严重，土壤疏松多孔，同时也使坡面中部土壤饱和导水率较高。由不同土地利用方式组合的混合土地利用结构样带坡面的土壤容重和饱和导水率受土地利用类型的影响要大于坡位的影响，例如样带 3 坡顶和样带 5 坡底的灌木林地土壤砂性强，土壤孔隙较大，土壤饱和导水率相对于其

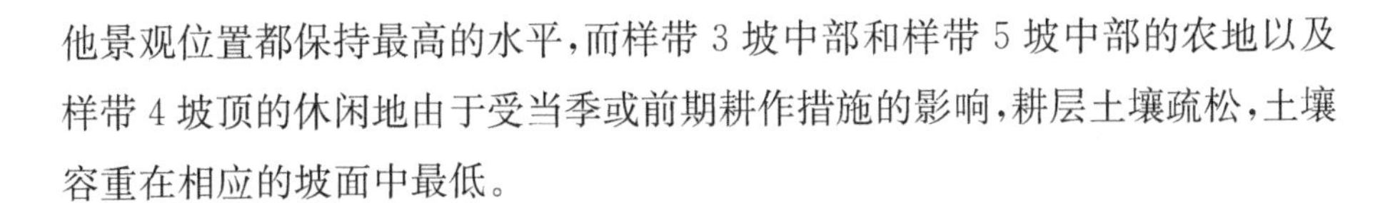

他景观位置都保持最高的水平，而样带 3 坡中部和样带 5 坡中部的农地以及样带 4 坡顶的休闲地由于受当季或前期耕作措施的影响，耕层土壤疏松，土壤容重在相应的坡面中最低。

3.2.2　坡面不同土地利用结构下土壤养分特性的变异

图 3.10 给出了 5 种土地利用结构坡面土壤 0～40 cm 土层平均 SOC（土壤有机碳）和 TN 随坡顶向坡底的分布特征。由相对均一的土地利用方式组成的坡面结构样带 1（草地—草地—草地）和样带 2（休闲地—休闲地—农地）的 SOC 和 TN 表现为沿坡面从坡顶向坡底呈逐渐增加的趋势。养分的这种分布特征与坡面相应土层 0～40 cm 的土壤水分分布规律一致，其可以通过土壤水分与 SOC（r=0.75）和 TN（r=0.67）的正相关关系得到证实。由相似或相同的土地利用方式组成的坡面使整个坡面具有相对一致的土壤入渗

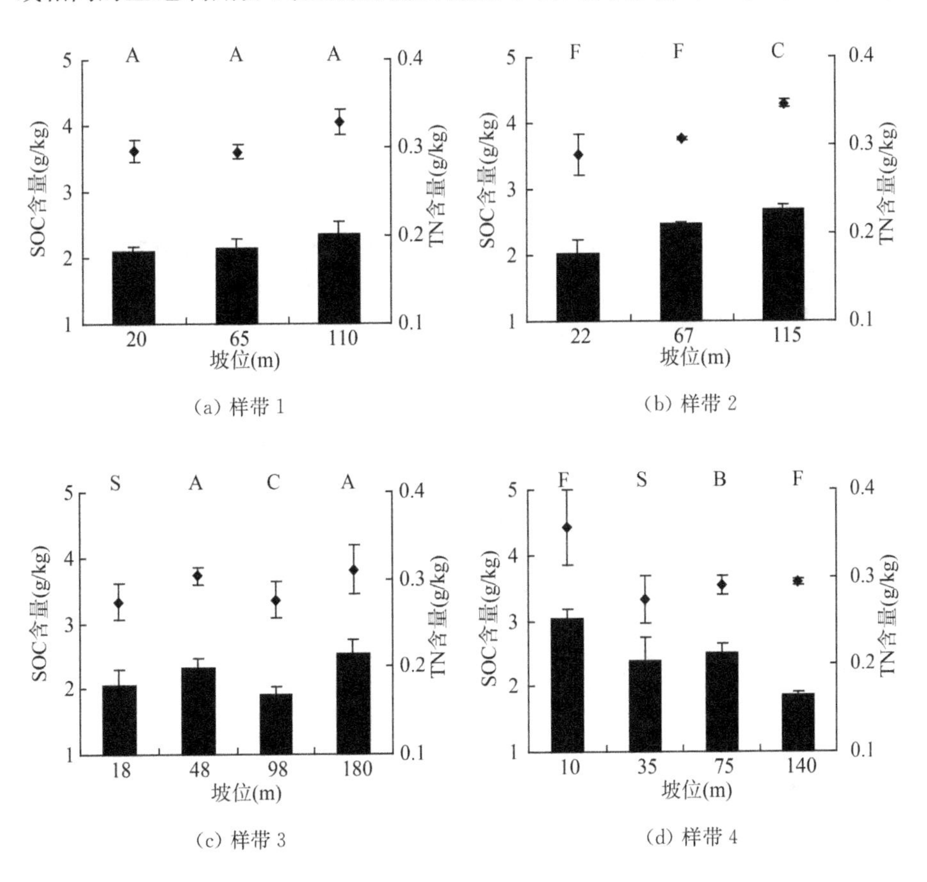

(a) 样带 1

(b) 样带 2

(c) 样带 3

(d) 样带 4

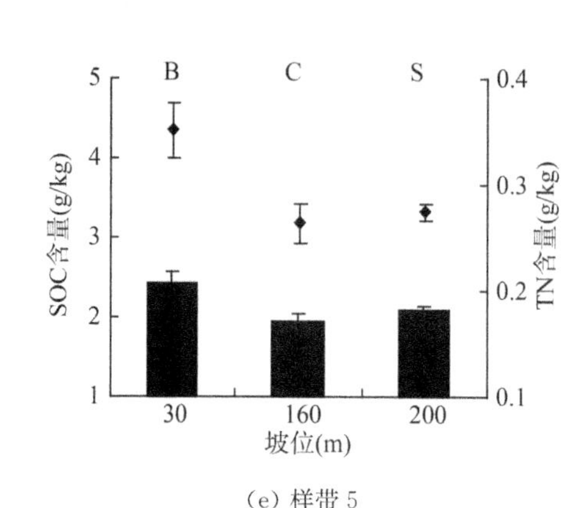

(e) 样带 5

图 3.10 六道沟小流域不同土地利用结构坡面 0～40cm 土层平均 SOC、TN 沿坡顶向坡底分布特征

注:土壤有机碳(SOC,■)、土壤全氮含量(TN,◆);

A、F、C、S、B 分别代表草地、休闲地、农地、灌木林地和牧草地

能力,当降雨强度超过土壤的入渗能力时,径流区域连接起来,增加了整个坡面形成径流侵蚀的可能性,造成更多的养分物质随着径流侵蚀向下移动沉积在坡底,如坡面样带 1 和样带 2 土壤的 SOC 和 TN 的分布特征所示。对于样带 3(灌木林地—草地—农地—草地),由于坡中部农地 SOC 和 TN 含量显著低于坡顶和坡底草地水平,而处于坡顶的柠条林地在强烈侵蚀影响下土壤养分含量较低,从而整个坡面土壤的 SOC 和 TN 呈现出波浪状的分布特征,草地在整个坡面中可以起到对灌木林地和农地的径流侵蚀进行拦截的作用。在土地利用结构休闲地—灌木林地—牧草地—休闲地(样带 4)的坡面中,SOC 和 TN 含量最高的部分位于坡顶的休闲地,其显著高于坡底休闲地的 SOC 和 TN 含量。同一坡面在相同土地利用方式下土壤养分含量的这种差异主要是由于坡顶的休闲地由梯田农地退耕而来,相对于坡底退耕而来的休闲地,土壤径流侵蚀较低,养分流失少。样带 5(牧草地—农地—灌木林地)土壤的 SOC 和 TN 的坡面分布呈现出一个"V"字形结构,坡底灌木林地中土壤含沙量较高,具有相对较低的 SOC 和 TN 含量,因此可以作为重要的植物条带来拦截和吸收坡面中部和上部形成的径流和侵蚀。与此同时,土壤硝态氮(NON)、铵态氮(NHN)和矿质氮(MIN,即硝态氮和铵态氮之和)在不同土地利用结构坡面的不同景观位置的分布与土壤全氮的分布规律一致,如图 3.11 所示。

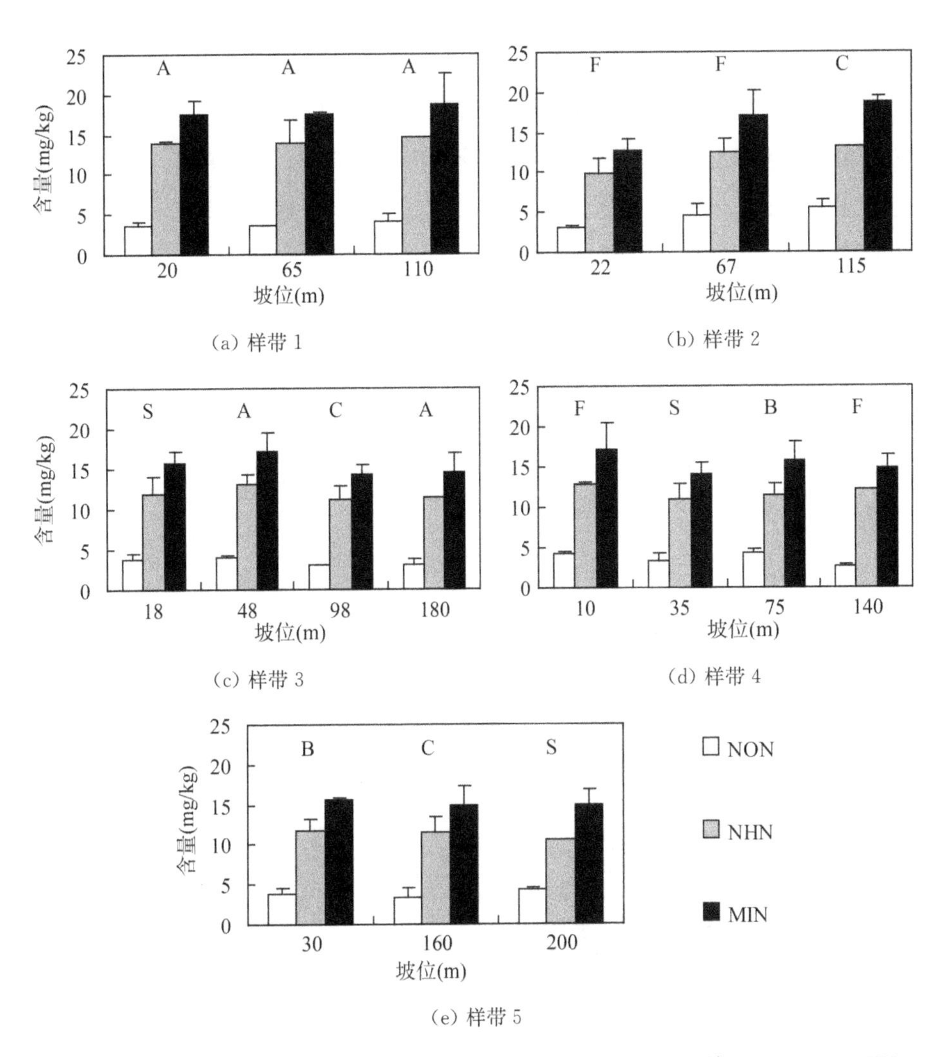

图 3.11　六道沟小流域不同土地利用结构坡面 0～40 cm 土层平均 NON、NHN、MIN 沿坡顶向坡底的分布特征

注：土壤硝态氮(NON)、铵态氮(NHN)和矿质氮(MIN)；

A、F、C、S、B 分别代表草地、休闲地、农地、灌木林地和牧草地

3.3　小流域土壤养分空间变异

相对于国内相关研究的结果[12-13]，由于研究区土壤侵蚀严重，六道沟小流域的 SOC(1.19～3.69 g·kg^{-1})和土壤 TN(0.19～0.44 g·kg^{-1})含量都

较低(表 3.5)。从土壤剖面分析,SOC 和 TN 同样表现出明显成层分布,两者平均值均随着土壤深度增加显著降低($P<0.05$)。反映土壤供氮水平的土壤铵态氮(NHN)和硝态氮(NON)的含量同样表现出 0～10 cm 和 10～20 cm 土层的高于 20～40 cm 土层的特点,这表明植被对土壤养分具有一定的表聚效应。

表 3.5　六道沟小流域土壤养分特性指标的描述性统计

	土层深度(cm)	平均值	标准误差	标准差	变异系数(%)	偏度	丰度	K-S 值	合理取样数
SOC ($g \cdot kg^{-1}$)	0～10	3.69	0.075	0.63	17.2	0.29	−0.39	0.66*	11
	10～20	2.00	0.058	0.48	24.1	0.67	−0.03	0.84*	22
	20～40	1.19	0.029	0.24	20.1	0.74	0.06	1.18*	15
TN ($g \cdot kg^{-1}$)	0～10	0.44	0.009	0.07	16.3	0.13	−0.98	0.78*	10
	10～20	0.28	0.007	0.06	19.9	0.80	0.37	0.82*	15
	20～40	0.19	0.004	0.03	17.3	0.54	0.18	0.82*	11
NON ($mg \cdot kg^{-1}$)	0～10	4.43	0.195	1.63	36.83	0.08	−1.06	0.96*	52
	10～20	4.09	0.160	1.34	32.69	0.55	0.31	0.86*	41
	20～40	2.55	0.124	1.04	40.75	1.44	2.01	1.30*	64
NHN ($mg \cdot kg^{-1}$)	0～10	12.04	0.405	3.39	28.17	0.57	0.69	0.81*	30
	10～20	11.64	0.458	3.83	32.94	−0.10	−0.08	0.47*	42
	20～40	9.73	0.301	2.52	25.86	0.94	1.03	0.78*	26
MIN ($mg \cdot kg^{-1}$)	0～10	16.47	0.487	4.07	24.72	0.26	0.53	0.60*	23
	10～20	15.72	0.549	4.59	29.20	0.03	−0.06	0.53*	33
	20～40	12.28	0.388	3.24	26.43	1.15	1.35	0.96*	27

注:* 表示显著性水平 $p<0.05$。

对于统计平均数,标准差(SD)表示的是绝对变异,变异系数反映的是相对变异。因为变异系数消除了量纲的影响,所以能用于不同变量之间的比较。从表 3.7 和表 3.8 的空间变异系数来看,只有土壤容重的变异系数低于 10%,属于弱变异性,其他各变量的变异系数都在 10%～100%,均属于中等变异性。相对而言,饱和导水率的变异性最大,其次为黏粒含量的变异性。土壤剖面各层各统计变量的偏度(Skewness)值和丰度(Kurtosis)值均距 0 值没有较大的偏差,因此以各变量正态分布为前提,在置信水平为 95%、相对精

度为 $k=10\%$时计算的各土层合理取样数表明各变量在研究的小流域内的合理取样数与其变异系数呈正相关关系，土壤容重的小流域合理取样数最低，而饱和导水率的合理取样数最高，其中 0～20 cm 土层饱和导水率的合理取样数为 99，20～40 cm 土层饱和导水率的合理取样数为 140，均超过了本试验研究的实际采样数 70。除了 10～20 cm 和 20～40 cm 土层的黏粒含量的流域合理取样数也超过了本试验的实际采样数 70 以外，其他物理-化学指标的合理取样数都小于 70，表明本研究中对于大部分理化指标，试验的实际采样数都达到了合理取样数的要求。对于不同的研究指标，要适时准确地获取参数，要求的合理采样数目不同，这在获取某些水文和土壤物理模型参数时应该注意。

以上分析给出的土壤变异仅是从统计角度描述这些因子的变化，并没有反映这些因子在空间上的变异程度。土壤空间异质性的分析，更重要的是要了解这种变异在空间上的分布，以及空间结构性与尺度的关系，显然，经典统计方法不能提供这方面的信息。因此要详细了解小流域内土壤理化指标的空间变异性，必须采用地统计学方法进一步分析。

图 3.12 给出了不同土层土壤容重、饱和导水率、土壤有机碳、全氮、硝态氮和铵态氮 6 种土壤性质的半方差图。在同一土层中，土壤容重与饱和导水率、土壤有机碳与全氮和硝态氮与铵态氮两两之间的半方差函数图具有相似的变化趋势，均表现出明显的空间结构性。对 6 种指标的实验变异函数值进行理论模型的最优拟合，发现它们的最优拟合模型为高斯模型（Gaussian），除表层 0～20 cm 的容重与饱和导水率和 0～10 cm 的土壤有机碳与全氮外，其余各土层的 6 种理化指标与实验变异函数拟合都较好，经 F 检验均达到了显著水平（$P<0.05$），表明高斯模型较好地反映了各层土壤中 6 种理化指标的空间结构特征。

表 3.6 给出了各指标变异函数理论模型的相关参数。各理化指标变异函数的块金值随着土壤深度的增加而逐渐降低，而且都表现出正的块金效应。基台值为系统的总变异，包括系统的块金变异和结构性变异，同样表现出随着土层深度的增加而逐渐降低的趋势。6 种理化性状指标的基台值表现为铵态氮＞硝态氮＞饱和导水率＞土壤有机碳＞土壤容重＞全氮。由于块金值和基台值的大小受自身因素和测量单位的影响较大，因此比较不同指标变异函数的块金值和基台值大小差异的意义不大。但是，块金值与基台值的比值

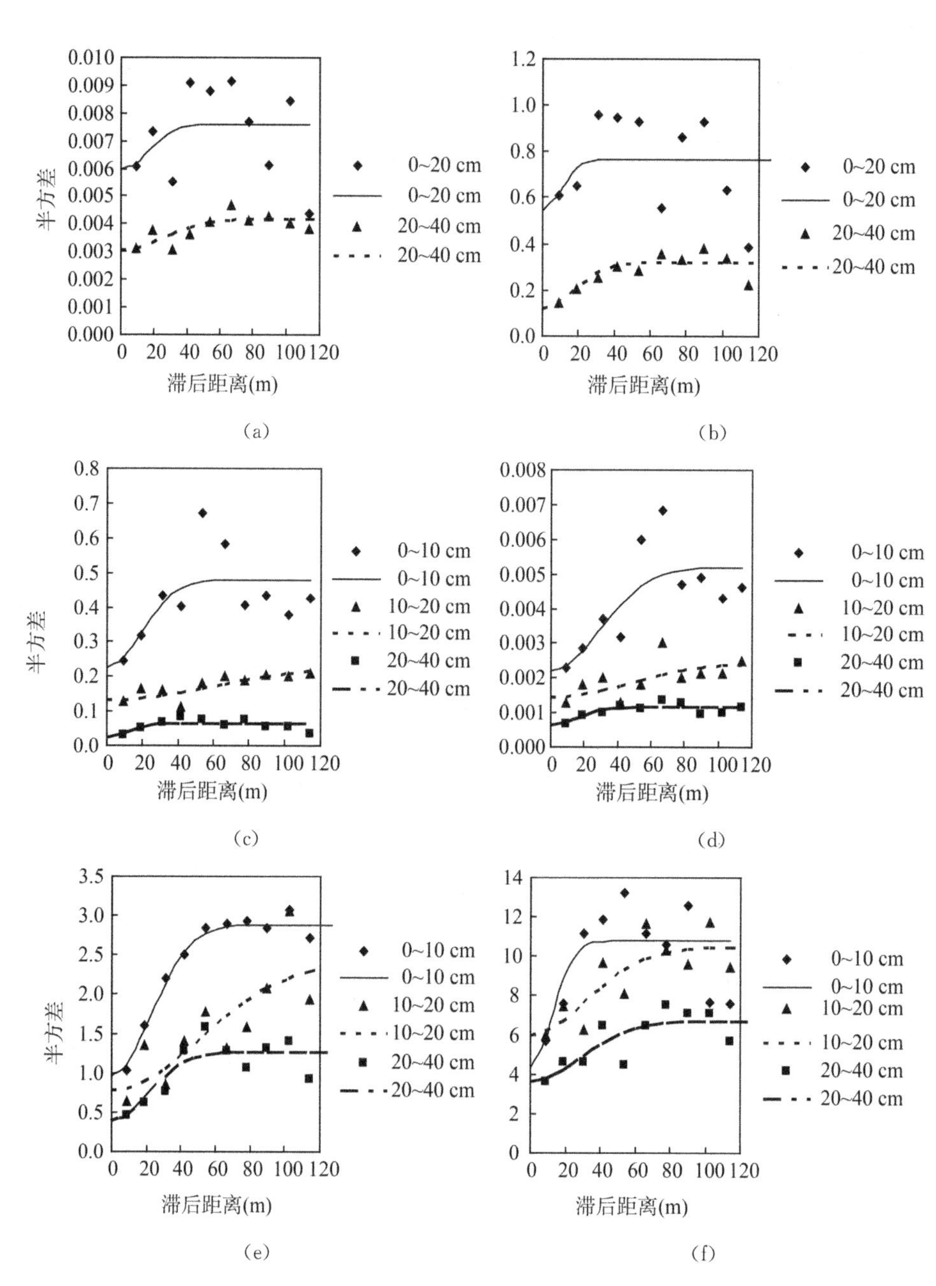

图 3.12 六道沟小流域土壤容重(a)、饱和导水率(b)、土壤有机碳(c)、全氮(d)、硝态氮(e)和铵态氮(f)的半方差函数图

注:线条为高斯模型拟合曲线

即空间异质比可以作为研究各指标空间依赖性或结构性的一个很重要的指标。在我们的研究的小流域内，除表层0～20 cm的土壤容重的空间异质比为0.79，表现为弱的空间依赖性以外，其他各指标的空间异质比都变化在0.25～0.75，表现出中等空间自相关格局。6种土壤理化指标中，土壤容重和饱和导水率的随机性变异最高，0～20 cm土层分别占到78.5%和71.3%，20～40 cm土层分别占到73.0%和37.5%，主要体现在10 m以下的小尺度，而在10 m至相应变程的中尺度上，其结构性变异（由空间自相关引起的）占的比例较小，0～20 cm土层分别占21.5%和28.7%，20～40 cm土层分别占27.0%和62.5%。4种土壤养分指标的空间异质性中随机性变异和结构性变异占的比例相当，在土壤有机碳中分别占39.4%～56.3%和43.7%～60.6%，在土壤全氮中分别占42.6%～59.0%和41.0%～57.4%，在硝态氮中分别占30.9%～33.4%和65.6%～69.1%，在铵态氮中分别占40.0%～57.2%和42.8%～60%。各土壤理化指标研究尺度上的中等空间自相关格局，表明土壤内在属性如土壤母岩矿物和地形等对土壤理化性状的影响较大，但同时人为因素包括耕作措施和施肥等同样起着重要的作用。研究区土壤退化严重，土壤养分含量较低，一方面与严重的水土流失有关，另一方面不合理的耕作措施也是重要的原因之一。变程表明研究变量空间自相关范围的大小，即反映研究属性相似范围的一种测度。本研究中在小流域尺度上，各土层的6种土壤理化性状的空间自相关范围具有明显的差异，变程在25～145 m范围变化，相差近6倍，表明在不同的土壤深度影响这6种土壤理化性状的生态过程在不同的尺度上起作用。土壤物理性质饱和导水率和土壤容重变程较小，0～20 cm土层分别为25 m和43 m，且随着土层深度的增加而增加，20～40 cm土层分别为43 m和63 m。表层0～10 cm土层的土壤有机碳、全氮、硝态氮和铵态氮的变程同样较小，分别为47 m、71 m、55 m和30 m，这一方面是由于研究的小流域内地形破碎，随机因素如侵蚀的发生和侵蚀程度的空间差异使得表层土壤理化性质的空间自相关较弱；另一方面，多种土地利用镶嵌分布形成的混合土地利用结构引起作物种植和管理措施的差异也会使得土壤理化性质的空间相关尺度减小。亚表层10～20 cm土壤养分在土壤中比较稳定，不易受土壤侵蚀的影响，其空间自相关范围大，变程也大，而20～40 cm土层各指标的变程又相应变小，可能与研究区复杂的地质环境有关，特别是该土层中普遍存在的钙积层以及不同土地处理方式下植物根系的分布差异。

表 3.6 六道沟小流域土壤容重、饱和导水率、土壤有机碳、全氮、硝态氮和铵态氮的半方差函数理论模型参数

指标	深度(cm)	模型	块金值	基台值	块金值/基台值(%)	变程(m)
容重(g/cm^3)	0～20	Gaussian	0.005 963	0.007 594	78.5	40
	20～40	Gaussian	0.003 05	0.004 18	73.0	63
饱和导水率(mm/min)	0～20	Gaussian	0.545 725	0.765 138	71.3	25
	20～40	Gaussian	0.119 972	0.319 944	37.5	43
SOC (g/kg)	0～10	Gaussian	0.227 1	0.477 5	47.6	47
	10～20	Gaussian	0.131 1	0.232 9	56.3	145
	20～40	Gaussian	0.025 1	0.063 6	39.4	28
TN (g/kg)	0～10	Gaussian	0.002 2	0.005 2	42.6	71
	10～20	Gaussian	0.001 4	0.002 4	59.0	110
	20～40	Gaussian	0.000 7	0.001 2	56.7	42
NON (mg/kg)	0～10	Gaussian	0.961 8	2.882 24	33.4	55
	10～20	Gaussian	0.782 55	2.440 65	32.1	126
	20～40	Gaussian	0.390 964	1.267 29	30.9	53
NHN (mg/kg)	0～10	Gaussian	4.305 02	10.770 67	40.0	30
	10～20	Gaussian	5.987 91	10.469 9	57.2	81
	20～40	Gaussian	3.640 46	6.688 87	54.4	73

以上经典统计和地统计分析结果表明，研究的小流域尺度上土壤理化性状的空间分布格局受植被覆盖、土壤质地和微地形等因素的影响。为了定量化和厘清这些影响过程，进一步利用 SPSS 软件进行因变量与自变量的多元逐步回归分析，得到了土壤养分属性与土地利用方式、土壤质地和地形属性之间的多元回归预测模型(表 3.7 和表 3.8)。所有回归模型建立在土壤养分属性与环境因子的物理关系基础之上，利用建立的回归模型可以有效地预测小流域内不同地点和不同植被覆盖情况下的土壤养分性质。

表 3.7　基于空间特征参数建立的土壤容重和饱和导水率的逐步多元回归预测模型参数

指标	深度(cm)	截距	灌木[a]	果园[a]	草地[a]	牧草地[a]	休闲地[a]	农地[a]	粘粒	粉粒	砂粒	坡度	Cos(坡向)	相对海拔	F
容重	0～20	1.357**	—	—	0.090**	—	−0.064*	—	—	—	—	—	—	—	16.4**
	20～40	1.380**	—	—	—	0.065**	—	—	—	—	—	—	—	—	9.6**
饱和导水率	0～20	1.881**	—	—	−0.807**	—	—	−0.629*	—	—	—	—	—	—	7.7**
	20～40	4.531**	—	—	—	—	—	—	—	−0.056**	—	−0.034	—	—	17.3**

注：* 表示 $p<0.05$ 时相关性显著，** 表示 $p<0.01$ 时相关性极显著

表 3.8　基于空间特征参数建立的土壤养分特性指标的逐步多元回归预测模型参数

指标变量	SOC($g\cdot kg^{-1}$)			STN($g\cdot kg^{-1}$)			NON($mg\cdot kg^{-1}$)			NHN($mg\cdot kg^{-1}$)			MIN($mg\cdot kg^{-1}$)		
	0～10 cm	10～20 cm	20～40 cm	0～10 cm	10～20 cm	20～40 cm	0～10 cm	10～20 cm	20～40 cm	0～10 cm	10～20 cm	20～40 cm	0～10 cm	10～20 cm	20～40 cm
截距	4.366**	2.435**	1.138**	0.470**	0.365**	0.275**	4.883**	—	1.813**	1.789	12.679**	5.731**	11.957**	16.530**	9.237**
灌木[a]	—	—	—	—	−0.051*	—	1.790**	—	—	3.745*	—	—	4.648**	—	—
果园[a]	—	—	—	−0.083*	—	—	—	—	—	—	—	—	—	—	—
草地[a]	—	—	0.206*	—	—	—	—	—	—	—	—	2.111**	—	—	2.732**
牧草地[a]	—	0.313*	—	—	—	—	1.946**	—	—	—	−3.526**	—	—	−3.132*	—
休闲地[a]	—	—	—	—	—	—	—	—	0.859*	—	—	2.686**	—	—	3.730**
农地[a]	—	—	—	—	—	—	1.171*	—	—	—	—	—	—	—	—
粘粒	—	—	—	0.013**	—	—	—	—	0.100*	—	—	0.209*	—	—	0.248*
粉粒	—	—	—	—	—	—	—	—	—	0.196**	—	—	0.135*	—	—
砂粒	—	—	—	—	—	−0.002**	—	—	—	—	—	—	—	—	—

续表

指标 变量	SOC($g \cdot kg^{-1}$)			STN($g \cdot kg^{-1}$)			NON($mg \cdot kg^{-1}$)			NHN($mg \cdot kg^{-1}$)			MIN($mg \cdot kg^{-1}$)		
	0~ 10 cm	10~ 20 cm	20~ 40 cm	0~ 10 cm	10~ 20 cm	20~ 40 cm	0~ 10 cm	10~ 20 cm	20~ 40 cm	0~ 10 cm	10~ 20 cm	20~ 40 cm	0~ 10 cm	10~ 20 cm	20~ 40 cm
坡度	−0.059**	−0.051**	—	−0.009**	−0.008**	—	−0.121**	—	—	—	—	0.158*	−0.278**	—	—
Cos(坡向)	−0.337**	—	—	−0.027**	—	—	—	—	—	—	—	—	—	—	—
相对海拔	—	—	—	—	—	—	—	—	—	—	—	—	—	—	—
F	22.8**	16.2**	6.9*	21.4**	20.0**	18.1**	16.0**	—	5.5**	7.3**	10.4**	8.4**	5.9**	6.7*	8.9**

注：(—)未进入回归方程的变量。[a] 为亚变量(0 表示不存在，1 表示存在)。* 表示 $p<0.05$ 时相关性显著，** 表示 $p<0.01$ 时相关性极显著。

表3.7给出了不同土层土壤容重和饱和导水率的逐步多元回归预测模型的截距和各自变量的回归系数，表3.8给出了不同土层土壤有机碳、全氮、硝态氮和铵态氮的逐步多元回归模型的截距和各自变量的回归系数，同时表3.7和表3.8还给出了各回归模型的F检验值和各回归模型中回归系数的t检验结果。在逐步回归分析中，不同土层的不同土壤属性，对应回归模型中的自变量也不相同，表明不同土层深度所具有的不同理化性状受不同的环境因子控制，例如，土壤容重本身变异不大，主要受土地利用方式的影响，而土壤养分的变异不仅受土地利用方式的影响，同时还受地形的影响很大。各变量的回归系数前的正负号反映各自变量与土壤属性之间的相关关系，例如，0～20 cm土层土壤容重的回归方程中，自然草地的回归系数为正，而休闲地的回归系数为负，表明不同的土地利用方式中，草地的表层土壤常保持相对较高的土壤容重，而休闲地由于受退耕前耕作的影响，表层土壤容重相对其他土地利用方式较低。果园（杏树林地）由于受经常性耕作管理的影响，且植被覆盖稀少，土壤侵蚀严重，表层土壤全氮含量在六种土地利用方式中最低，其回归系数也为负，而牧草地由于较高的地上生物量和庞大的固氮根系，使得土壤养分状况较好，因此其在10～20 cm土层土壤有机碳回归模型和0～10 cm土层硝态氮的回归模型中系数均为正。回归模型也给出了研究的土壤理化性状与土壤质地的相关关系。例如，20～40 cm土层饱和导水率与粉粒（Silt）含量呈负相关关系，而0～10 cm土层全氮与黏粒（Clay）含量呈正相关关系。环境变量因子之间的相关关系对逐步回归的结果影响很大。在六道沟小流域中，砂粒（Sand）含量对土壤理化性状的影响较大，但进入的回归模型较少，主要是由于砂粒含量与黏粒和粉粒含量保持极强的相关关系。地形是地表过程的决定性因素，地形属性可以刻画、表征汇流特征，也可以反映土壤属性。土壤有机碳和全氮含量与坡向余弦和坡度呈负相关关系，特别是表层土壤，这表明小流域土壤养分状况向北方向要优于向南方向，与其他地区相关研究结果一致。坡度被认为是在局部尺度控制成土过程的最主要的非生物因素之一[14]。陡坡地易形成较多的径流，同时随着侵蚀过程，坡上会向坡底搬运更多的土壤表层物质，使更多的营养物质流失。研究的6种土壤理化指标的回归方程中，相对海拔高度均未起到显著的贡献，未进入回归方程。10～20 cm土层硝态氮回归分析中，所选择的环境因子的回归系数在$\alpha=$

0.05 水平上都没有达到显著水平，因此回归方程不成立。

表层土壤理化性状建立的回归模型的 R^2 保持较高的水平，而随着深度的增加逐渐降低。在 0～20 cm 土层，土地利用、地形指标和土壤质地三者综合起来可以解释 41.1%的土壤容重空间变异和 24.7%的土壤饱和导水率的空间变异；在 0～10 cm 土层，三者综合起来可以解释 49.3%的土壤有机碳的空间变异、65.6%的全氮的空间变异、58.6%的硝态氮的空间变异和 23.8%的铵态氮的空间变异；地形因素（坡度和坡向余弦）解释了表层 49.3%的土壤有机碳变异和 54.3%的土壤全氮变异，这也表明，地形是土壤表层养分变异的主要控制性因素。应用得到验证后的数据集中对各层土壤的 6 种理化指标建立的回归模型分别进行验证，即对各指标预测偏差及预测准确性进行检验。图 3.13 给出了 6 种土壤理化指标的实测值与预测值的比较结果。土壤容重除个别采样点预测值与实测值偏离较大外，其他预测结果都较理想，0～20 cm 和 20～40 cm 土层土壤容重的平均预测误差分别为－0.048 和 0.009，均方根预测误差分别为 0.103 和 0.052。而土壤饱和导水率的预测效果相对较差，两层土壤平均预测误差分别为 0.307 和－0.260，均方根预测误差分别为 1.016 和 0.671，这可能与其空间变异程度有关，因为土壤饱和导水率变异很强，所以其模拟预测准确性较低。对于土壤有机碳和全氮的预测结果较为理想，平均预测误差分别在－0.022～0.042 和－0.009～－0.002，均方根预测误差分别在 0.180～0.396 和 0.026～0.056，两指标均比较低。相对而言，硝态氮和铵态氮的预测偏差要大些，预测的准确性要低些，其平均预测误差分别在－0.467～－0.262 和－0.481～0.191，而均方根预测误差分别在 0.990～1.209 和 2.448～4.047。总体而言，对于饱和导水率和铵态氮预测效果不理想，须对残差再进行预测以降低预测残差，提高预测精度，这些有待进一步研究。而对于空间变异较小的土壤容重以及土壤有机碳和全氮，回归模型预测精度较高，虽然回归方程 R^2 均不是很高，但可以接受，因此模型可以用于该研究区土壤理化性状的预测。如果使用较高分辨率的数字地形模型或更详尽的环境变量，那么回归模型的预测精度将提高，回归方程将解释更多的残差，但由于黄土高原自然地理条件复杂，且土壤属性本身变异性较大，回归模型预测精度提高的空间有限。

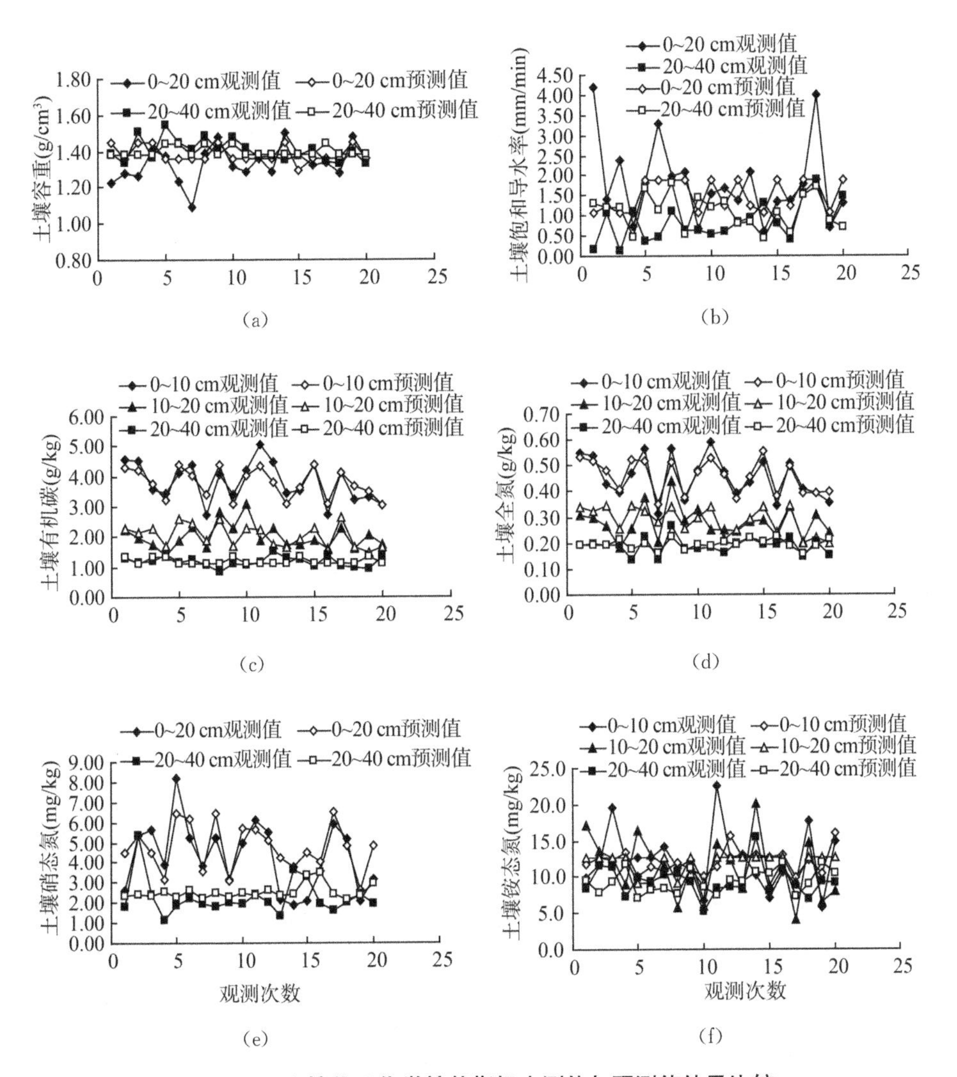

图 3.13　土壤物理化学性状指标实测值与预测值结果比较

3.4　小流域土壤有机碳驱动力分析

土壤有机碳是土壤碳素的主要存在形式，其含量变化对区域生态环境稳定有着重要影响，然而土壤有机碳在诸多因素影响下导致其具有明显的空间差异性。现阶段综合植被、地形、土壤性质等多因素进行黄土高原坝控小流域土壤有机碳的研究相对较少，因此本章内容主要以窟野河、朱家川、延河和昕水河流域内坝控小流域为研究对象，分析各流域环境因子变化特征，并探讨坝控小流域土壤有机碳空间分布特征，通过构建偏最小二乘法-结构方程模型，探究土壤组分、土壤特性、地形参数和植被参数对流域土壤有机碳的影响机制，从而为黄土高原土壤有机碳含量的影响因素研究以及发挥黄土高原坝控小流域的固碳效能提供方法与理论参考。

3.4.1 各环境因子对土壤有机碳的影响

各流域的土壤有机碳与环境因子之间的相关性各不相同（表 3.9），区域差异性较大。其中窟野河流域土壤有机碳与土壤组分（Clay、Sand、CR）、土壤特性（K_s、K 因子）显著相关，与地形参数和植被参数无显著相关关系。朱家川流域土壤有机碳与土壤特性（K_s、B_d、MWD）、植被参数（FVC）显著相关，与土壤组分和地形参数无显著相关关系。延河流域土壤有机碳与土壤特性（K_s、B_d、MWD）、植被参数（FVC）和地形参数（DEM、Roughness、Slope）显著相关。昕水河流域土壤有机碳与土壤组分（Clay、Silt、Sand、CR）、土壤特性（MWD、K 因子）、植被参数（FVC）和地形参数（Roughness、Slope、TPI、TWI）显著相关。在延河和昕水河流域中，土壤有机碳与较多因素显著相关，但其各因素的内在指标并不相同。各流域与土壤有机碳显著相关的指标中，与 Sand、CR、K_s、MWD、FVC、Roughness、Slope 呈显著正相关，与 Clay、Silt、B_d、K 因子、DEM 呈显著负相关。为降低土壤组分指标间的共线性，仅保留 Sand、CR 两个指标；土壤特性与土壤有机碳表现有较好的相关性，保留全部指标；植被参数保留 FVC，同时增加土地利用方式（LD）表征植被参数构面；地形参数中 Roughness 和 Slope 有较高的自相关，而 TWI 对有机碳的相关系数优于 TPI，因此地形参数保留 DEM、Slope、TWI，并结合上述结果构建 PLS-SEM 模型（图 3.14）解析有机碳对各环境因子的响应机制。

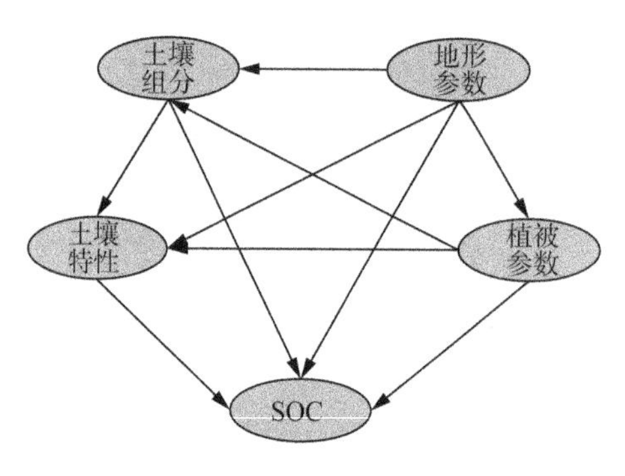

图 3.14 PLS-SEM 有机碳响应模型框架图

注：其中土壤组分为 Sand 和 CR；土壤特性为 K_s、B_d、MWD 和 K 因子；植被参数为 FVC；地形参数为 DEM、Slope 和 TWI

表 3.9　各流域样点土壤有机碳与各环境因子的相关性

流域名称	土壤组分				土壤特性				植被参数	地形参数				
	Clay	Silt	Sand	CR	Ks	B_d	MWD	K 因子	FVC	DEM	Roughness	Slope	TPI	TWI
窟野河	−0.30*	−0.22	0.25*	0.30*	0.29*	0.02	0.21	−0.38**	0.10	0.18	0.08	0.10	−0.12	−0.03
朱家川	−0.08	−0.06	0.06	0.08	0.44**	−0.37**	0.20*	−0.06	0.28**	0.05	0.04	0.02	−0.07	−0.12
延河	0.13	−0.11	0.04	−0.13	0.21*	−0.48**	0.45**	−0.16	0.22*	−0.43**	0.33**	0.32**	−0.05	−0.12
昕水河	−0.41**	−0.28**	0.39**	0.41**	0.13	−0.13	0.43**	−0.46**	0.23**	−0.09	0.19*	0.22*	0.19*	−0.20*

注：* 表示显著性水平 $p<0.05$，** 表示显著性水平 $p<0.01$。

该模型在不同流域下对土壤有机碳的解释度与拟合优度各不相同。窟野河、朱家川、延河和昕水河流域对土壤有机碳的解释能力依次为0.07(弱)、0.24(弱)、0.54(中度)、0.37(中度),模型拟合优度(GoF)依次为0.14(低)、0.26(中)、0.41(高)、0.28(中)。模型对窟野河流域土壤有机碳变化的解释度与拟合优度分别为弱和低的主要原因可能是,所选指标并不是该流域土壤有机碳含量的主要影响因素,因此此处不再叙述窟野河流域的模型计算结果。图3.15为结构方程模型中4个潜在构面(土壤组分、土壤特性、地形参数和植被参数)对朱家川土壤流域有机碳的直接效应与总效应。土壤特性构面(−0.58)是朱家川流域土壤有机碳的主要影响因素,且起主要作用的指标为K_s(0.49)和BD(−0.35)。地形参数构面和土壤组分构面的总效应均≤0.10,土壤组分主要通过影响土壤特性而产生间接影响(0.41)。植被参数构面总效应为0.34,能直接影响朱家川流域土壤有机碳,且LD(0.31)的影响程度高于FVC(0.26)。从图3.16可以看出,延河流域主要影响因素为土壤特性(−0.84),其次为地形参数(−0.46)与土壤组分(0.29)。土壤特性中起主要作用的指标为BD(−0.49)、MWD(0.44)和K因子(−0.30),地形参数起主要作用的指标为高程DEM(−0.45)和Slope(0.31)。土壤组分对土壤有机碳的影响仍以间接效应为主。从图3.17可以看出,昕水河流域主要影响因素仍为土壤特性(−0.81),其次为土壤组分(0.42)和地形参数(−0.25)。土壤特性中起主要作用的指标为K因子(−0.49)和MWD(0.43)。土壤组分对土

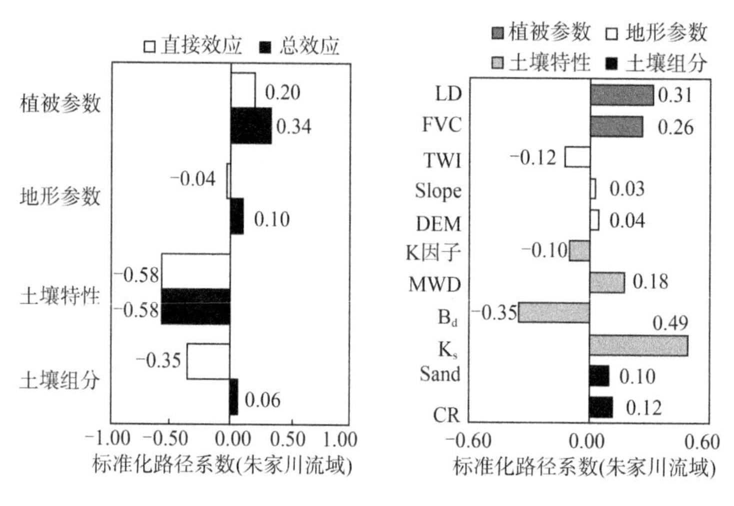

图3.15　各构面对朱家川流域土壤有机碳的影响

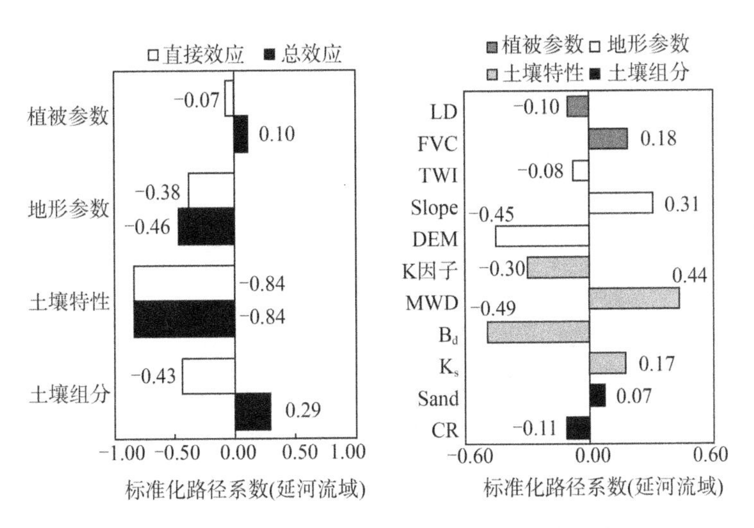

图 3.16　各构面对延河流域土壤有机碳的影响

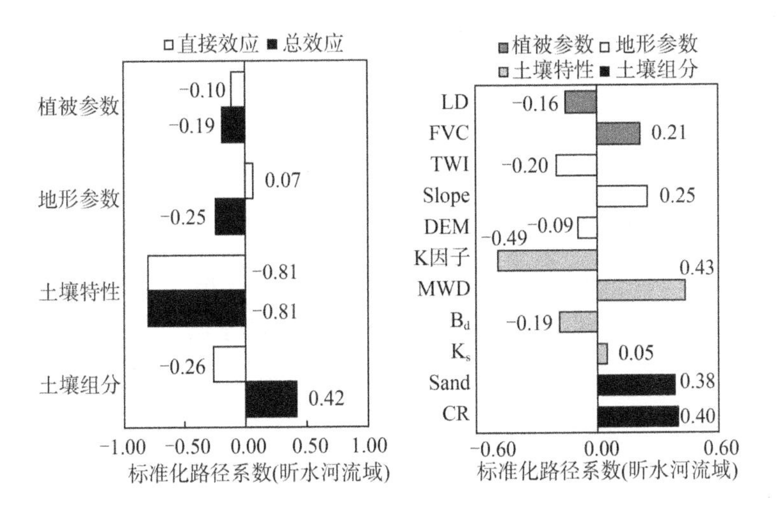

图 3.17　各构面对昕水河流域土壤有机碳的影响

壤有机碳的影响仍以间接效应为主，且 CR(0.40)的影响程度高于 Sand(0.38)。地形参数中起主要作用的指标为 Slope(0.25)。

土壤特性构面是各流域土壤有机碳的主要影响因素，但其中起主要作用的因子各不相同。郑子潇等[16]认为土壤有机碳主要储存于团聚体中，且 SOC 与 MWD 呈显著正相关关系，与本书结果一致。土壤水稳定性团聚体 MWD 可以较好地反映土壤结构稳定性[17]，其值越高，土壤结构稳定性就越好，抗侵蚀能力越强[18-19]。本书中 K 因子(负向)和 MWD(正向)对延河和昕水河流域土壤有机碳的影响效应较高，对朱家川流域的影响效应较低，这可能是因为朱家川流域坡度较小，侵蚀程度低。陆银梅等[20]认为土壤可蚀性以非线性的形式影响土壤有机碳的流失，且影响程度有限，与本书结果一致。本书中 K_s 和 BD 对朱家川流域土壤有机碳影响最大，延河流域次之，而对昕水河流域土壤有机碳影响效果最小。谢贤健等[21]认为土壤容重增加不利于团聚体稳定和土壤抗侵蚀能力。杨震等[22]认为土地利用方式、土壤理化性质、地形因素均影响 K_s 的空间分布，且土壤有机碳与 K_s 呈显著正相关，与 BD 呈显著负相关，与本书结果一致。

土壤组分构面主要以间接影响土壤特性构面来影响各流域土壤有机碳。地形参数构面中，DEM 对北侧的朱家川流域土壤有机碳呈正向效应，对延河和昕水河流域土壤有机碳呈负向效应，表现出南北差异，且 DEM 对延河流域土壤有机碳负向影响效应较大。曹婧等[15]认为陕北海拔高，地力贫瘠，而低海拔区域土地肥沃，有机质含量高，与本书对延河流域的研究结果相一致。Slope 对延河和昕水河流域土壤有机碳呈正向效应，且效应值较高。Cao 等[23]研究发现昕水河和朱家川流域坝地 SOC 含量低于高地山坡 SOC 含量。与朱家川流域相比，延河和昕水河流域纬度偏南，坡面树木与灌丛较多，温度与降雨量更充沛，植被覆盖度更高，水热资源更加丰富。罗梅等[24]研究结果表明土壤有机碳与坡度呈显著正相关，与本书结果一致。退耕还林(草)政策实施后，黄土高原的土壤侵蚀急剧降低[25]，意味着因坡面冲刷表层土壤造成坡底土壤有机碳的富集现象逐渐减少。因此针对坡度对土壤有机碳的影响还需进一步研究。

3.4.2 典型淤地坝土壤有机碳密度的垂向分布特征

图 3.18 展示了各流域土壤有机碳密度(SOCD)在不同土层厚度下的分布特征。从整体来看，各流域土壤有机碳密度在不同土层厚度下的分布特征为：$\mathrm{SOCD}_{\text{朱家川}} > \mathrm{SOCD}_{\text{昕水河}} > \mathrm{SOCD}_{\text{延河}} > \mathrm{SOCD}_{\text{窟野河}}$。随着土层厚度增加，朱家川流域 SOCD 增长幅度最大，显著高于窟野河、延河和昕水河流域的增长幅度。在 0～20 cm 土层中，各流域土壤有机碳密度较低，其值为 0.67～0.97 kg/m^2；当土层厚度大于 40 cm 时，朱家川和昕水河流域 SOCD 显著高于窟野河和延河流域；当土层厚度大于 120 cm 时，各流域土壤有机碳密度出现显著差异，其中朱家川流域显著高于昕水河流域，延河流域显著高于窟野河流

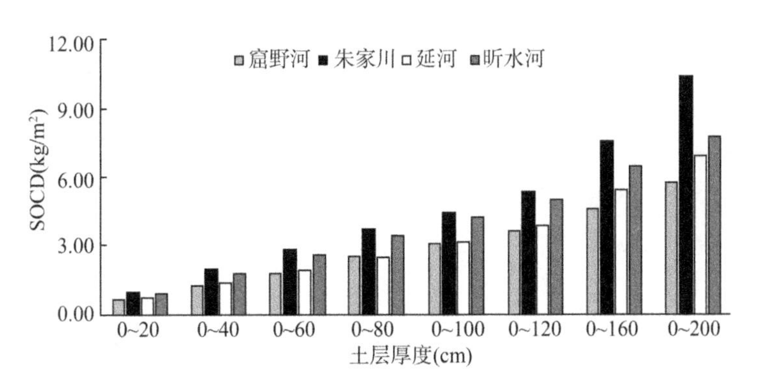

图 3.18　不同土层厚度的 SOCD 分布特征

域。当土层深度为 200 cm 时，窟野河、朱家川、延河和昕水河流域土壤有机碳密度依次为 5.74 kg・m^{-2}、10.40 kg・m^{-2}、6.94 kg・m^{-2}、7.71 kg・m^{-2}。因此，朱家川流域在 200 cm 土层深度下对土壤有机碳的固存量最大。

图 3.19 展示了各流域不同土层厚度土壤有机碳密度占 200 cm 剖面内整体土壤有机碳密度的比例。表层 20 cm 深度土壤有机碳密度仅占整个剖面的 9%～12%；当土层厚度≥40 cm 时，窟野河和昕水河土壤有机碳密度占整个剖面的比例显著高于朱家川和延河流域；当土层厚度≥100 cm 时，延河流域土壤有机碳密度占整个剖面的比例显著高于朱家川流域，而窟野河和昕水河流域土壤有机碳密度占比差异仍然较小。土层深度为 100 cm 时，窟野河、朱家川、延河和昕水河流域土壤有机碳密度占整个剖面的比例依次为 0.54、0.43、0.45、0.55，即表示窟野河和昕水河流域 54%～55%的土壤有机碳密度储存在 0～100 cm 土层深度中，朱家川和延河仅 43%～45%的土壤有机碳密度储存在 0～100 cm 土层深度中。

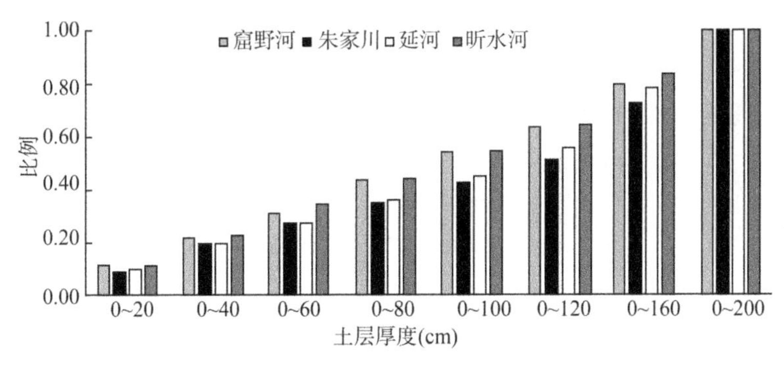

图 3.19　各土层 SOCD 占 200 cm 土层 SOCD 的比例

3.4.3 流域特征对淤地坝土壤有机碳密度的影响

流域特征因子中的土壤参数来源于取样点数据对应的平均值，植被参数来源于整个流域的植被覆盖度平均值，地形参数来源于整个流域对应的平均值。通过 Pearson 相关性分析，得到了不同土层厚度土壤有机碳密度与各流域特征因子的相关系数(表 3.10)。$SOCD_{0\sim20}$ 与坝地面积和淤积量为极显著正相关，$SOCD_{0\sim100}$ 与坝地面积和淤积量为显著正相关，其余流域特征因子与 $SOCD_{0\sim20}$ 和 $SOCD_{0\sim100}$ 均无显著相关关系。$SOCD_{0\sim200}$ 与坝地面积、淤积量、TWI、K_s 和 K 因子表现为显著相关关系，其中 $SOCD_{0\sim200}$ 与坝地面积、淤积量和 TWI 为极显著正相关，与 K_s 为显著负相关，与 K 因子为极显著负相关。因此，$SOCD_{0\sim200}$ 与各流域特征因子的相关性佳。为进一步探究 $SOCD_{0\sim200}$ 与其余因子的相关关系，绘制 $SOCD_{0\sim200}$ 与各特征因子的散点图，并保留 R^2 较大的散点图，如图 3.20 所示。Clay 与 $SOCD_{0\sim200}$ 的拟合程度显著高于 Sand 与 $SOCD_{0\sim200}$ 的拟合程度，且表现为“二次曲线”关系。

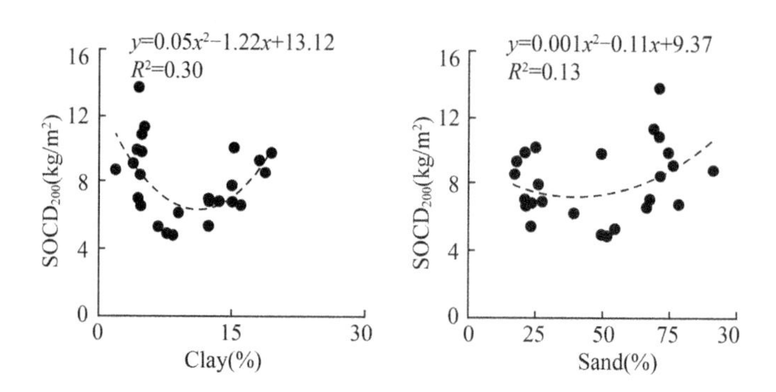

图 3.20 $SOCD_{0\sim200}$ 与 Clay 和 Sand 的散点图

利用 IMB SPSS Statistics 26 对坝地面积、淤积量、TWI、K_s、K 因子、Clay 和 Sand 进行共线性诊断，结果发现坝地面积和淤积量存在共线性，Clay 和 Sand 存在共线性。相比淤积量而言，坝地面积数据获取更加简单、直接，且 Clay 与 $SOCD_{0\sim200}$ 的相关系数高于 Sand 与 $SOCD_{0\sim200}$ 的相关系数，故剔除淤积量和 Sand，保留与 $SOCD_{0\sim200}$ 相关系数较高的指标(坝地面积、TWI、K_s、K 因子和 Clay)进行随机森林回归分析。

表 3.10 不同土层厚度土壤有机碳密度与各流域特征因子的相关性

参数	坝地面积	淤积量	FVC	高程	坡度	粗糙度	TWI	K_s	B_d	MWD	Clay	Sand	CR	K 因子	$SOCD_{0\sim20}$	$SOCD_{0\sim100}$	$SOCD_{0\sim200}$
坝地面积	1	0.99**	−0.07	0.03	−0.06	0.01	0.37	−0.17	−0.06	−0.02	−0.25	0.29	0.20	−0.36	0.63**	0.48*	0.63**
淤积量	0.99**	1	−0.09	0.00	−0.05	0.02	0.39	−0.17	−0.04	−0.03	−0.24	0.28	0.18	−0.34	0.63**	0.47*	0.62**
FVC	−0.07	−0.09	1	−0.08	0.71**	0.71**	−0.57**	−0.53**	−0.75**	0.36	0.63**	−0.64**	−0.65**	0.32	−0.03	−0.01	0.09
高程	0.03	0.00	−0.08	1	−0.37	−0.32	0.12	−0.04	0.18	−0.45*	−0.52*	0.56**	0.47*	−0.59**	−0.11	0.03	0.28
坡度	−0.06	−0.05	0.71**	−0.37	1	0.88**	−0.66**	−0.34	−0.54**	0.47*	0.75**	−0.80**	−0.70**	0.58**	−0.21	−0.22	−0.20
粗糙度	0.01	0.02	0.71**	−0.32	0.88**	1	−0.73**	−0.39	−0.50*	0.38	0.76**	−0.79**	−0.71**	0.57**	−0.10	−0.13	−0.12
TWI	0.37	0.39	−0.57**	0.12	−0.66**	−0.73**	1	−0.05	0.30	−0.17	−0.65**	0.72**	0.53**	−0.73**	0.36	0.37	0.56**
K_s	−0.17	−0.17	−0.53**	−0.04	−0.34	−0.39	−0.05	1	0.64**	−0.26	−0.27	0.24	0.59**	0.25	−0.12	−0.20	−0.44*
BD	−0.06	−0.04	−0.75**	0.18	−0.54**	−0.50*	0.30	0.64**	1	−0.31	−0.56**	0.59**	0.73**	−0.25	−0.14	−0.15	−0.12
MWD	−0.02	−0.03	0.36	−0.45*	0.47*	0.38	−0.17	−0.26	−0.31	1	0.54**	−0.47*	−0.36	0.15	0.16	0.26	0.16
Clay	−0.25	−0.24	0.63**	−0.52*	0.75**	0.76**	−0.65**	−0.27	−0.56**	0.54**	1	−0.94**	−0.83**	0.74**	−0.05	0.04	−0.20
Sand	0.29	0.28	−0.64**	0.56**	−0.80**	−0.79**	0.72**	0.24	0.59**	−0.47*	−0.94**	1	0.85**	−0.84**	0.11	0.10	0.35
CR	0.20	0.18	−0.65**	0.47*	−0.70**	−0.71**	0.53**	0.59**	0.73**	−0.36	−0.83**	0.85**	1	−0.59**	0.12	0.08	0.19
K 因子	−0.36	−0.34	0.32	−0.59**	0.57**	0.57**	−0.73**	0.25	−0.25	0.15	0.74**	−0.84**	−0.59**	1	−0.26	−0.31	−0.66**
$SOCD_{0\sim20}$	0.63**	0.63**	−0.03	−0.11	−0.21	−0.10	0.36	−0.12	−0.14	0.16	−0.05	0.11	0.12	−0.26	1	0.87**	0.67**
$SOCD_{0\sim100}$	0.48*	0.47*	−0.01	0.03	−0.22	−0.13	0.37	−0.20	−0.15	0.26	0.04	0.10	0.08	−0.31	0.87**	1	0.75**
$SOCD_{0\sim200}$	0.63**	0.62**	0.09	0.28	−0.20	−0.12	0.56**	−0.44*	−0.12	0.16	−0.20	0.35	0.19	−0.66**	0.67**	0.75**	1

注：FVC、TWI、K_s、B_d、MWD、Clay、Sand、CR、K 因子、$SOCD_{0\sim20}$、$SOCD_{0\sim100}$ 和 $SOCD_{0\sim200}$ 依次对应植被覆盖度、地形湿度指数、饱和导水率、容重、水稳性团聚体的平均重量直径、黏粒含量、沙粒含量、黏粒率、土壤可蚀性 K 因子、0～20 cm 土层厚度的土壤有机碳密度、0～100 cm 土层厚度的土壤有机碳密度和 0～200 cm 土层厚度的土壤有机碳密度。

* 表示显著性水平 $p<0.05$，** 表示显著性水平 $p<0.01$。

根据常用的模型性能评估标准，采用 GMER（几何平均数误差比）和 R^2 对预测结果进行分析。训练集 $R^2=0.85$，GMER＝1.003；测试集 $R^2=0.79$，GMER＝1.035。对模型进行评估后，我们认为模型精度较高，但在预测 $SOCD_{0\sim200}$ 值时，其结果会有所偏高（GMER＞1）。计算结果说明，随机森林回归模型通过利用坝地面积、TWI、K_s、K 因子和 Clay 五个变量能很好地预测坝控小流域 0～200 cm 土层厚度的土壤有机碳密度。在没有监测剖面土壤有机碳的坝控小流域中，可利用上述指标数据实现 0～200 cm 土层厚度下土壤有机碳密度的预测，进而计算出坝控小流域土壤有机碳库存。根据随机森林回归模型计算得到了各变量对 $SOCD_{0\sim200}$ 的重要性（图 3.21），其中 K_s 对 $SOCD_{0\sim200}$ 的影响作用最大，其次为 K 因子，而坝地面积、TWI 和 Clay 对 $SOCD_{0\sim200}$ 的影响作用相差不大。

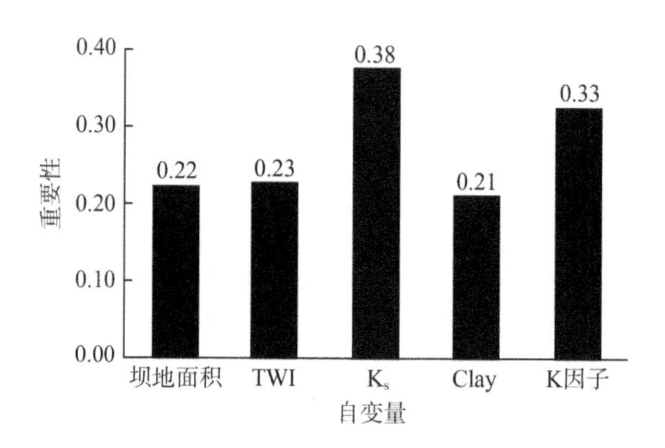

图 3.21　各变量对 $SOCD_{0\sim200}$ 的重要性

3.5　结论

本研究测定了黄土高原水蚀风蚀交错区 5 种植被类型下 0～200 cm 土壤剖面 SOM、TN、TP 含量及植被相互转换后土壤养分含量，并从土地利用方式—坡面—小流域三个尺度上分析植被恢复及土地利用结构对土壤养分特性时空分布特征的影响。同时对窟野河、朱家川、延河和昕水河流域的环境因子进行描述统计，分析各流域不同土地利用下土壤有机碳分布特征，探究土壤有机碳对各环境因子的响应机制，得到以下主要结论。

(1) 人工恢复植被对土壤剖面 SOM 和 TN 含量影响显著($P<0.05$)。苜蓿、柠条、撂荒植被下,SOM 和 TN 含量均有增加,TP 含量变化不大。植被类型变化对 SOM 和 TN 含量的影响深度分别达 40 cm 和 60 cm。农地转换为人工灌木地和人工草地或自然恢复草地均有助于 SOM 和 TN 的积累。土壤有机碳和全氮含量在 6 种土地利用方式中的排序为:牧草地>休闲地>草地>农地>灌木林地>果园地。坡面尺度上,相对均一的土地利用结构坡面上更多的养分资源存积在坡底,表明单一的土地利用结构坡面更易发生土壤侵蚀。为改变这种状况,通过不同土地利用方式(植被条带)的空间布置形成混合的土地利用结构来拦截上部坡面的径流侵蚀,从而形成养分物质在坡面上不同的斑块状分布格局。

(2) 各流域土壤有机碳含量与环境因子之间的相关性差异显著。本书所构建的结构方程模型对朱家川、延河、昕水河流域土壤有机碳的拟合优度达到中高水平。土壤特性构面是各流域土壤有机碳的主要影响因素,但其中起主要作用的指标各不相同。朱家川流域主要为 K_s 和 B_d,延河流域主要为 B_d、MWD 和 K 因子,昕水河流域主要为 K 因子和 MWD。土壤组分对各流域土壤有机碳的影响以间接效应为主。地形参数构面对朱家川流域土壤有机碳的影响较小;对延河流域土壤有机碳的影响较大,且以直接效应为主,其中起主要作用的指标为 DEM 和 Slope;对昕水河流域土壤有机碳的影响以间接效应为主,起主要作用的指标为 Slope。植被参数构面对朱家川流域土壤有机碳影响较大,且土地利用方式的影响程度高于植被覆盖度,而对昕水河和延河流域土壤有机碳影响较小。

(3) 各流域土壤有机碳密度在不同土层厚度下的分布特征为:$SOCD_{朱家川}>SOCD_{昕水河}>SOCD_{延河}>SOCD_{窟野河}$。随土层厚度的增加,朱家川流域 SOCD 增长幅度最大,显著高于窟野河、延河和昕水河流域的增长幅度。当土层厚度大于 120 cm 时,各流域土壤有机碳密度出现显著差异。由 Pearson 相关性分析可知,各流域特征因子与 0～200 cm 深度的土壤有机碳密度相关性更大。其中,$SOCD_{0\sim200}$ 与坝地面积、淤积量和 TWI 为极显著正相关,与 K_s 为显著负相关,与 K 因子为极显著负相关。Clay 和 Sand 与 $SOCD_{0\sim200}$ 表现为“二次曲线”关系。随机森林回归模型可以利用坝地面积、TWI、Ks、K 因子和 Clay 预测坝控小流域的 $SOCD_{0\sim200}$ 值,但预测值会有所偏高(GMER>1)。根据各变量对 $SOCD_{0\sim200}$ 预测的重要性结果来看,K_s 对 $SOCD_{0\sim200}$ 的影响作用最大,其次为 K 因子,而坝地面积、TWI 和 Clay 对 $SOCD_{0\sim200}$ 的影响作用相差不大。

参考文献

[1] DENG L, SHANGGUAN Z P. Afforestation drives soil carbon and nitrogen changes in China[J]. Land Degradation and Development, 2017, 28(1): 151-165.

[2] DENG L, WANG G L, LIU G B, et al. Effects of age and land-use changes on soil carbon and nitrogen sequestrations following cropland abandonment on the Loess Plateau, China[J]. Ecological Engineering, 2016, 90: 105-112.

[3] ZENG Q C, LIU Y, FANG Y, et al. Impact of vegetation restoration on plants and soil C∶N∶P stoichiometry on the Yunwu Mountain Reserve of China[J]. Ecological Engineering, 2017, 109(Part A): 92-100.

[4] TIAN Q X, WANG X G, WANG D Y, et al. Decoupled linkage between soil carbon and nitrogen mineralization among soil depths in a subtropical mixed forest[J]. Soil Biology and Biochemistry, 2017, 109(1): 135-144.

[5] TUO D F, GAO G Y, CHANG Q R, et al. Effects of revegetation and precipitation gradient on soil carbon and nitrogen variations in deep profiles on the Loess Plateau of China[J]. Science of the Total Environment, 2018, 626(1): 399-411.

[6] CHENG M, AN S S. Response of soil nitrogen, phosphorous and organic matter to vegetation succession on the Loess Plateau of China[J]. Journal of Arid Land, 2015, 7(2): 216-223.

[7] LI D F, GAO G Y, LU Y H, et al. Multi-scale variability of soil carbon and nitrogen in the middle reaches of the Heihe River basin, northwestern China[J]. Catena, 2016, 137: 328-339.

[8] XIN Z B, QIN Y B, YU X X. Spatial variability in soil organic carbon and its influencing factors in a hilly watershed of the Loess Plateau, China[J]. Catena, 2016, 137: 660-669.

[9] ZHAO B H, LI Z B, LI P, et al. Spatial distribution of soil organic carbon and its influencing factors under the condition of ecological construction in a hilly-gully watershed of the Loess Plateau, China[J]. Geoderma, 2017, 296: 10-17.

[10] JIA X X, WEI X R, SHAO M A, et al. Distribution of soil carbon and nitrogen along a revegetational succession on the Loess Plateau of China[J]. Catena, 2012, 95: 160-168.

[11] DON A, SCHUMACHER J, SCHERER-LORENZEN M, et al. Spatial and vertical variation of soil carbon at two grassland sites-Implications for measuring soil carbon stocks [J]. Geoderma, 2007, 141(3-4):272-282.

[12] DAI W H, HUANG Y. Relation of soil organic matter concentration to climate and altitude in zonal soils of China [J]. Catena, 2006, 65(1): 87-94.

[13] 唐克丽,侯庆春,王斌科,等. 黄土高原水蚀风蚀交错带和神木试区的环境背景及整治方向[J]. 水土保持研究，1993(2):2-15.

[14] TSUI C C, CHEN Z S, HSIEH C F. Relationships between soil properties and slope position in a lowland rain forest of southern Taiwan [J]. Geoderma, 2004, 123(1-2):131-142.

[15] 曹婧，陈怡平，毋俊华，等. 近 40 年陕西省农田土壤有机质时空变化及其影响因素[J]. 地球环境学报，2022，13(3)：331-343.

[16] 郑子潇，王丹阳，胡保安，等. 华北落叶松人工林土壤有机碳和团聚体稳定性对间伐的响应[J]. 生态学杂志，2023，42(4)：780-787.

[17] DAS B, CHAKRABORTY D, SINGH V K, et al. Effect of integrated nutrient management practice on soil aggregate properties, its stability and aggregate-associated carbon content in an intensive rice-wheat system[J]. Soil and Tillage Research, 2014. 136(1): 9-18.

[18] ZUO F L, LI X Y, YANG X F, et al. Soil particle-size distribution and aggregate stability of new reconstructed purple soil affected by soil erosion in overland flow[J]. Journal of Soils and Sediments, 2020, 20(1): 272-283.

[19] 张钦弟，刘剑荣，杨磊，等. 半干旱黄土区植被恢复对土壤团聚体稳定性及抗侵蚀能力的影响[J]. 生态学报，2022，42(22)：9057-9068.

[20] 陆银梅，李忠武，聂小东，等. 红壤缓坡地径流与土壤可蚀性对土壤有机碳流失的影响[J]. 农业工程学报，2015，31(19)：135-141.

[21] 谢贤健，张彬. 基于耦合关联分析的护岸植被恢复土壤抗蚀性综合评价[J]. 土壤，2019，51(3)：609-616.

[22] 杨震，黄萱，佘冬立. 晋西北黄土丘陵区土壤饱和导水率的空间分布特征及影响因素[J]. 水土保持学报，2020，34(6)：178-184.

[23] CAO T H, SHE D L, ZHANG X, et al. Understanding the influencing factors (land use changes and check dams) and mechanisms controlling changes in the soil organic carbon of typical loess watersheds in China [J]. Land Degradation & Development, 2022, 33(16): 3150-3162.

[24] 罗梅，郭龙，张海涛，等. 基于环境变量的中国土壤有机碳空间分布特征[J]. 土壤学报，2019. 57(1)：48-59.

[25] 穆兴民，李朋飞，刘斌涛，等. 1901—2016 年黄土高原土壤侵蚀格局演变及其驱动机制[J]. 人民黄河，2022，44(9)：36-45.

第四章

流域水沙时空演变及其归因分析

本章首先选取黄河中游河龙区间昕水河和朱家川流域为研究对象，利用水文站、雨量站的水沙实测数据，分析了昕水河和朱家川流域时间序列上的水沙变化趋势，然后利用河龙区间四个干流水文站（头道拐、府谷、吴堡以及龙门站）的降雨、径流、泥沙实测数据，依据干流水文站的空间分布将河龙区间划分不同河段，探讨不同河段水沙动态及水沙收支平衡，结合区域水土保持措施数据，阐明黄河中游水沙动态的潜在归因。

4.1　流域水沙时空分异特征

4.1.1　典型流域径流时空变化

由选取的黄河中游 2 个典型流域昕水河、朱家川水文站点的年径流量线性变化趋势（图 4.1）可知：

（1）昕水河、朱家川年径流量总体呈减少趋势，其中 1965 年以后年径流量减少趋势更为显著。实测值显示 1956—1970 年两个水文站点的年径流量变化较为剧烈，而 1970 年以后年径流量趋于相对稳定，尤其近十年，两个站点减少的径流量分别为 1950—1970 年平均流量的 20%左右，这可能与黄河中游近年降雨逐渐减少有关。

（2）与朱家川相比，昕水河径流量减少得更为明显，从 1956—1970 年的年均径流量 $2.1\times10^{8}\ m^{3}$ 减少到 2000—2018 年的 $6.8\times10^{7}\ m^{3}$，而朱家川在 1970 年后趋于稳定在 $1.0\times10^{7}\ m^{3}$。昕水河、朱家川径流量的显著减少，一方面原因是气候变化以及极端天气，另一方面原因是人口的激增、人类活动的增多和经济的发展等。

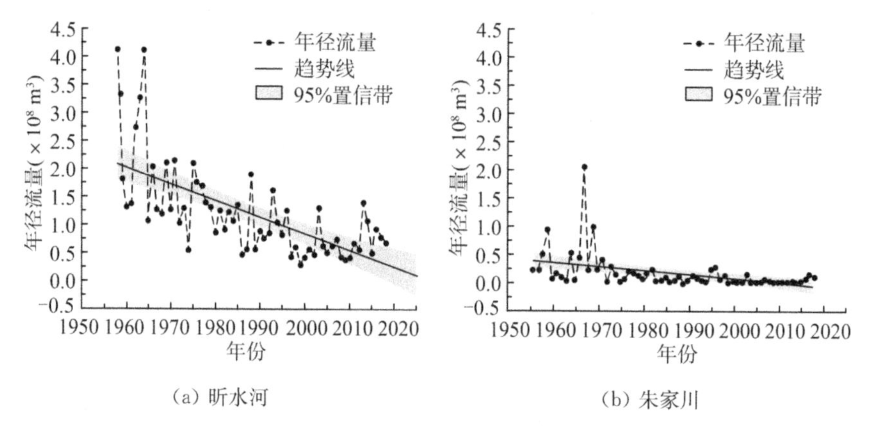

(a) 昕水河　　(b) 朱家川

图 4.1　昕水河、朱家川径流量的年际变化过程(1956—2018 年)

同样地，绘制了昕水河、朱家川水文站年输沙量的变化趋势图(图 4.2)，分析发现：昕水河、朱家川 1956—2018 年间年输沙量与年径流量变化一致，都呈现显著减少趋势。其中，昕水河和朱家川分别在 1967 年、1968 年发生大幅度减少，主要由于修建淤地坝，利用其库容直接拦蓄径流，从而达到减水作用。相比于朱家川，昕水河变化更为明显，其输沙量由 1958—1978 年的年均输沙量 2.5×10^{7} t 减少至 1998—2018 年的 2.3×10^{6} t，而朱家川由 1958—1978 年的年均输沙量 2.1×10^{7} t 减少至 1998—2018 年的 1.6×10^{6} t，且到 1999 年减少了 70% 以上。2018 年两个流域输沙量都减少了超过 90%。1960 年后期和 1980 年初期流域内泥沙量大规模减少得益于水土保持措施的实施，大面积的退耕还林、还草，淤地坝、梯田建设等改变了泥沙的输送过程，从根源上阻断了坡面漫流、土壤侵蚀的发生，大幅度减少淤积的泥沙到达流域内。据统计资料，黄土高原自 20 世纪 70 年代侵蚀量平均每年减少 7.6×10^{8} t，大约相当于 50 年代的 60%，到 2000—2009 年多年平均泥沙量已减少至 3.6×10^{8} t。自 1970 年以来，黄土高原已建成梯田大约 20 000 km^2，大规模的水土保持措施也有效地减少了土壤侵蚀量。

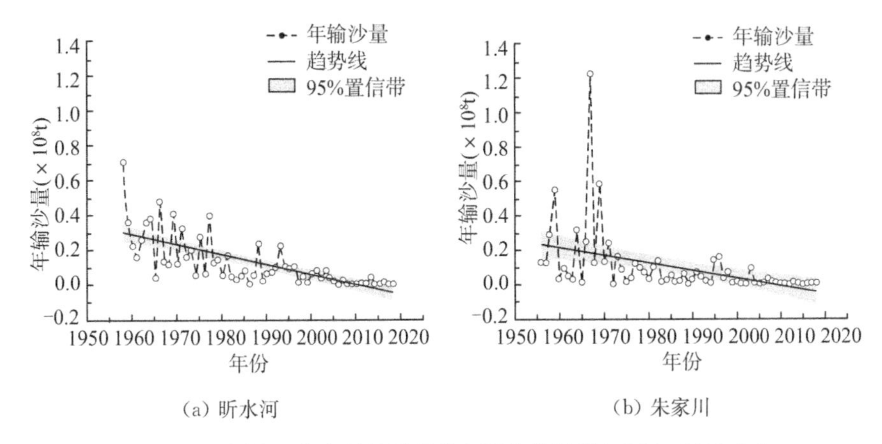

图 4.2　昕水河、朱家川输沙量的年际变化过程(1956—2018 年)

4.1.2　典型流域径流趋势及突变点分析

1. Mann-Kendall 趋势检验

采用 Mann-Kendall 趋势检验法对典型流域昕水河、朱家川水文站的年径流、年输沙量进行趋势检验[1]，结果见表 4.1。昕水河、朱家川的检验统计量 Z 值一致，都小于 0，表明研究区内的径流量和输沙量都呈减少趋势，只是减少的程度和显著性有所差别。由表可知，大宁、桥头水文站的径流量、输沙量均呈显著的减少趋势($P<0.01$)。

表 4.1　昕水河、朱家川径流量和输沙量的 Mann-Kendall 趋势检验结果

流域	水文站	检验年数	径流量			输沙量		
			检验统计量	显著性水平	趋势	检验统计量	显著性水平	趋势
昕水河	大宁	60	−5.45	* * *	↓	−6.98	* * *	↓
朱家川	桥头	62	−5.03	* * *	↓	−6.31	* * *	↓

注：↓表示减少趋势，* * * 表示 $p<0.01$ 显著水平。

2. 水沙突变点检验

利用 Mann-Kendall 算法对昕水河、朱家川时间序列上水沙变化过程进行突变点检验[2]，结果如表 4.2 所示。不同流域的水沙变化过程中发生突变的年份不同，同一流域的水沙变化过程中发生突变的年份也不相同。图 4.3 是昕水河、朱家川流域的两个主要水文站大宁、桥头的突变点检验的结果图。

表 4.2　昕水河、朱家川水沙突变年份检验结果

流域	水文站	年径流量突变年份	年输沙量突变年份
昕水河	大宁	1980	1996
朱家川	桥头	1984	1998

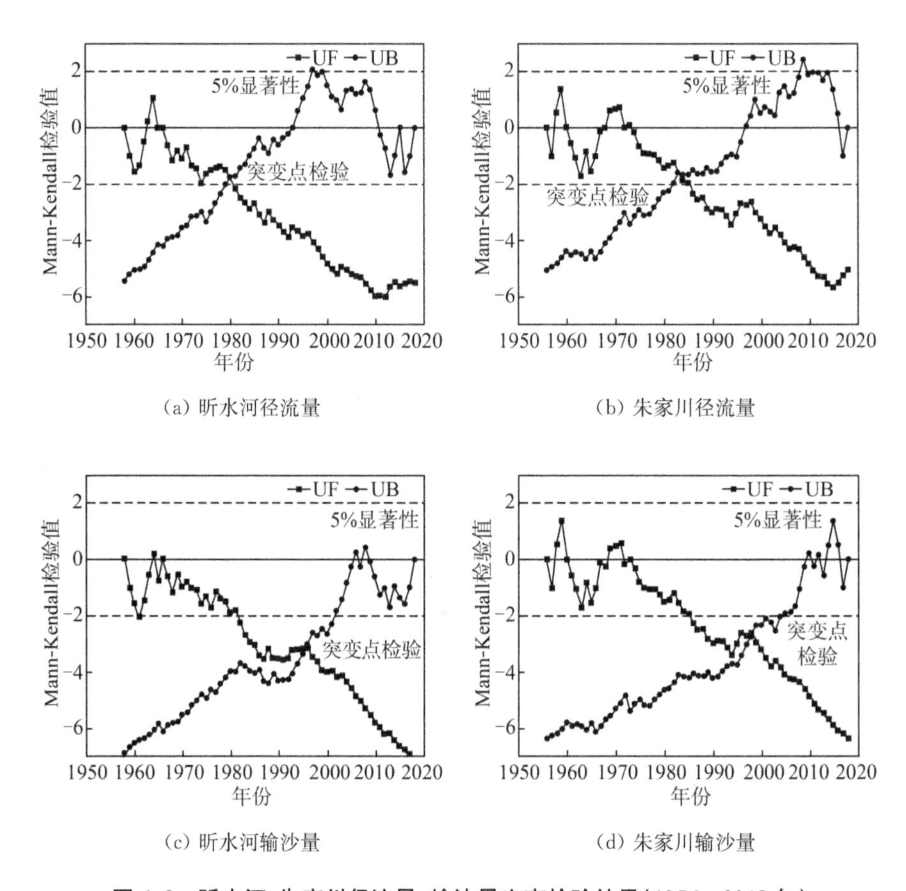

图 4.3　昕水河、朱家川径流量、输沙量突变检验结果(1956—2018 年)

根据结果分析发现:昕水河、朱家川年径流量突变点都在 20 世纪 80 年代,突变年份分别为 1980 年、1984 年,而年输沙量突变点都在 20 世纪 90 年代,分别为 1996 年、1998 年,且水沙大幅度减少也发生在 1980 年前后。昕水河年径流量突变年份(1980 年)相比于朱家川较早,且自 20 世纪 70 年代开始其径流量和输沙量均大幅度减少,与突变点发生年份恰好吻合。

流域内水沙发生突变主要是因为降雨的空间分异和水土保持工作程度

的不同。昕水河、朱家川从1970年径流量、输沙量开始大幅度减少[3]，主要是因为20世纪70年代黄河中游的降水量比60年代显著减少，且70年代开始黄土高原逐步开展一系列水土保持措施，如退耕还林、还草，梯田、淤地坝的建设等。这些政策共同作用导致了黄土高原在1980年前后径流量发生突变，急剧减少，到1990年前后输沙量也发生突变，减水减沙效果明显[4]。

4.1.3　流域水沙周期性变化特征

选取复小波函数Morlet小波对昕水河、朱家川水沙时间序列上进行周期分析[5]。图4.4和图4.5分别为1956—2018年昕水河大宁站和朱家川桥头站径流的小波分析结果图。

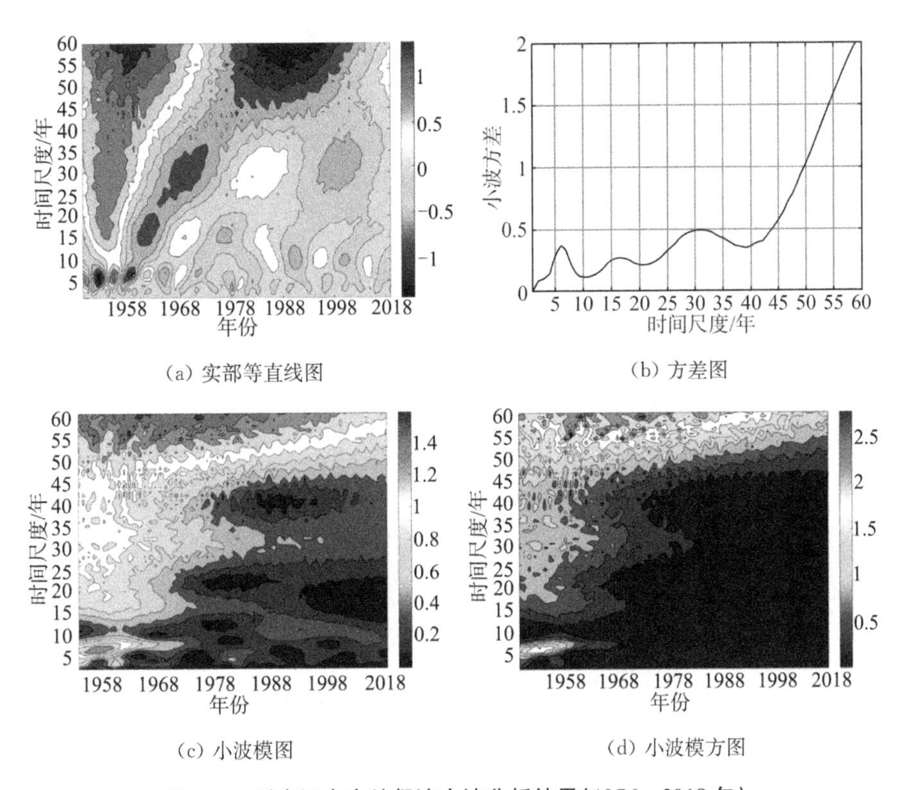

图4.4　昕水河大宁站径流小波分析结果(1956—2018年)

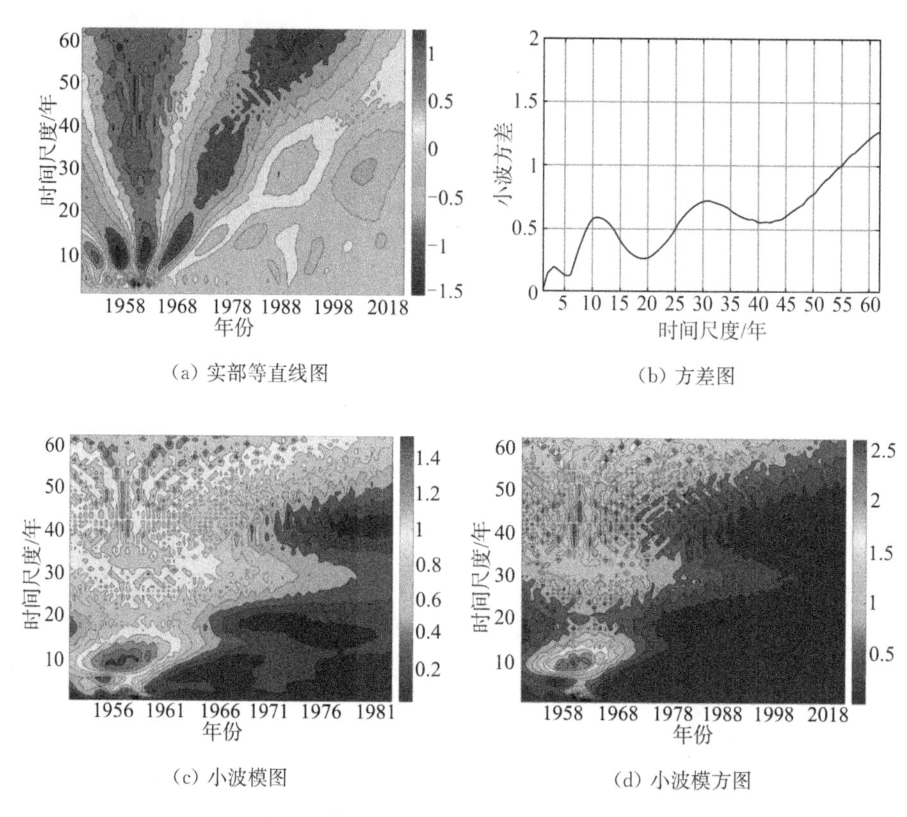

(a) 实部等直线图

(b) 方差图

(c) 小波模图

(d) 小波模方图

图 4.5 朱家川桥头站径流小波分析结果(1956—2018 年)

昕水河径流量主要表现为 2～10 年、12～20 年、25～38 年 3 类尺度的周期变化规律，在 3 个尺度内，25～38 年的震荡更加强烈，中心时间尺度大约在 30 年左右。在图 4.4(b)中可以得出，昕水河径流量存在 3 个较为显著的峰值，分别为 6 年、16 年、30 年，在峰值中 30 年时间尺度的震荡与其他 2 个相比较为强烈，对应最大的峰值，同时也是年径流变化过程中的第一主周期；6 年为第二峰值，对应第二主周期；16 年为第三峰值，对应第三主周期。从图 4.4(c)和(d)看出，在 2～25 年、26～45 年存在两个能量聚集中心，和这两个时间尺度的径流周期性明显吻合，其中 2～25 年的震荡能量更为强烈，主要处于 1956—1968 年之间，震荡中心在 1958 年。

图 4.5(a)呈现出朱家川径流量存在 2～5 年、6～20 年、22～40 年 3 类尺度的周期变化规律，与 2～5 年、6～20 年相比，22～40 年震荡更为强烈，其中，震荡中心时间尺度大约在 10 年。从图 4.5(b)方差图可以看出，存在 3 个明

显的峰值，分别是3年、12年、30年，在30年时间尺度时达到最大峰值，周期震荡强度也最为剧烈，为朱家川径流量变化的第一主周期；12年时间尺度为第二峰值，成为第二主周期；3年时间尺度为第三峰值，成为第三主周期。由图5.5(c)和(d)可知，在2～20年时间尺度内能量逐渐汇聚，成为能量聚集中心，且存在明显的周期性，集中在1956—1970年，震荡中心在1958年左右。

同样地，图4.6、图4.7分别显示了1956—2018年昕水河大宁站、朱家川桥头站的输沙量变化在时间序列上的小波分析结果。

根据图4.6(a)可知，昕水河大宁站输沙量呈现2～5年、6～10年、15～20年、25～43年4类时间尺度的周期变化特征，其中25～43年时间尺度震荡程度尤为强烈，中心尺度在33年左右。由图4.6(b)可以看出，输沙量有4个显著的峰值，分别在2年、6年、16年、33年，最大峰值出现在33年，大致对应中心尺度，是输沙量变化的第一主周期；16年、6年、2年分别对应第二、第三、第四主周期，为第二、第三、第四峰值。由图4.6(c)和(d)可知，30～43年为能量聚集中心，对应的周期性较为明显，主要在1965—1975年，震荡中心分布在1972年。

图4.7揭示了朱家川桥头站输沙量变化的时间尺度变化特征。从图4.7(a)可以看出，周期变化规律时间分布在2～5年、6～20年、22～40年3类尺度，其中22～40年时间尺度显示出最强烈的震荡，中心尺度在30年左右。由图4.7(b)得知，输沙量有3年、11年、31年3个明显的峰值，31年时间尺度对应的周期震荡最强烈，为第一主周期；而11年和3年分别对应的是第二和第三主周期，即第二个和第三个峰值。从图4.7(c)和(d)看出，在30～50年时间范围内能量逐渐汇聚，形成聚集中心，这个尺度内周期性特征较为明显，主要在1956—1978年，且震荡中心在1960年。

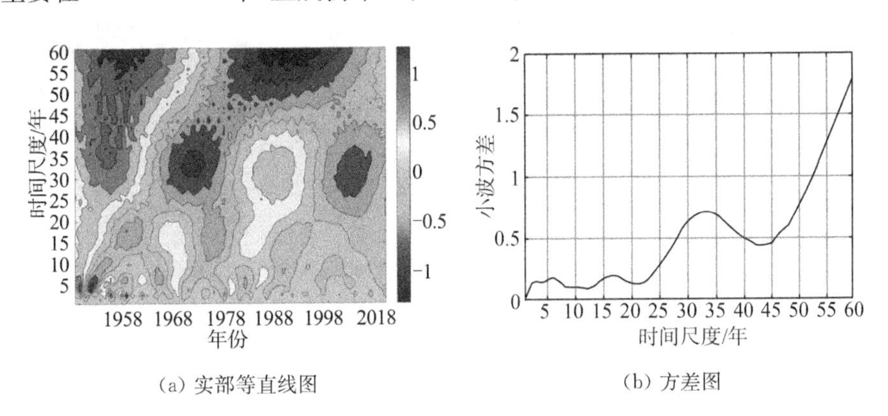

(a) 实部等直线图　　(b) 方差图

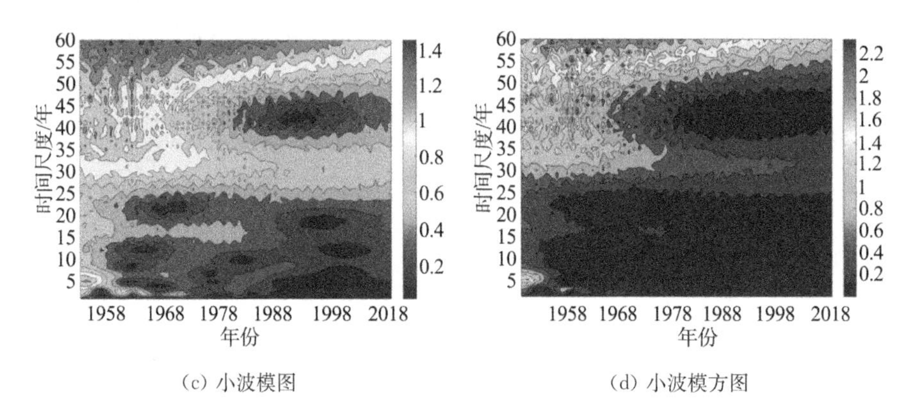

(c) 小波模图　　(d) 小波模方图

图 4.6　昕水河大宁站输沙小波分析结果(1956—2018 年)

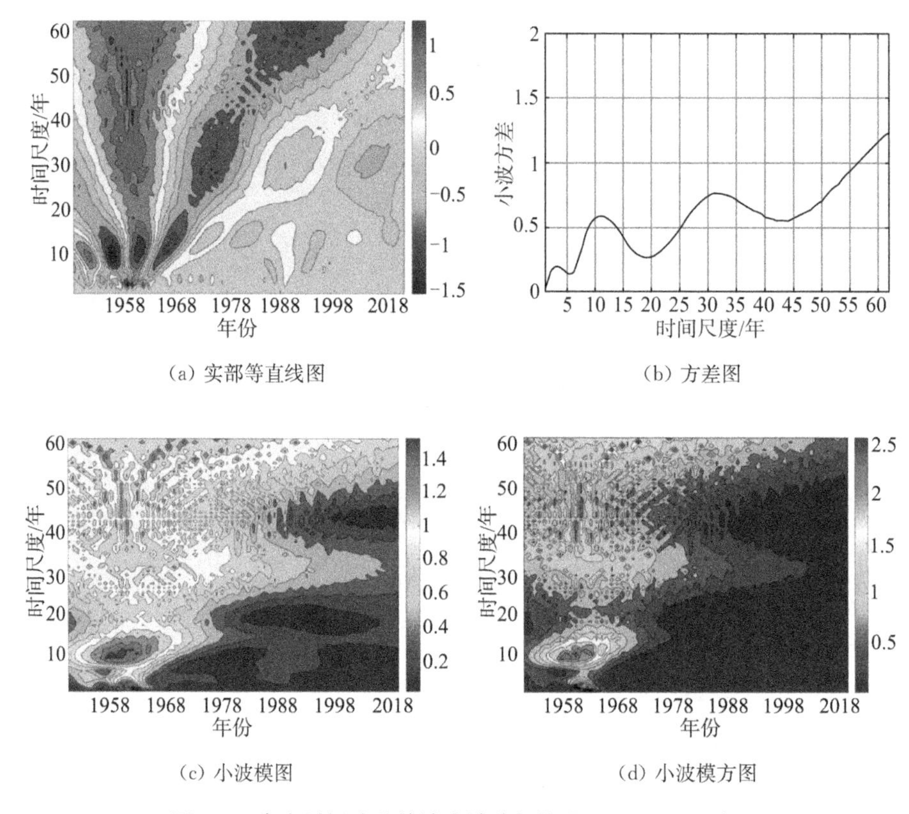

(a) 实部等直线图　　(b) 方差图

(c) 小波模图　　(d) 小波模方图

图 4.7　朱家川桥头站输沙小波分析结果(1956—2018 年)

综上,昕水河流域大宁站年径流量时间序列主要有 2～10 年、12～20 年、25～38 年的时间尺度周期性变化特征,第一主周期为 30 年;年输沙量时间序列主要有 2～5 年、6～10 年、15～20 年、25～43 年的时间尺度周期性变化特征，33 年出现第一主周期。朱家川流域桥头站年径流量时间序列主要有 2～5 年、6～20 年、22～40 年的时间尺度周期性变化特征，第一主周期为 30 年；年输沙量时间序列具有 2～5 年、6～20 年、22～40 年的周期性变化特征，31 年出现第一主周期。

对比径流量和输沙量的小波变化结果发现，自 1975 年开始，径流量以及输沙量的显著周期呈现间断性变化，并在 1980 年后不断减弱。其中输沙量在 1998 年后基本消失，这表明昕水河、朱家川流域在 1958—2018 年期间水沙受退耕还林等水土保持措施影响较大。

4.2 黄河中游水沙情势及其归因分析

4.2.1 干流水沙时间序列变化趋势

对 1956—2018 年头道拐、府谷、吴堡和龙门站的年径流量和年输沙量数据进行了线性回归分析。如图 4.8 所示，在过去的 60 年里，河龙区间干流的年径流量和年输沙量均呈现下降趋势。此外，对四个站点的降水量、径流量和输沙量进行了 M-K 检验[6]，如表 4.3 所示。研究期间，整个河龙区间的年降水量并没有明显的变化趋势（$P>0.05$）。头道拐站和龙门站的年降水量分别以 −0.232 mm/a 和 −0.865 mm/a 的速度递减，而府谷站和吴堡站的年降雨量则分别以 0.055 mm/a 和 2.404 mm/a 的速度递增。径流量和输沙量在

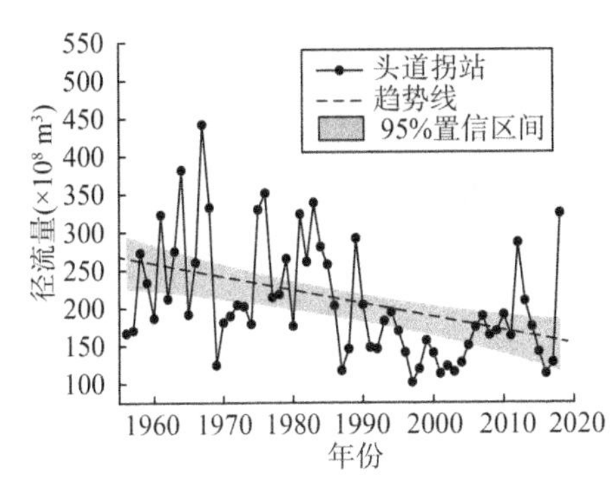

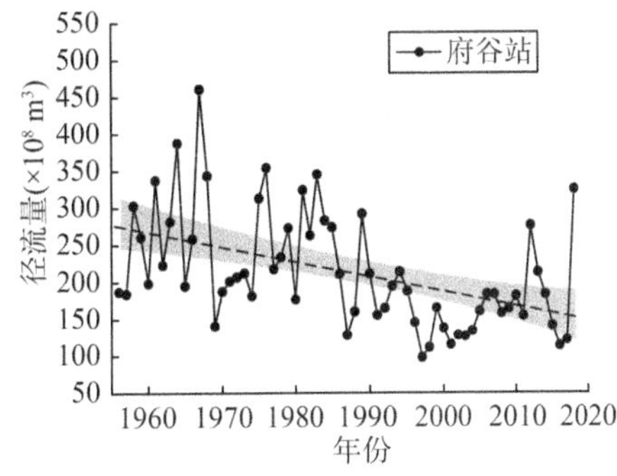

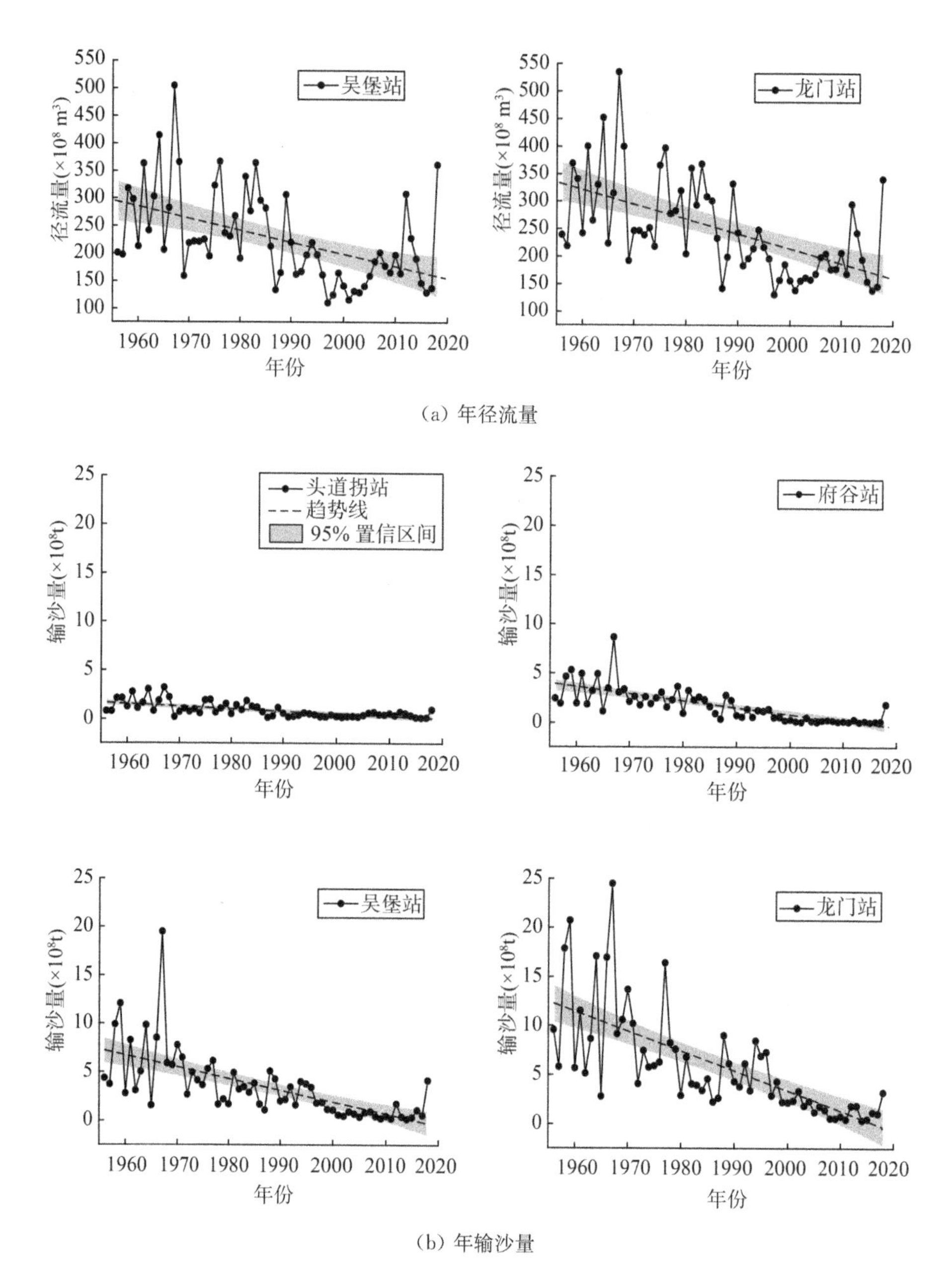

图 4.8　1956—2018 年四个干流水文站的年径流量和年输沙量随时间的动态变化

干流中表现出明显的空间异质性(表 4.3),从 1956 年到 2018 年,两者均呈现出极显著的下降趋势($P<0.01$)。然而,对比四个水文站的年径流量和年输沙量递减速率可以发现,该值顺着干流流向方向逐渐增加。

表 4.3　河龙区间干流降雨量、径流量和输沙量的 Mann-Kendall 趋势分析

水文站	降水量		径流量		输沙量	
	Z	β(mm/a)	Z	$\beta(\times 10^8\ m^3/a)$	Z	$\beta(\times 10^8\ t/a)$
头道拐	−0.368	−0.232	−3.488**	−1.573	−5.445**	−0.019
府谷	0.024	0.055	−4.009**	−1.759	−7.580**	−0.061
吴堡	2.064	2.404	−4.081**	−2.021	−6.868**	−0.102
龙门	−1.198	−0.865	−4.899**	−2.443	−7.272**	−0.164

注:** 和 * 分别表示在 $P<0.01$ 和 $P<0.05$ 水平上显著,其他则为不显著。

不同时期干流水文站径流量和输沙量的减少量及程度均存在很大差异(表 4.4)。与参考期相比,头道拐、府谷、吴堡和龙门站的年径流量在 P2 期间分别减少了 21.95%、23.26%、25.29%和 24.86%,年平均输沙量在 P2 期间分别减少了 55.00%、51.01%、51.72%和 48.24%。此外,气候变化对吴堡站径流量及输沙量的贡献均在 P2 期间达到最大。而与参考期相比,四个水文站的径流量和输沙量在 P3 期间进一步锐减,尤其是输沙量的减少率,府谷站的输沙量在这一时期出现最大减少率,达到 93.18%。

表 4.4　人为活动与气候变化对河龙区间干流水文站径流量和输沙量减少的贡献

参数	水文站	区间	减少比例(%)	气候变化的贡献(%)	人为活动的贡献(%)
径流量	头道拐	P2—P1	21.95	33.27	66.73
		P3—P1	36.49	6.50	93.50
	府谷	P2—P1	23.26	50.76	49.24
		P3—P1	39.52	8.16	91.84
	吴堡	P2—P1	25.29	75.01	24.99
		P3—P1	40.18	−21.07	121.07
	龙门	P2—P1	24.86	27.90	72.10
		P3—P1	43.17	21.59	78.41

续表

参数	水文站	区间	减少比例（%）	气候变化的贡献（%）	人为活动的贡献（%）
输沙量	头道拐	P2—P1	55.00	9.97	90.03
		P3—P1	76.44	0.60	99.40
	府谷	P2—P1	51.01	25.37	74.63
		P3—P1	93.18	4.79	95.21
	吴堡	P2—P1	51.72	40.99	59.01
		P3—P1	88.20	−6.23	106.23
	龙门	P2—P1	48.24	21.64	78.36
		P3—P1	87.22	13.45	86.55

注：P1，1956—1968；P2，1969—1999；P3，2000—2018。

4.2.2 干流水沙空间分布特征

对3个时期多年平均径流量和输沙量在干流方向上的变化特征进行了统计分析（图4.9）。通过分析3个时期径流量的空间变化，发现径流量沿干流方向（从头道拐站到龙门站）呈现增加趋势，但随着时间的推移，增长速度逐渐放缓[图4.9(a)]。输沙量顺着干流方向的变化也表现出同样的现象，但增长速度的递减更为明显[图4.9(b)]，甚至在2000—2018年期间，头道拐站到府谷站的输沙量呈现负增长。

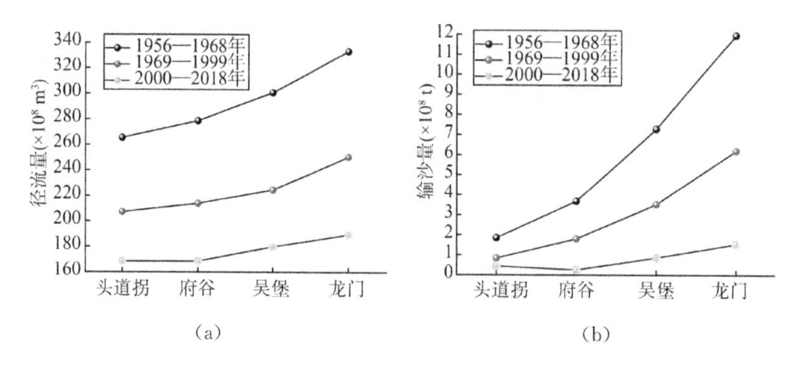

图4.9 河龙区间干流不同时段多年平均径流量和输沙量的沿程变化

首先，就不同河段的径流量变化而言，相邻河段之间径流量比值[7]（即S_{ratio}值）基本均在$S_{ratio}=1$位置处呈现轻微上下波动变化（图4.10），这表明相邻河段的径流量呈现同步且成比例的变化。而不同河段的输沙量随时间变化存在较大的波动(图 4.11),这表明该河段的泥沙输移随时间发生了剧烈变化。1998 年以前,头道拐站和府谷站的输沙量表现为同步且成比例的变化,S_{ratio} 的平均值则由 1998 年之前的 0.49 增加到 1999 年之后的 3.64[图 4.11(a)]。同样地,头道拐—龙门河段的 S_{ratio} 值在 2004 年发生了急剧变化,平均值由 1956—2004 年的 0.16 显著增加到 2005—2018 年的 0.51[图 4.11(d)]。然而,府谷—吴堡河段和吴堡—龙门河段的 S_{ratio} 平均值分别从 1956—1984 年的 0.62 和 1956—1986 年的 0.62 下降到 1985—2018 年的 0.31 和 1987—2018 年的 0.56[图 4.11(b)和(c)]。

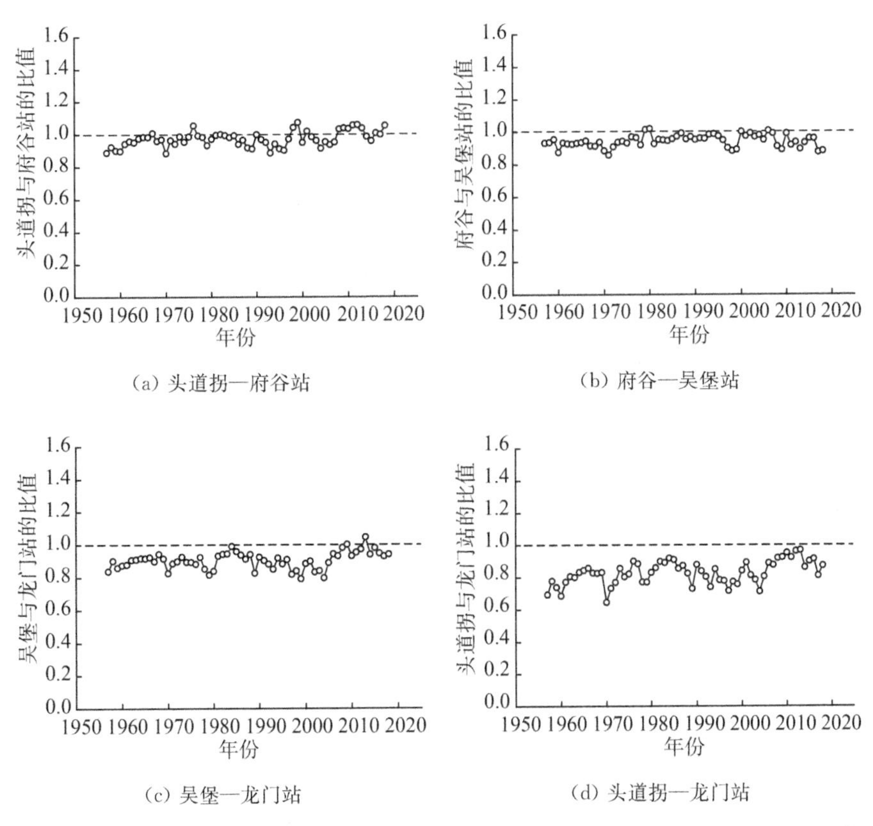

图 4.10　河龙区间不同河段上游与下游站径流量比值的年际变化特征(1956—2018 年)

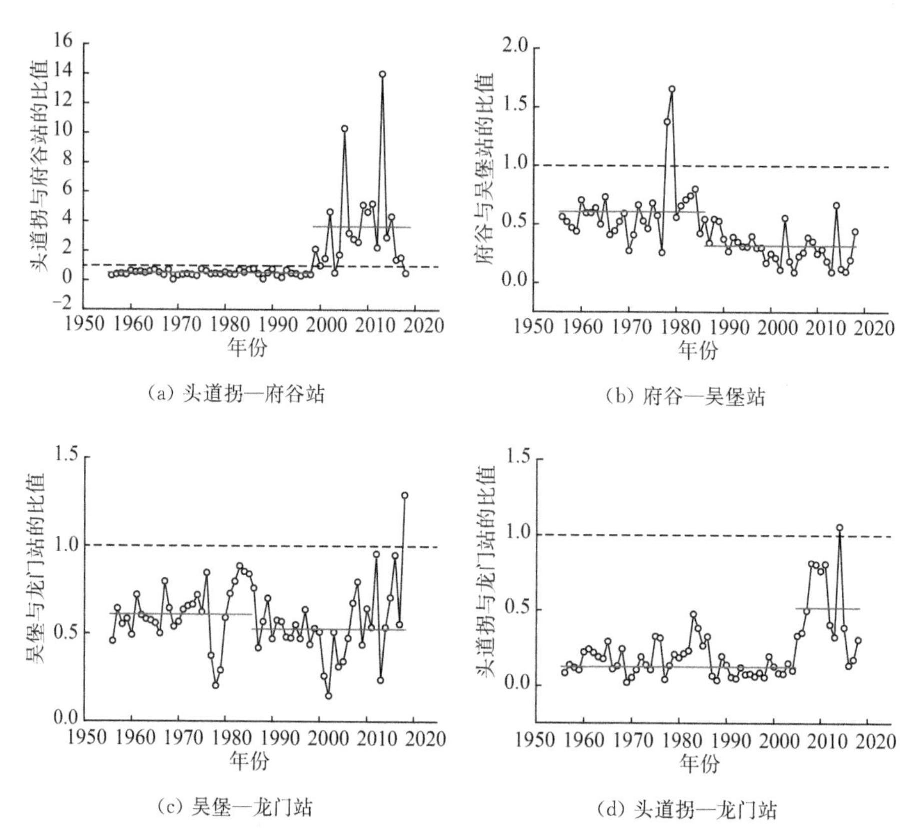

图 4.11　河龙区间不同河段上游与下游站输沙量比值的年际变化特征(1956—2018 年)

注:实线代表该阶段的平均值

根据归一化异常[8],两个相邻站点的年径流量变化趋势保持高度一致(图 4.12)。即使在头道拐站和龙门站之间,年径流量的变化趋势也只有微小的差异,这些微小的趋势差异主要集中在 1970 年和 2000 年之后。就输沙量的归一化异常而言,相邻站点之间的输沙趋势存在一定程度的差异(图 4.13)。比对整个河龙区间[图 4.13(d)],干流上游和下游站点的泥沙变化趋势在 1968 年之前是基本一致的。然而,由于水土保持措施、大坝和水库的建设,头道拐站和龙门站的输沙量在 1969 年后开始出现较大的趋势差异。从 1969 年到 2018 年,头道拐与府谷站的输沙趋势差异最大,其次是府谷与吴堡站[图 4.13(a)和(b)]。而吴堡与龙门站的输沙趋势仅在 1972 年之后稍有差异[图 4.13(c)]。

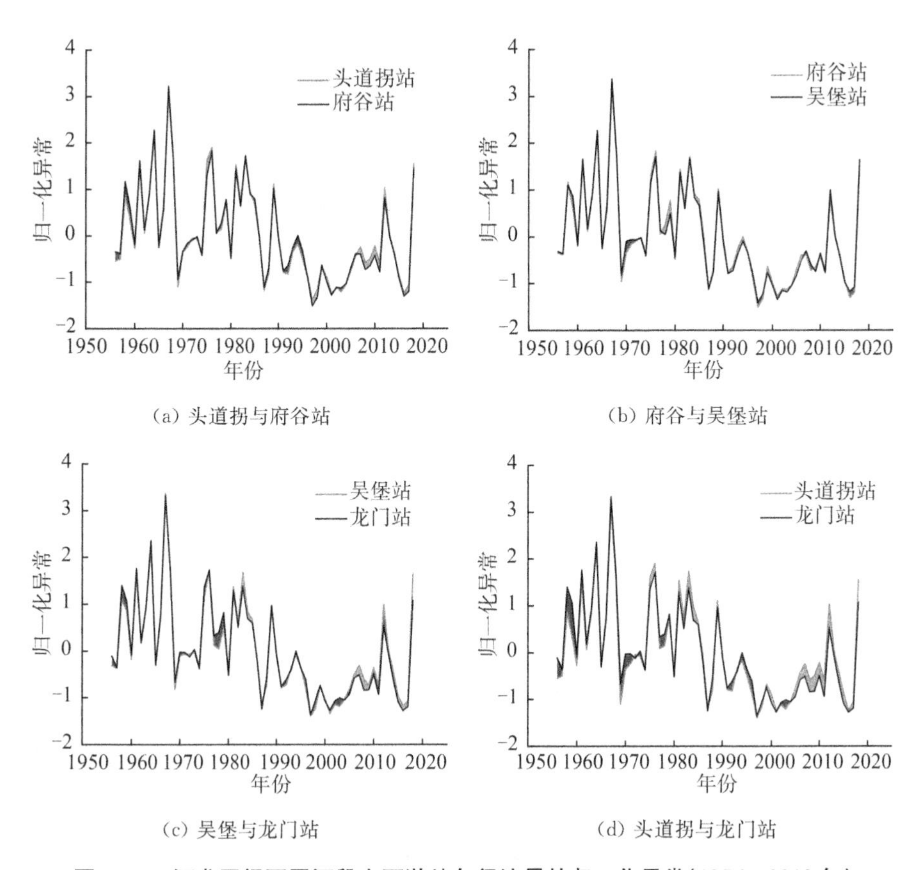

图 4.12　河龙区间不同河段上下游站年径流量的归一化异常(1956—2018 年)

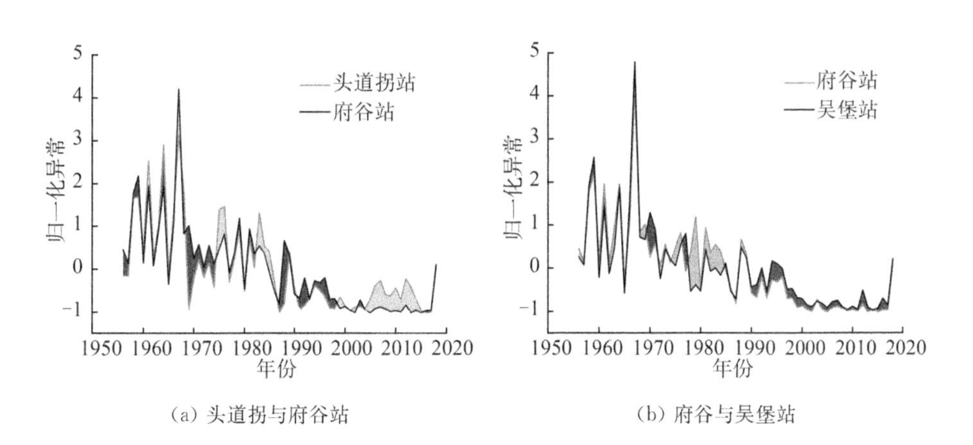

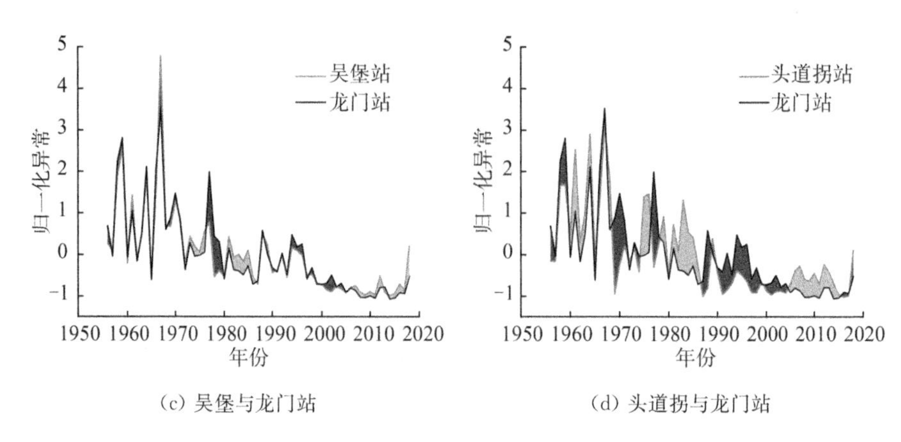

(c) 吴堡与龙门站

(d) 头道拐与龙门站

图 4.13　河龙区间不同河段上下游站年输沙量的归一化异常(1956—2018 年)

4.2.3　河龙区间水沙收支平衡分析

对河龙区间在 3 个时期的水沙收支平衡进行分析,结果表明,水沙收支存在复杂的时空差异[9](图 4.14 和图 4.15)。与参考期(P1)对比,头道拐—府谷河段的年均径流量在 P2 期间减少了 49.55%,在 P3 期间减少了 100%(图 4.14)。府谷—吴堡河段的年均径流量在 P2 期间减少了 50.90%,在 P3 期间减少了 48.51%。相应地,吴堡—龙门河段的年均径流量在 P2 期间和 P3 期

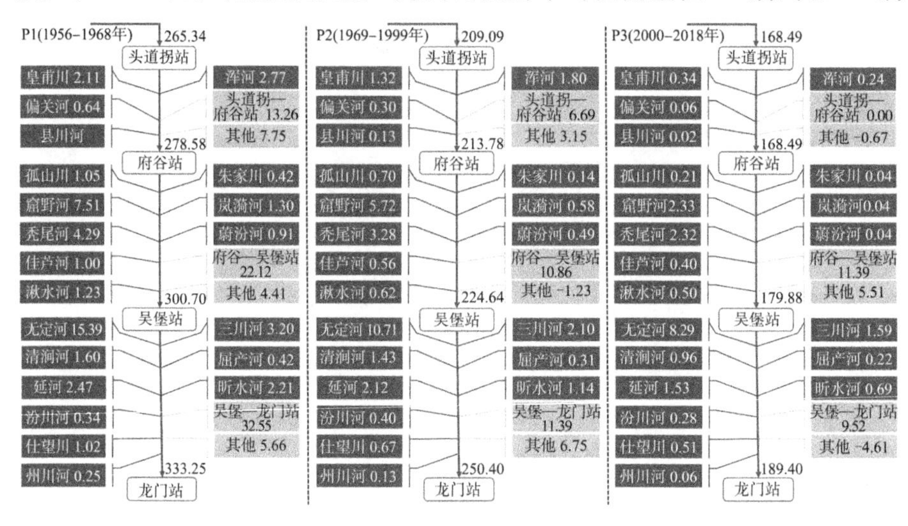

图 4.14　3 个时段河龙区间径流量来源空间分布

注:图中数值为不同支流(区间)多年平均值,其单位为 $\times 10^8\ m^3/a$

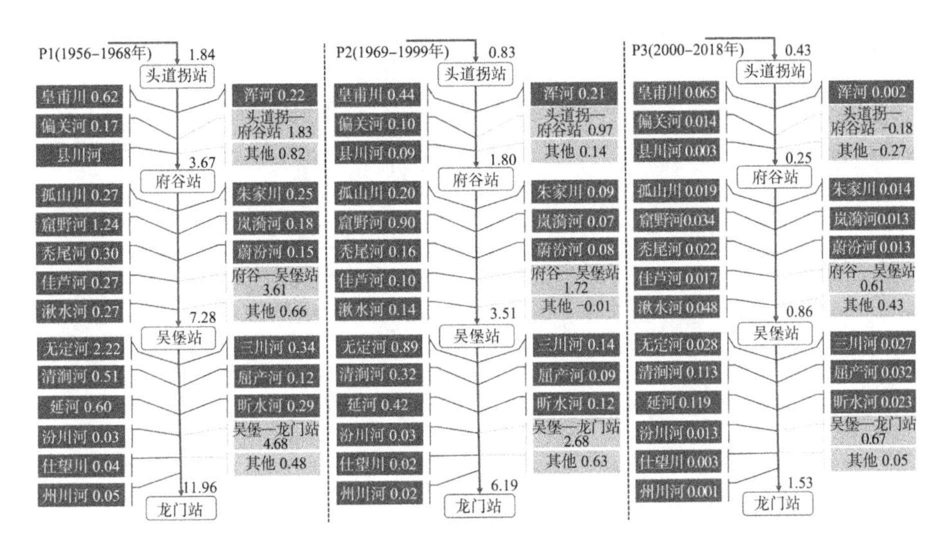

图 4.15 3 个时段河龙区间泥沙量来源空间分布

注：图中数值为不同支流（区间）多年平均值，其单位为 $\times 10^{8}$ t/a

间分别减少了 31.21% 和 70.75%。各河段的径流量在 1956—1968 年期间（P1 期间）较为充沛，相邻河段之间的径流量差值均大于各条支流贡献的径流量总和。在 P2 时期，府谷—吴堡河段的径流量差值要小于支流贡献的总径流量，这表明该河段在此期间的其他耗水活动急剧增加。在 P3 时期，头道拐—府谷河段的径流量差值几乎为零，这表明该河段支流贡献的径流量基本用于其他耗水活动；同样地，吴堡—龙门河段其他活动的耗水量为 4.61×10^{8} m^3/a；相比之下，府谷—吴堡河段具有充足的径流量。此外，无定河一直是贡献径流量最多的支流，三个时期贡献的径流量分别为 15.39×10^{8} m^3/a、10.71×10^{8} m^3/a 和 8.29×10^{8} m^3/a。

以 P1 期间作为参考期，头道拐—府谷河段的年均输沙量在 P2 期间减少了 46.99%，在 P3 期间减少了 109.84%（图 4.15）；府谷—吴堡河段的年均输沙量在 P2 期间减少了 52.35%，在 P3 期间减少了 83.10%；而吴堡—龙门河段的年均输沙量在 P2 和 P3 期间分别减少了 42.74% 和 85.68%。在 P1 期间，头道拐—府谷、府谷—吴堡、吴堡—龙门河段除支流贡献的泥沙外，其他地区仍贡献 0.82×10^{8} t/a、0.66×10^{8} t/a、0.48×10^{8} t/a 的泥沙，这表明河龙区间内干流河床和两岸河道也受到严重冲刷。在 P2 期间，冲刷最为严重的河段由头道拐—府谷河段转变为吴堡—龙门河段，贡献泥沙 0.63×10^{8} t/a，

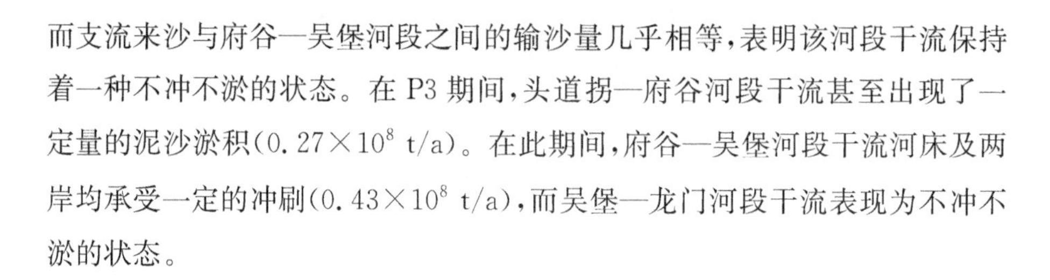

而支流来沙与府谷—吴堡河段之间的输沙量几乎相等，表明该河段干流保持着一种不冲不淤的状态。在 P3 期间，头道拐—府谷河段干流甚至出现了一定量的泥沙淤积(0.27×10^{8} t/a)。在此期间，府谷—吴堡河段干流河床及两岸均承受一定的冲刷(0.43×10^{8} t/a)，而吴堡—龙门河段干流表现为不冲不淤的状态。

4.2.4 河龙区间水沙减少的归因分析

河龙区间径流量和输沙量的动态变化主要是由气候变化(降雨)和人为活动(如工程措施、植被措施等)导致的[10]。气候变化和人为活动对径流量和输沙量减少的相对贡献表现出时空差异(表 4.4)。以 P1 期间为参考期，降雨对径流量和输沙量减少的贡献在吴堡站达到最大(在 P2 期间分别减少了 75.01%和 40.99%)，其次是在府谷站(在 P2 期间分别减少了 50.76%和 25.37%)。相应地，人为活动对径流量和输沙量减少的贡献仍然是在吴堡站达到最大(在 P3 期间分别减少了 121.07%和 106.23%)，其次是在头道拐站(在 P3 期间分别减少了 93.50%和 99.40%)。这些结果表明，从 P2 到 P3 期间，人为活动开始显著影响河龙区间中部的径流量及输沙量变化，并占据主导地位。因此，除了气候变化在 P2 期间是府谷和吴堡站径流量减少的主导因素外，人为活动也是河龙区间径流量和输沙量减少的主要原因。

河龙区间的人为活动主要包括各种工程措施(淤地坝和梯田)和植被措施(植树造林和种草)[11]。为了探讨工程措施和植被措施在不同河段的减水减沙效益，建立了产沙系数、径流系数与这些措施面积占比之间的函数关系(图 4.16 和图 4.17)。在相同比例面积增加的情况下，河龙区间工程措施的减水减沙效益明显大于植被措施的减水减沙效益(图 4.16 和图 4.17)。比较相同措施对径流系数和产沙系数的影响发现，水保措施在该区域对输沙量的减少速率要大于对径流量的减少速率(图 4.16 和图 4.17)。此外，对比不同河段，工程措施和植被措施在头道拐—府谷河段的减水减沙效果最好，其次是在府谷—吴堡和吴堡—龙门河段，这意味着需要因地制宜地布设水保措施。

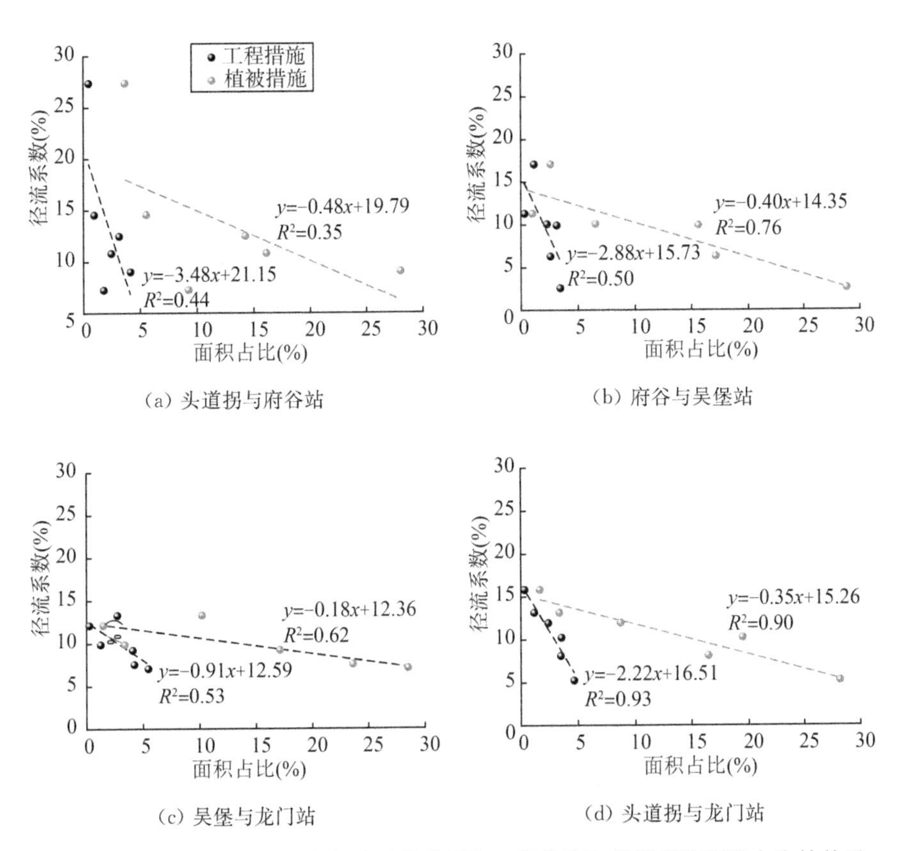

图 4.16　河龙区间不同河段径流系数分别与工程措施和植被措施面积占比的关系

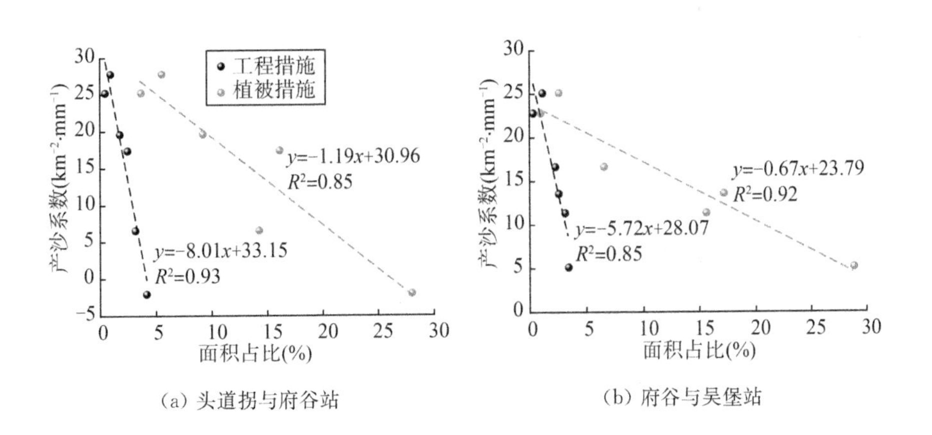

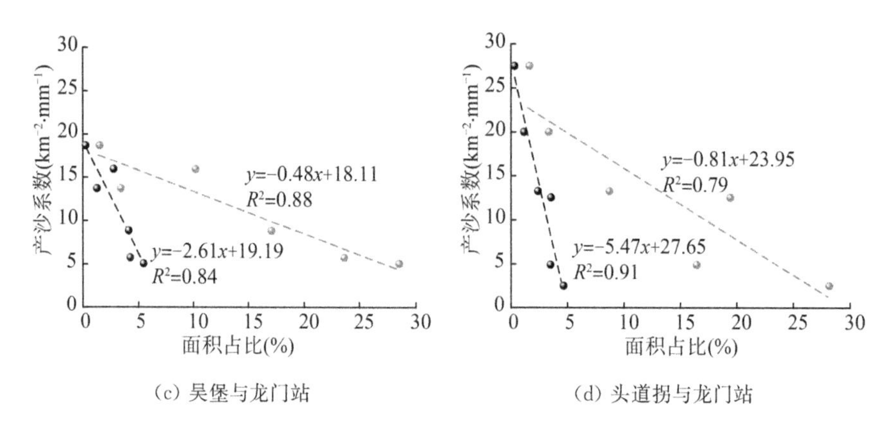

(c) 吴堡与龙门站　　(d) 头道拐与龙门站

图 4.17　河龙区间不同河段产沙系数分别与工程措施和植被措施面积占比的关系

4.3　结论

本章节主要分析了昕水河和朱家川两个典型流域出口水沙及降雨的年际变化趋势，重点分析了水沙时间序列的趋势线、突变性以及周期性，此外，基于河龙区间干支流水文站数据以及不同河段的水土保持措施数据，分析了河龙区间水沙的时空分布特征和河段内泥沙收支及其潜在归因，并得到了以下结论。

(1) 典型流域昕水河年径流量和年输沙量都呈显著减少趋势($P<0.01$)；通过 M-K 突变点检验径流量和输沙量分别在 1980 年、1996 年发生突变，径流量发生突变比输沙量要早，水沙在 1980 年前后均都发生了大幅度减少；同时径流量存在着 2～10 年、12～20 年、25～38 年 3 类时间尺度的周期特征，输沙量存在着 2～5 年、6～10 年、15～20 年、25～43 年 4 类时间尺度的周期特征，主要周期分别为 30 年、33 年。

(2) 典型流域朱家川年径流量和年输沙量都呈显著减少趋势($P<0.01$)；由 M-K 突变点检验发现径流量和输沙量突变点分别为 1984 年、1998 年，同样径流量发生突变比输沙量要早；径流量存在着 2～5 年、6～20 年、22～40 年 3 类时间尺度的周期性，输沙量存在着 2～5 年、6～20 年、22～40 年 3 类时间尺度的周期性，主要周期分别为 30 年、31 年。

(3) 干流径流量和输沙量在 1956—2018 年期间表现出明显的空间异质

性,均呈现出极显著的下降趋势($P<0.01$)。干流沿线输沙量的空间异质性比径流量更为明显,头道拐站和府谷站输沙趋势差异最大。P1 期间(1956—1968 年),各河段径流量充足,河龙区间干流两岸及河床冲刷严重。在 P2—P3 期间(1969—2018 年),河段内径流量持续减少,河龙区间干流开始呈现出从轻度冲刷到不冲刷甚至泥沙淤积的过程。除气候变化在 P2 期间(1969—1999 年)是府谷站和吴堡站径流量减少的主要因素外,人为活动是导致河龙区间径流量和输沙量减少的主要原因。在相同措施的影响下,该地区的输沙量减少速率要大于径流量的减少速率。此外,不同河段的水保措施在减水减沙效益方面表现出巨大的差异性。

参考文献

[1] 李二辉,穆兴民,赵广举. 1919—2010 年黄河上中游区径流量变化分析[J]. 水科学进展,2014,25(2):155-163.

[2] 王光辉. 近 60 年黄河干流径流泥沙变异性分析[D]. 北京:清华大学,2019.

[3] 杨云斌. 晋西黄土区小流域径流输沙特征及对雨型的响应[D]. 北京:北京林业大学,2020.

[4] 高健翎,高燕,马红斌,等. 黄土高原近 70a 水土流失治理特征研究[J]. 人民黄河,2019,41(11):65-69+84.

[5] 赵广举,穆兴民,田鹏,等. 近 60 年黄河中游水沙变化趋势及其影响因素分析[J]. 资源科学,2012,34(06):1070-1078.

[6] SHENG Y, PAUL P. A comparison of the power of the t test, Mann-Kendall and bootstrap tests for trend detection[J]. Hydrological Sciences Journal, 2004(1):21-37.

[7] YIN S H, GAO G Y, RAN L S, et al. Spatiotemporal variations of sediment discharge and in-reach sediment budget in the Yellow River from the headwater to the delta[J]. Water Resources Research, 2021, 57(11):1-24.

[8] GENZ F, LUZ LD. Distinguishing the effects of climate on discharge

in a tropical river highly impacted by large dams[J]. Hydrological Sciences Journal, 2012, 57(5):1020-1034.

[9] 赵阳,胡春宏,张晓明,等.近70年黄河流域水沙情势及其成因分析[J].农业工程学报,2018,34(21):112-119.

[10] ZHANG X, SHE D L. Quantifying the sediment reduction efficiency of key dams in the Coarse Sandy Hilly Catchments region of the Yellow River basin, China [J]. Journal of Hydrology, 2021 (602):126721.

[11] ZHANG X, SHE D L, GE J M, et al. Spatiotemporal variation of the water and sediment dynamics of the middle Yellow River Basin, China [J]. Hydrological Processes,2022,36(12):105850.

第五章

小流域侵蚀产沙及其溯源分析

本章以河龙区间 4 个典型流域的 28 个坝控小流域为研究对象(图 1.1 和表 1.1),依据野外采样、测量及无人机航拍,结合探槽开挖旋回层判定及淤积量估算等方法,建立降雨侵蚀事件与坝地旋回层的对应关系,探讨了坝控小流域次产沙模数及年产沙模数的时空变化特性,分析了小流域侵蚀产沙模数对侵蚀环境演变的响应;最后对窟野河流域中六道沟子流域 1＃ 和 2＃ 小流域的潜在泥沙来源地进行室内化学成分分析以及指纹因子筛选,确定要使用的指纹因子指标,并通过与坝地旋回层中泥沙的指纹因子进行比较,运用复合指纹识别技术,分析不同泥沙来源地对坝地产沙旋回的相对贡献率。

5.1 小流域侵蚀产沙特征及其对侵蚀环境演变的响应

5.1.1 坝控小流域次产沙模数变化特性

窟野河坝控小流域在次降雨事件下的次产沙模数变化特征如图 5.1 所示。布日都梁流域在 2015—2020 年间发生了 12 次侵蚀产沙事件,平均次产沙模数为 9 679.32 t/km^2;2016 年出现两次较大次产沙模数,分别为 17 317.97 t/km^2 和 16 267.52 t/km^2,对应降雨量分别为 74.2 mm 和 66.6 mm;而最小次产沙模数 5 231.05 t/km^2 发生在 2017 年 7 月 5 日,对应降雨量为 24.6 mm。赛乌素 18＃小型坝在 2016—2020 年间经历了 11 次泥沙侵蚀—沉积过程,平均次产沙模数为 6 392.11 t/km^2,2016 年 8 月 19 日发生最大侵蚀产沙，次产沙模数为 12 249.82 t/km²，对应单日降雨量为 115.6 mm；而最小次产沙模数发生在 2018 年 7 月 16 日，为 4 355.02 t/km²，对应降雨量为 23.6 mm。补连沟流域、石拉沟流域、韩家窑坬流域和凤凰塔骨干坝子流域均在 2015—2020 年期间发生了 12 次侵蚀产沙事件，平均次产沙模数分别为 8 386.11 t/km²、1 832.56 t/km²、2 913.59 t/km²、3 686.45 t/km²；此外四个子流域分别在 2019 年、2018 年、2018 年以及 2016 年取得最大次产沙模数，而均在 2020 年取得最小次产沙模数。六道沟子流域 1＃ 和 2＃ 在 2012—2018 年间分别出现了 14 和 16 个完整旋回层，平均次产沙模数分别为 1 414.90 t/km² 和 3 572.37 t/km²；两个子流域的次产沙模数随时间的变化趋势是较为一致的，二者均在 2018 年 8 月 10 日取得最大次产沙模数（分别为 2 520.31 t/km² 和 5 991.15 t/km²）以及分别在 2014 年 7 月 28 日和 2017 年 7 月 25 日取得最小次产沙模数（分别为 913.71 t/km² 和 1 923.52 t/km²）。

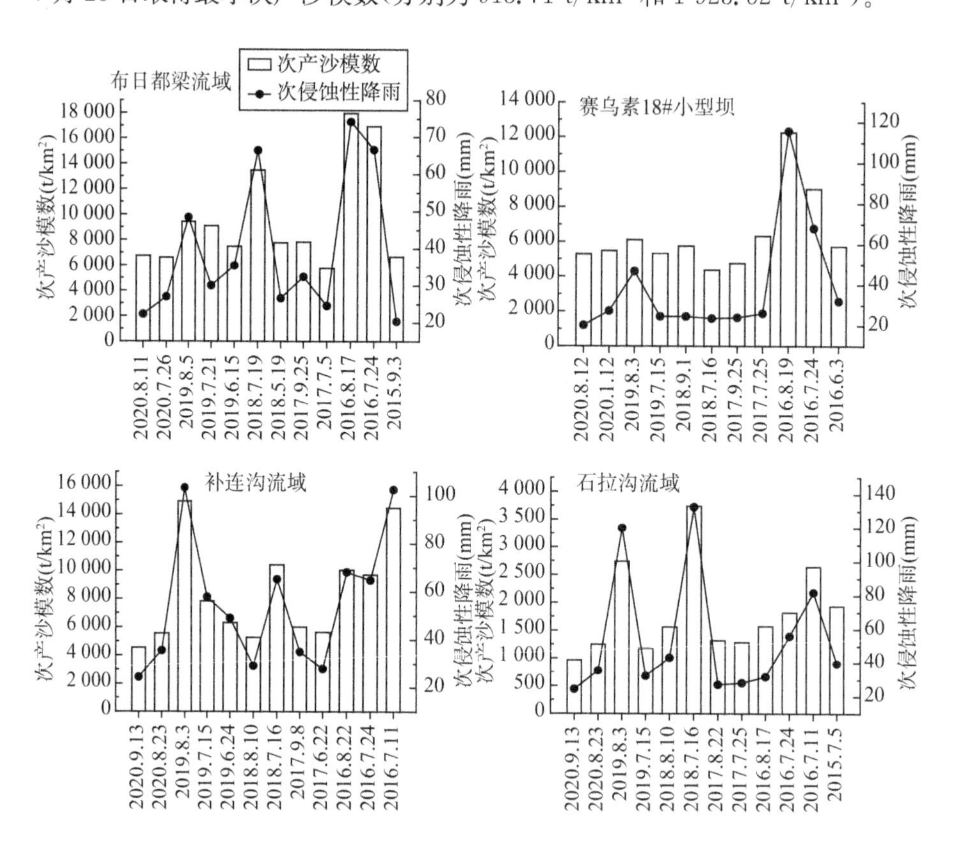

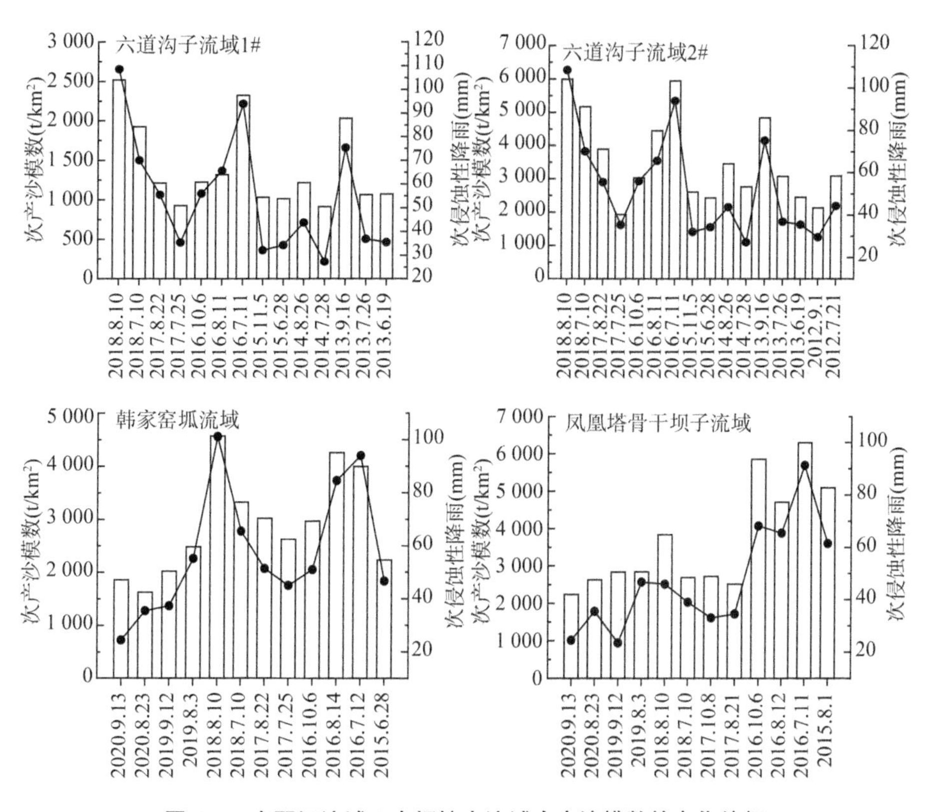

图 5.1 窟野河流域 8 个坝控小流域次产沙模数的变化特征

朱家川坝控小流域在次降雨事件下的次产沙模数变化特征如图 5.2 所示。细岭沟流域与柳树咀沟流域均在 2013—2018 年间经历了 15 次侵蚀产沙事件，平均产沙模数分别为 892.48 t/km^2 和 2 597.11 t/km^2；2 个子流域分别在 2018 年 7 月 16 日和 2013 年 9 月 16 日达到最大次产沙模数（分别为 1 719.16 t/km^2 和 4 406.73 t/km^2），对应次降雨量分别为 74.6 mm 和 66.4 mm；而在 2016 年 6 月 9 日和 2015 年 8 月 3 日达到最小次产沙模数（分别为 246.43 t/km^2 和 1 194.04 t/km^2），对应次降雨量分别为 16.6 mm 和 21.4 mm。华家沟流域、高家沟流域和后会沟流域则均在 2012—2018 年间经历了 17 次侵蚀产沙事件，平均产沙模数分别为 619.30 t/km^2、2 249.59 t/km^2 和 2 489.72 t/km^2；3 个子流域分别在 2018 年 7 月 16 日、2012 年 7 月 21 日和 2013 年 9 月 16 日达到最大次产沙模数（分别为 1 204.89 t/km^2、5 830.01 t/km^2 和 4 676.56 t/km^2），对应次降雨量分别为 67.8 mm、71.0 mm 和 89.0 mm；

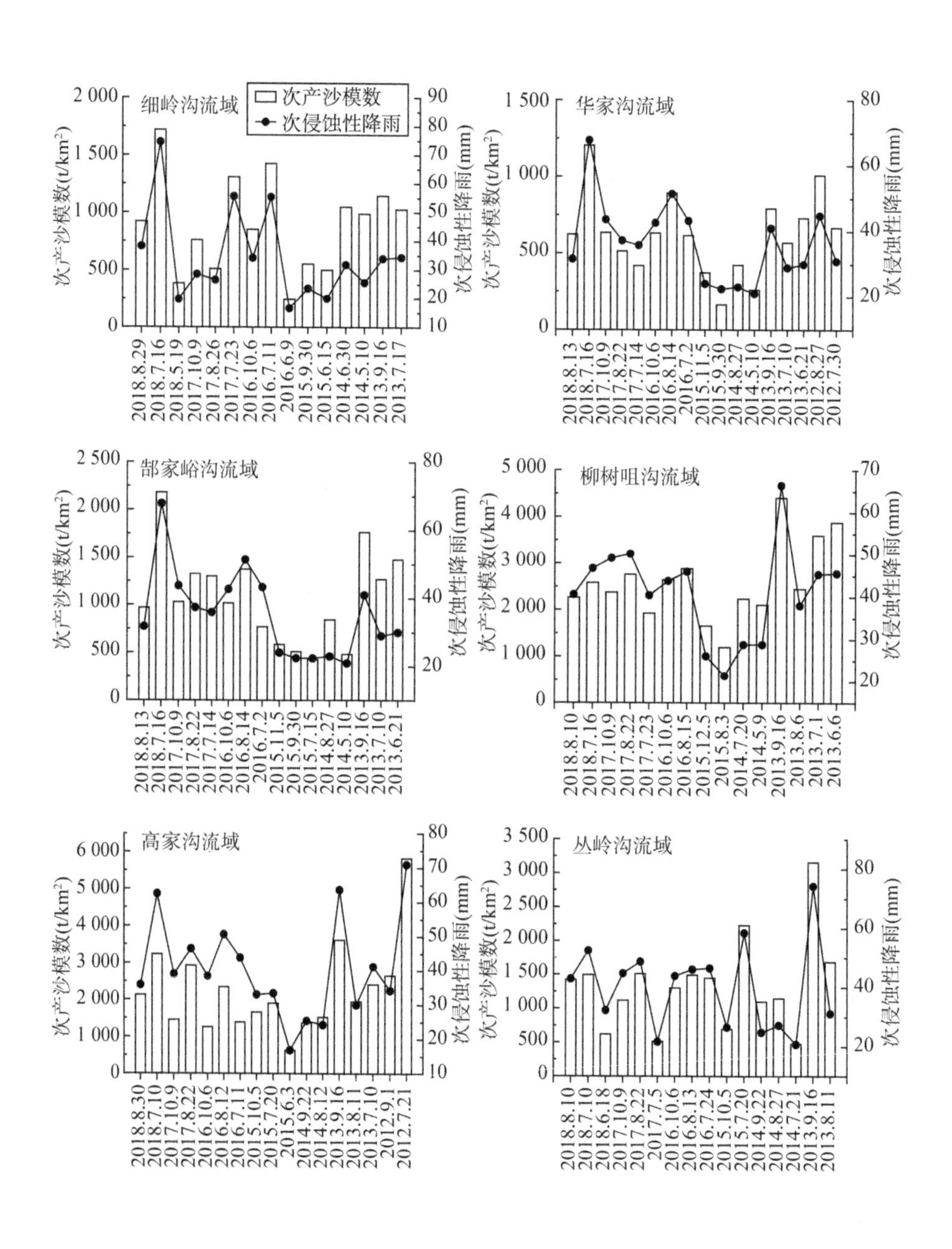
细岭沟流域
次产沙模数
次侵蚀性降雨
华家沟流域
郜家峪沟流域
柳树咀沟流域
高家沟流域
丛岭沟流域
次产沙模数(t/km²)
次侵蚀性降雨(mm)

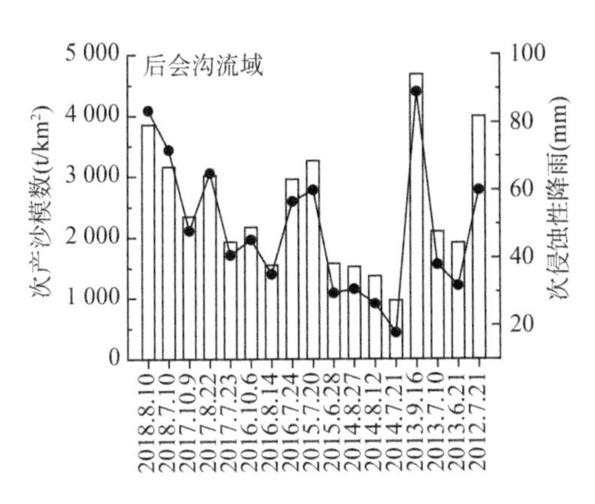

图 5.2　朱家川流域 7 个坝控小流域次产沙模数的变化特征

而在 2015 年 9 月 30 日、2015 年 6 月 3 日和 2014 年 7 月 21 日达到最小次产沙模数(分别为 164.21 t/km^2、624.67 t/km^2 和 967.56 t/km^2)，对应次降雨量分别为 22.4 mm、16.8 mm 和 17.8 mm。郜家峪沟流域和丛岭沟流域在 2013—2018 年间发生了 16 次侵蚀产沙事件，平均次产沙模数分别为 1 084.42 t/km^2 和 1 339.33 t/km^2；2 个子流域分别在 2018 年 7 月 16 日和 2013 年 9 月 16 日达到最大次产沙模数(分别为 2 180.16 t/km^2 和 3 161.78 t/km^2)，对应次降雨量分别为 67.8 mm 和 74.2 mm；而在 2015 年 7 月 15 日和 2014 年 7 月 21 日达到最小次产沙模数(分别为 428.06 t/km^2 和 479.40 t/km^2)，对应次降雨量分别为 22.4 mm 和 20.8 mm。

图 5.3 展示了延河 7 个坝控小流域次产沙模数与侵蚀性降雨的对应关系。安塞峁沟流域、阴阳沟流域、刘兴庄流域和铺子沟流域均在 2015—2020 年间经历了 13 次侵蚀产沙事件，平均次产沙模数分别为 3 340.99 t/km^2、1 854.01 t/km^2、4 597.76 t/km^2 和 3 722.24 t/km^2；4 个子流域的最大次产沙模数分别为 5 997.26 t/km^2、3 329.92 t/km^2、8 463.64 t/km^2 和 7 801.58 t/km^2，对应降雨量分别为 94.8 mm、116.5 mm、95.4 mm 和 155.6 mm；而最小次产沙模数分别为 1 971.52 t/km^2、973.95 t/km^2、2 152.90 t/km^2 和 2 210.31 t/km^2，对应降雨量分别为 23.8 mm、28.2 mm、20.4 mm 和 23.4 mm。窑子湾流域和管村骨干坝子流域则均在 2015—2020 年间经历了 14 次侵蚀产沙事件，平均次产沙模数分别为 774.02 t/km^2 和 1 211.33 t/km^2；2 个子流域分别在 2020 年

8 月 5 日和 2016 年 7 月 18 日达到最大次产沙模数(分别为 1 219.09t/km² 和 2 757.17 t/km²),对应次降雨量分别为 112.2 mm 和 118.8 mm;而在 2015 年 7 月 16 日和 2019 年 6 月 4 日达到最小次产沙模数(分别为 442.80 t/km² 和 665.20 t/km²),对应次降雨量分别为 24.8 mm 和 22.2 mm。窑则沟流域在相同时期内发生了 12 次侵蚀产沙事件,平均次产沙模数为 2 013.58 t/km²;该子流域分别在 2016 年 7 月 18 日和 2015 年 10 月 6 日达到最大次产沙模数和最小次产沙模数(分别为 4 005.05 t/km² 和 1 289.49 t/km²),对应降雨量分别为 137.8 mm 和 30.4 mm。

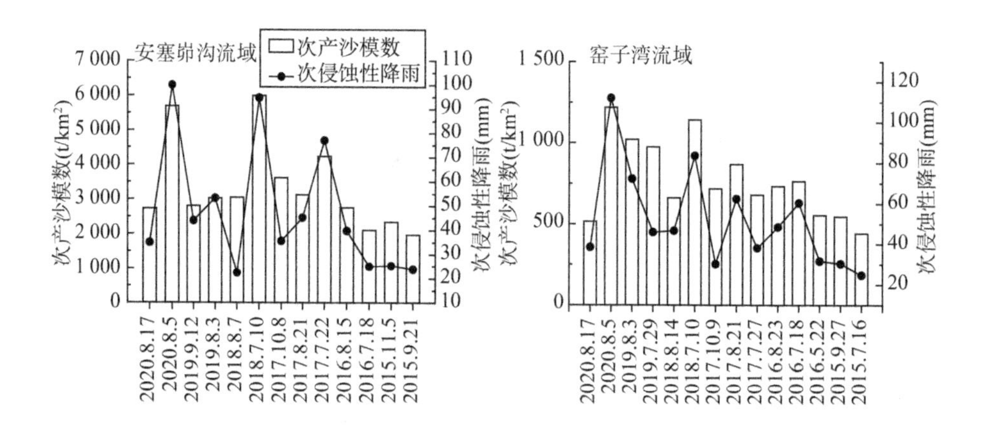

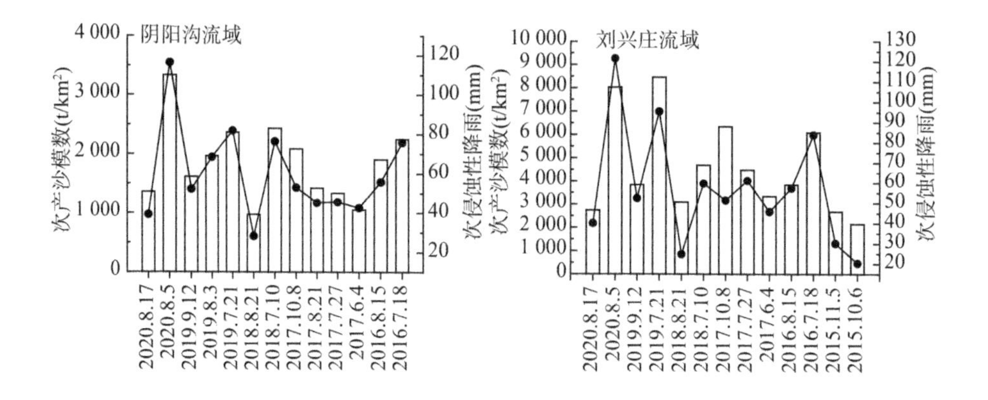

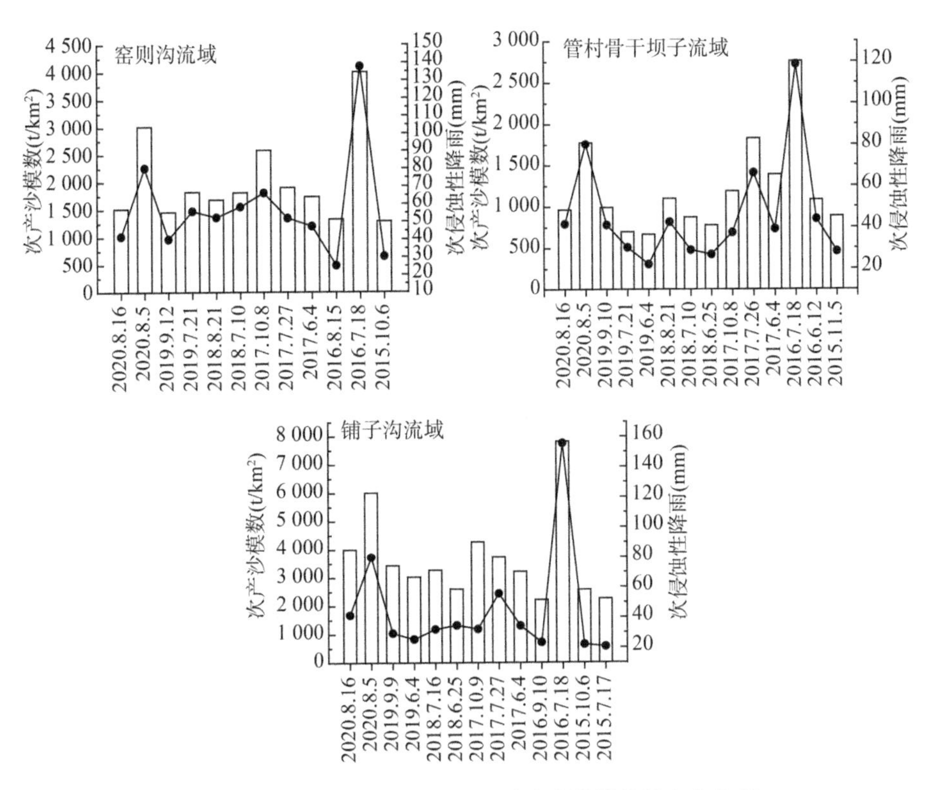

图 5.3　延河流域 7 个坝控小流域次产沙模数的变化特征

图 5.4 展示了昕水河 6 个坝控小流域次产沙模数与侵蚀性降雨的对应关系。堡子沟流域和枣家河流域由于均接近蒲县气象站，两流域的次产沙模数变化趋势较为一致，在 2012—2019 年间分别经历了 18 次和 16 次侵蚀产沙事件，平均产沙模数分别为 1 852.88 t/km² 和 2 980.69 t/km²；2 个子流域均在 2019 年、2017 年和 2016 年获得 3 个最大次产沙模数，对应次降雨量分别为 75.5 mm、64.3 mm 和 77.0 mm；在 2015 年 10 月 24 日达到最小次产沙模数（分别为 1 317.77 t/km² 和 1 565.29 t/km²），对应次降雨量均为 15.7 mm。古绛流域在 2013 年 7 月 12 日至 2019 年 9 月 10 日期间经历了 15 次侵蚀产沙事件，平均产沙模数为 2 657.52 t/km²；该子流域分别在 2017 年 7 月 27 日、2016 年 7 月 18 日和 2013 年 7 月 12 日达到 3 次最大次产沙模数（分别为 5 156.50 t/km²、4 463.67 t/km² 和 5 324.19 t/km²），对应次降雨量分别为 60.0 mm、80.4 mm 和 83.8 mm；而在 2017 年 5 月 22 日达到最小次产沙

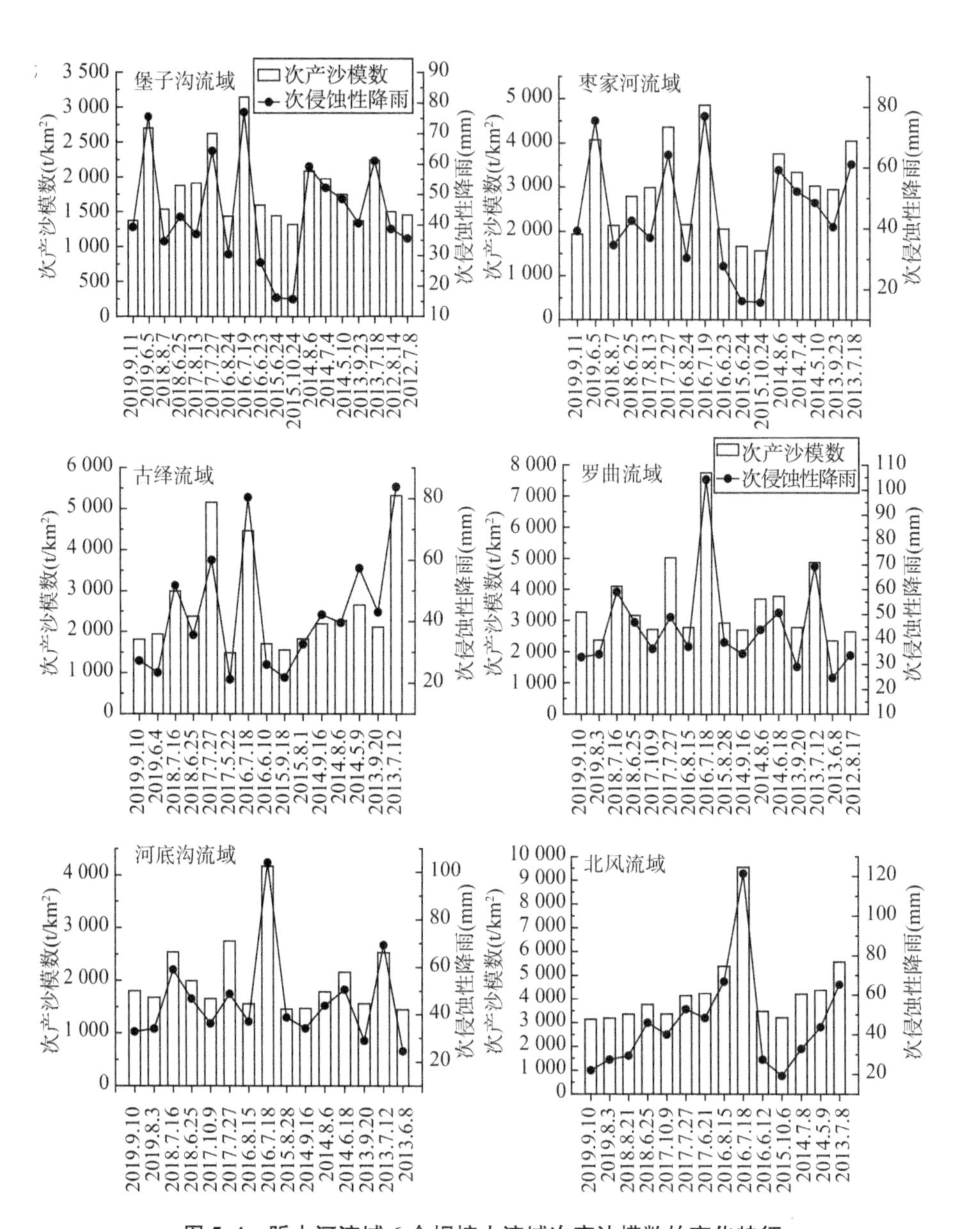

图 5.4 昕水河流域 6 个坝控小流域次产沙模数的变化特征

(1 484.47 t/km^2),对应次降雨量为 21.2 mm。罗曲流域、河底沟流域和北风流域在相同时期内分别发生了 16 次、15 次和 14 次侵蚀产沙事件,平均次产沙模数分别为 3 557.42 t/km^2、2 036.33 t/km^2 和 4 355.03 t/km^2;3 个子流域均在 2016 年 7 月 18 日达到最大次产沙模数(分别为 7 748.91 t/km^2、

4 168.76 t/km^2 和 9 546.87 t/km^2)，对应次降雨量分别为 104.2 mm、104.2 mm 和 121.4 mm。

5.1.2 坝控小流域年产沙模数变化特性

图 5.5 至图 5.6 所示为 4 个典型流域内坝控小流域年产沙模数的时空变化特征。通过比较不同年份窟野河 8 个坝控小流域的产沙模数发现，各小流域在 2016 年的产沙模数最大，并且布日都梁流域和补连沟流域均在 2019 年出现较大的产沙模数(图 5.5)；但随着年份的变化，年产沙模数并无明显规律。结合窟野河坝控小流域年产沙模数的沿程分布情况(图 5.6)，从上游至下游，存在较为明显的波动递减趋势；此外布日都梁流域和补连沟流域年产沙模数在年际内的变异性最大。比较朱家川 7 个坝控小流域年产沙模数随年份的变化特征可知，所选子流域基本上均在 2013 年出现最大年产沙模数，随后在 2014 至 2015 年达到最低点后开始稳步上升，整体表现为随时间的推移呈现先减小后增大的变化趋势；此外，7 个子流域年产沙模数从上游至下游有增大的趋势，但幅度不大，各子流域年产沙模数在年际内的波动均较为稳定。延河的安塞峁沟流域、刘兴庄流域和铺子沟流域的年产沙模数波动幅度最大，其余子流域年产沙模数均在 2017 年期间较大，其余年份较为平缓；同时从延河的上游至下游，7 个子流域的年均产沙模数表现出"W"形分布，其中安塞峁沟流域、刘兴庄流域和铺子沟流域的年产沙模数要明显大于其他 4 个子流域。昕水河 6 个坝控小流域的年产沙模数随年份变化表现出较为一致的变化趋势，整体表现为"M"形分布；其中北风流域年产沙模数在 2016 年明显大于其他子流域，所有子流域均在 2015 年出现最小产沙模数；从昕水河上游至下游的沿程分布特征可知，各子流域的年均产沙模数表现出轻微上升趋势，北风流域的年产沙模数在年际内波动性最大。

综合 4 个典型流域年产沙模数的变化特征可知(图 5.7)，窟野河、朱家川、延河和昕水河流域的年均产沙模数分别为 10 415.86 t/km^2、4 001.80 t/km^2、5 984.95 t/km^2 和 6 279.37 t/km^2，其中窟野河流域的年产沙模数变化幅度最大。对 4 个流域进行两两对比分析发现，窟野河的年产沙模数最大，显著大于其他三个流域；延河流域和昕水河流域的年产沙模数差异并不显著，但二者均显著大于朱家川流域的年产沙模数。

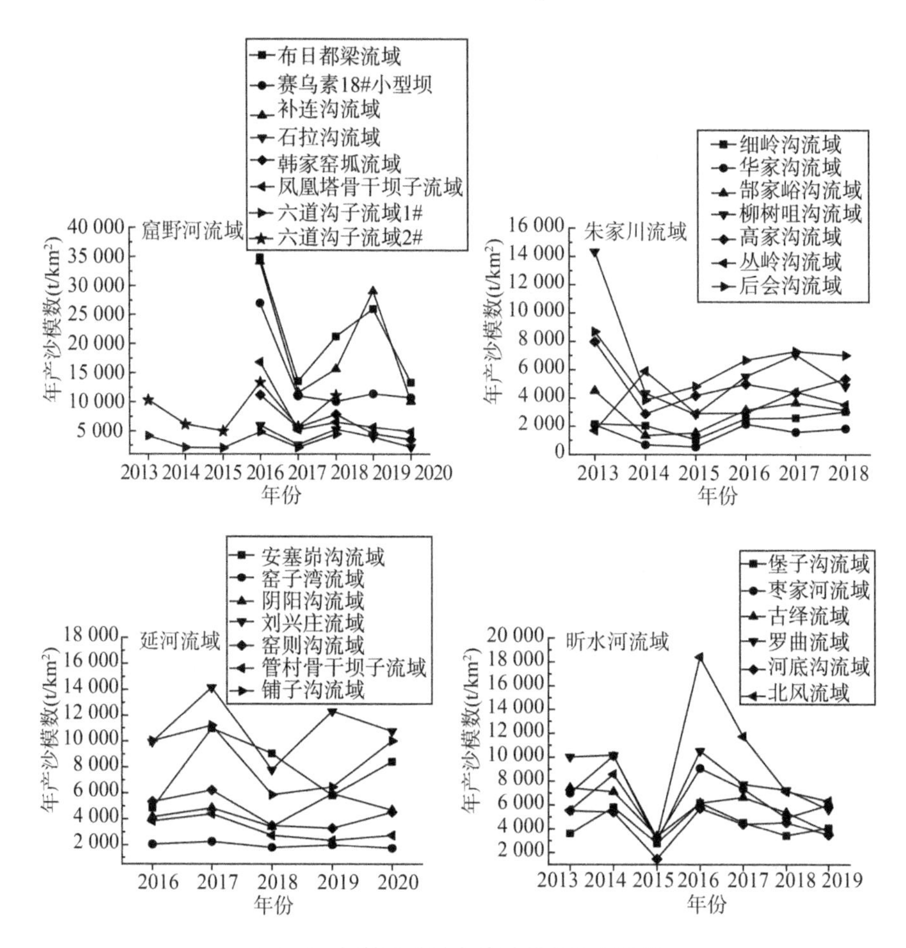

图 5.5　坝控小流域年产沙模数变化特征

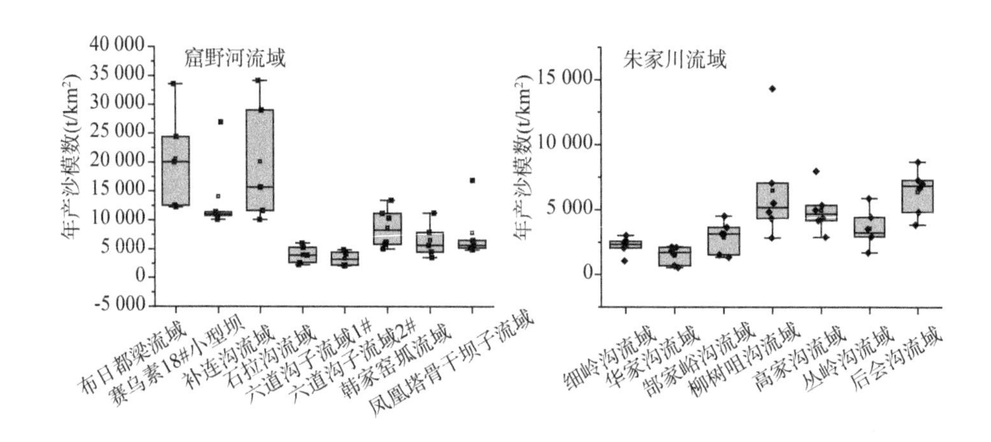

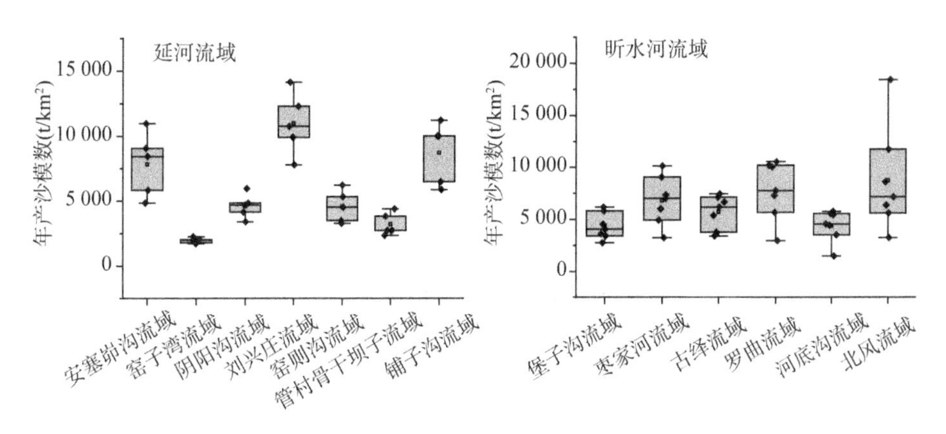

图 5.6　坝控小流域年产沙模数沿程分布特征(均从上游至下游分布)

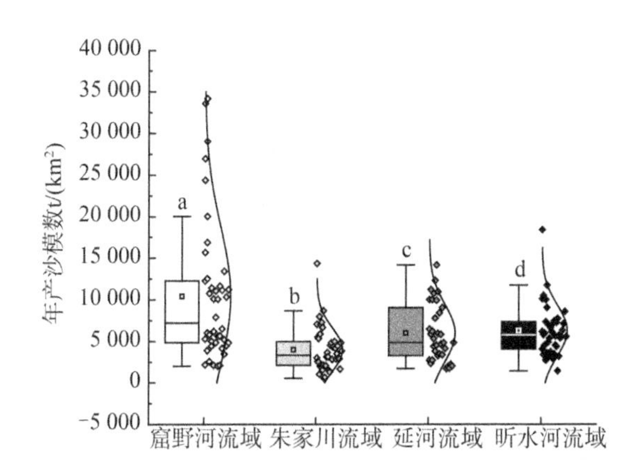

图 5.7　典型流域年产沙模数变化特征

5.1.3　产沙模数对侵蚀环境因子的响应

通过统计 4 个典型流域不同坝控小流域年产沙模数与年侵蚀性降雨数据,分析年产沙模数对侵蚀性降雨的响应。根据图 5.8 所展示的结果,随着年侵蚀性降雨量的增加,年产沙模数呈现不断增大趋势。年产沙模数与年侵蚀性降雨量在朱家川和昕水河流域存在极显著的相关性($P<0.01$),相关系数 R^2 均大于 0.5;而二者在窟野河和延河流域的相关性较差。此外,随着年侵蚀性降雨量的增大,年产沙模数的变化幅度也越大。这表明侵蚀性降雨量越大,坝控流域之间的差异将对流域年产沙模数产生更大的影响。对比不同流

域拟合方程的斜率可以发现，同等降雨量的增加，年产沙模数的增幅并不一致，这表明流域的年产沙模数大小并不完全受侵蚀性降雨量的控制，它还同时受到流域土壤可蚀性、坡度、坡长、水保措施和植被状况等因素的影响。

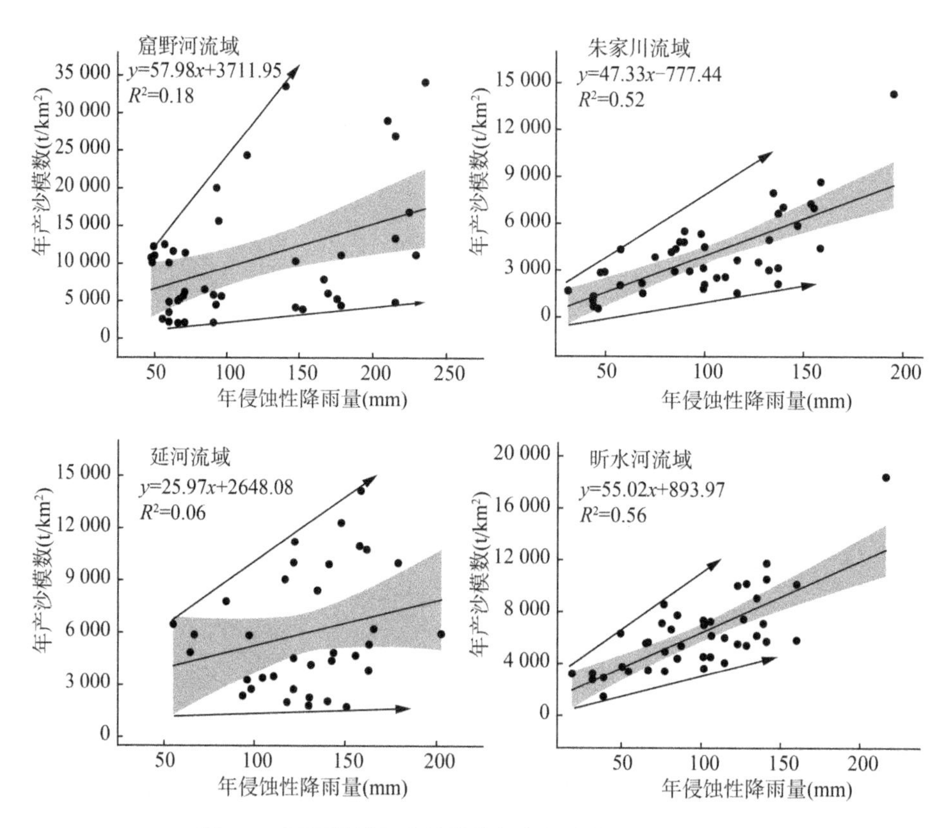

图 5.8　不同流域年产沙模数与年侵蚀性降雨量的关系

通过对 4 个典型流域中的子流域特性进行描述性统计发现(表 5.1)，延河和昕水河流域的平均土壤可蚀性因子(K-usle)要大于窟野河和朱家川流域的平均土壤可蚀性因子，但相较于延河和昕水河流域，朱家川和窟野河流域的土壤可蚀性因子在空间上的变异性更大，呈现中等变异。延河流域的平均植被指数(VEG)最大，其次是朱家川流域，昕水河流域的平均植被指数最小，并且各个子流域的植被指数均呈弱变异性。结合野外实地调查情况以及第四章提取各典型流域的 NDVI 数据，南部两流域(昕水河和延河流域)的植被状况要优于北部两流域(窟野河和朱家川流域)。昕水河和延河流域的平均坡度分别为 37.06°和 37.01°，要明显大于窟野河和朱家川流域的平均坡度；窟野河和昕水河子流域的坡度呈现中等变异，而延河和朱家川子流域的坡度变异性较小。地表粗糙度与坡度的变化趋势是一致的，南部流域（延河和昕水河流域）的地表粗糙度要大于北部流域（窟野河和朱家川流域），且延河子流域的地表粗糙度要稍大于昕水河流域。朱家川流域的子流域面积是最大的，平均面积达到 0.52 km^2，其次是延河子流域。整体而言，南部流域的植被状况优于北部流域，而南部流域的坡度和地表粗糙度要大于北部流域。为了进一步确定这些因素对坝控流域产沙模数的影响，将这些因素与年均产沙模数进行相关分析（表 5.2）发现，年均产沙模数与土壤可蚀性因子（K-usle）、植被指数（VEG）、高程、坡度和地表粗糙度的关系并不显著，而流域面积与年均产沙模数存在显著的负相关。

表 5.1 典型流域中所选坝控小流域环境因素的描述性统计

流域	子流域特性	平均值	标准差	变异系数(%)	最大值	最小值
窟野河	K-usle	0.036	0.01	27.33	0.051	0.011
	VEG	1.03	0.02	1.67	1.06	1.01
	高程(m)	1 127.27	165.02	14.64	1 352.00	890.26
	坡度(°)	27.37	3.88	14.16	34.58	23.49
	地表粗糙度	1.31	0.16	11.94	1.62	1.20
	面积(km^2)	0.14	0.19	138.72	0.51	0.01
朱家川	K-usle	0.031	0.01	32.08	0.063	0.018
	VEG	1.10	0.04	3.37	1.15	1.06
	高程(m)	1 295.02	196.43	15.17	1 505.25	906.46
	坡度(°)	27.99	2.40	8.56	32.26	24.63
	地表粗糙度	1.36	0.12	9.19	1.60	1.23
	面积(km^2)	0.52	0.25	48.00	1.03	0.29
延河	K-usle	0.051	0.004	8.28	0.057	0.037
	VEG	1.27	0.11	8.69	1.40	1.10
	高程(m)	1 158.89	131.95	11.39	1 333.27	1 007.01
	坡度(°)	37.01	2.73	7.39	38.83	31.20
	地表粗糙度	1.89	0.20	10.71	2.31	1.71
	面积(km^2)	0.27	0.18	65.83	0.51	0.06

续表

流域	子流域特性	平均值	标准差	变异系数(%)	最大值	最小值
昕水河	K-usle	0.052	0.005	9.26	0.057	0.033
	VEG	1.01	0.02	2.19	1.05	0.99
	高程(m)	943.47	174.61	18.51	1 188.99	711.41
	坡度(°)	37.06	4.33	11.68	41.59	28.92
	地表粗糙度	1.79	0.18	10.34	2.00	1.50
	面积(km^2)	0.13	0.21	91.43	0.35	0.03

注:K-usle、VEG、高程、坡度和地表粗糙度均为整个坝控小流域的均值。

表 5.2　年均产沙模数与环境因子的相关关系

	K-usle	VEG	高程	坡度	地表粗糙度	流域面积
年均产沙模数	0.107	−0.241	−0.338	0.035	−0.031	−0.561 *

注:* 表示显著性水平 $p<0.05$。

5.2　典型小流域侵蚀泥沙溯源分析

5.2.1　典型坝控小流域泥沙来源

受自然和人为影响,坝控流域内土地利用方式在不同的位置与地形处有一定差异。在侵蚀性降雨冲刷下,流域内不同区域的土壤遭受降雨径流冲刷进入坝地,被淤地坝全部拦蓄后沉积,因此坝地沉积泥沙是流域内不同区域泥沙的综合体[1-3],也是研究侵蚀泥沙来源的天然载体,其中保留着能够表征其来源的信息。运用数学模型定量地分析泥沙来源,对小流域水土保持综合治理有着非常重要的指导意义。本节通过分析窟野河流域中六道沟子流域1#和2#小流域的潜在泥沙来源地与坝地淤积剖面样品的指纹因子(图5.9),运用复合指纹识别技术与多元混合模型分析潜在泥沙来源地对坝地泥沙的相对贡献率。

1. 复合指纹识别技术计算方法

利用复合指纹识别分析法定量求解泥沙来源地贡献率有三个基本步骤[4]:

(1) 利用无参数 Kruskal-Wallis H-test 检验方法筛选出适用于流域泥沙

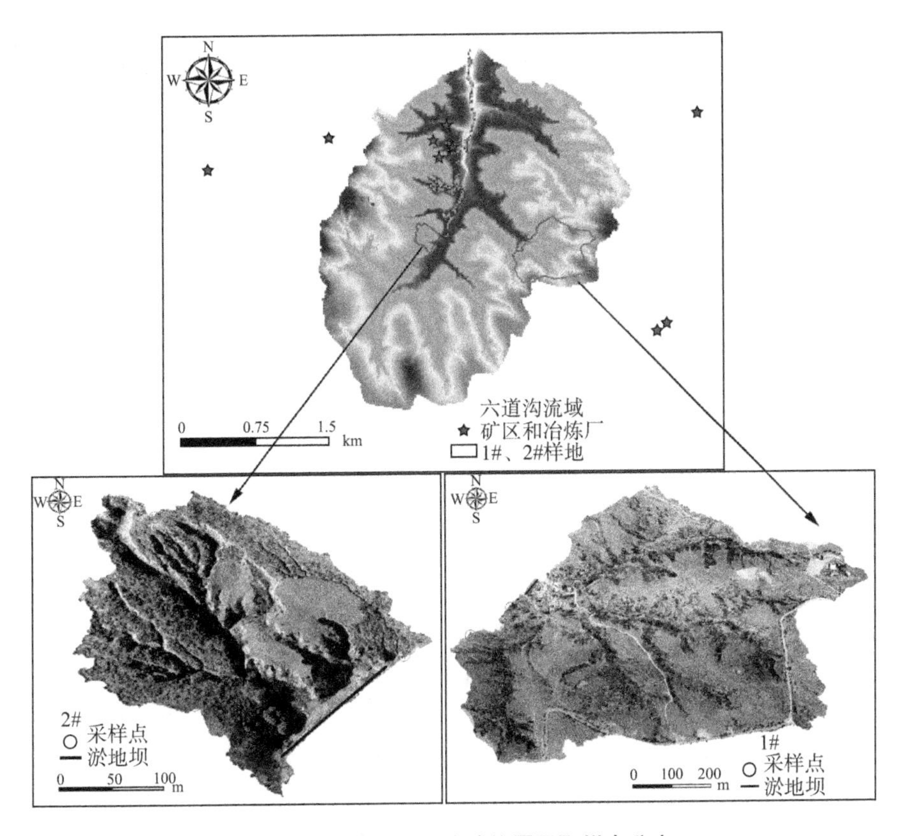

图 5.9　六道沟两小流域位置及取样点分布

溯源的指纹因子。

（2）利用逐步判别分析筛选出流域最佳指纹因子组合。

（3）利用多元混合模型及最小二乘法规划求解不同泥沙来源地的相对贡献率，公式如下：

$$R_{es}=\sum_{i=1}^{n}\left\{\left[C_i-\left(\sum_{s=1}^{m}P_sS_{si}\right)\right]/C_i\right\}2 \tag{5-1}$$

式中：R_{es}—实际指纹因子与预测值的最小误差平方和；

C_i—坝地沉积泥沙旋回样品中指纹因子 i 的浓度；

P_s—泥沙来源地 S 的泥沙贡献百分比；

S_{si}—泥沙来源地 S 样品中指纹因子 i 的平均浓度；

m—泥沙来源地的数量；

n—指纹因子的数量。

使用公式(6-1)计算时有两个限制条件:①所有泥沙来源地贡献率非负;②所有泥沙来源地贡献率总和为1。

根据上文计算主剖面不同旋回层的淤积量加权计算研究年限间各泥沙来源的平均贡献百分比,公式如下:

$$P_{sw}=\sum_{s=1}^{n}P_{sx}\left(\frac{L_x}{L_t}\right) \tag{5-2}$$

式中:P_{sw}—校正后泥沙来源地S的泥沙贡献率;

P_{sx}—坝地沉积泥沙旋回X中来源地S的泥沙贡献率;

L_x—坝地泥沙沉积旋回X的泥沙淤积量(t);

L_t—研究年限间淤积泥沙总量(t)。

模型计算结果检验采用拟合优度检测的方法[5],公式如下:

$$\mathrm{GOF}=1-\left\{\frac{1}{n}\times\left[\sum_{i=1}^{n}\left|C_i-\sum_{j=1}^{m}(S_{si}P_s)\right|\right]/C_i\right\} \tag{5-3}$$

只有当拟合优度大于0.8时,其结果精度方可接受。

5.2.2 复合指纹因子的筛选与最佳指纹因子组合

本研究中指纹因子包括对土壤样品进行测试的所有理化性质,包括土壤质地(砂粒、粉粒、黏粒百分含量)、特征粒径(D_{10}、D_{30}、D_{50}、D_{60}、体积平均粒径D[4,3]、面积平均粒径D[3,2]、长度平均粒径D[2,1]、颗粒级配(不均匀系数CU、曲率系数CC)、有机质含量、元素含量(Ca、Cu、Fe、K、Mg、Mn、Na、Zn)和放射性同位素比活度(^{137}Cs、^{210}Pbex、^{226}Ra、^{210}Po)。应用复合指纹识别方法研究泥沙来源要求各泥沙来源地指纹因子在不同泥沙来源地间存在较强的差异性,所以采用无参数Kruskal-Wallis H-test检验方法展示指纹因子在各泥沙来源地间的差异性,能有效降低计算难度,筛选出指纹因子进行下一步计算。

表5.3和表5.4是对小流域1、小流域2三种泥沙来源地进行无参数Kruskal-Wallis H-test检验的结果,小流域1与小流域2该统计检验均服从自由度为2的卡方分布,三种泥沙来源地指纹因子差异较大,其中小流域1有

9个指标(有机质含量、Cu、K、Mg、Mn、Na、Zn、^{210}Pbex－比活度、^{210}Po－比活度)展现了极显著差异($P\leqslant0.01$),而泥沙质地有关的指标在不同泥沙来源间差异不明显,表明来源地泥沙质地方面指标对淤地坝坝地泥沙来源反演能力较弱,小流域2泥沙来源地指纹因子检验结果与小流域1相同。

表5.3　Kruskal-Wallis H-test 检验小流域1潜在泥沙来源地指纹因子

识别因子	卡方	自由度	P 值	识别因子	卡方	自由度	P 值
黏粒(%)	0.297	2.000	0.862	Ca(g/kg)	0.806	2.000	0.668
粉粒(%)	0.111	2.000	0.946	Cu(g/kg)	23.313	2.000	0.000**
沙粒(%)	0.171	2.000	0.918	Fe(g/kg)	0.060	2.000	0.970
D_{10}(μm)	0.277	2.000	0.870	K(g/kg)	24.637	2.000	0.000**
D_{30}(μm)	0.498	2.000	0.780	Mg(g/kg)	24.897	2.000	0.000**
D_{50}(μm)	0.556	2.000	0.757	Mn(g/kg)	24.897	2.000	0.000**
D_{60}(μm)	0.740	2.000	0.691	Na(g/kg)	23.586	2.000	0.000**
不均匀系数CU	0.700	2.000	0.705	Zn(g/kg)	19.967	2.000	0.000**
曲率系数CC	1.259	2.000	0.533	^{137}Cs－比活度(Bq/kg)	0.002	2.000	0.999
体积平均粒径D[4,3]	1.127	2.000	0.569	^{210}Pbex－比活度(Bq/kg)	24.897	2.000	0.000**
面积平均粒径D[3,2]	0.335	2.000	0.846	^{226}Ra－比活度(Bq/kg)	0.037	2.000	0.965
长度平均粒径D[2,1]	0.619	2.000	0.734	^{210}Po－比活度(Bq/kg)	24.637	2.000	0.000**
有机质含量(g/kg)	24.897	2.000	0.000**				

注:$p\leqslant0.05$ 时呈显著性(*);$p\leqslant0.01$ 时呈极显著性(**)。

表5.4　Kruskal-Wallis H-test 检验小流域2潜在泥沙来源地指纹因子

识别因子	卡方	自由度	P 值	识别因子	卡方	自由度	P 值
黏粒(%)	1.937	2.000	0.380	Ca(g/kg)	1.742	2.000	0.419
粉粒(%)	1.644	2.000	0.440	Cu(g/kg)	22.988	2.000	0.000**
沙粒(%)	0.117	2.000	0.532	Fe(g/kg)	0.705	2.000	0.703
D_{10}(μm)	0.906	2.000	0.636	K(g/kg)	25.806	2.000	0.000**
D_{30}(μm)	0.452	2.000	0.798	Mg(g/kg)	23.791	2.000	0.000**
D_{50}(μm)	0.289	2.000	0.865	Mn(g/kg)	22.578	2.000	0.000**

续表

识别因子	卡方	自由度	P 值	识别因子	卡方	自由度	P 值
D_{60}(μm)	0.343	2.000	0.842	Na(g/kg)	19.543	2.000	0.000**
不均匀系数 CU	2.372	2.000	0.305	Zn(g/kg)	22.926	2.000	0.000**
曲率系数 CC	2.991	2.000	0.224	^{137}Cs-比活度(Bq/kg)	0.571	2.000	0.752
体积平均粒径 D[4,3]	0.320	2.000	0.852	^{210}Pbex-比活度(Bq/kg)	24.080	2.000	0.000**
面积平均粒径 D[3,2]	1.308	2.000	0.520	^{226}Ra-比活度(Bq/kg)	0.101	2.000	0.951
长度平均粒径 D[2,1]	1.985	2.000	0.371	^{210}Pbt-比活度(Bq/kg)	24.815	2.000	0.000**
有机质含量(g/kg)	23.693	2.000	0.000**				

注：$p \leqslant 0.05$ 时呈显著性(*)；$p \leqslant 0.01$ 时呈极显著性(**)。

总的来说，非参数 Kruskal Wallis H-test 检验筛选出的指标在三种泥沙来源地中呈现出了相对合理的识别能力，但由于识别因子对于泥沙来源地样品的代表性不一，因此采用逐步判别方法，将泥沙来源地按照利用类型分成裸地、林地、草地三类，将上一步筛选出的 9 个指纹因子作为变量逐步引入 Bayes 判别函数进行 Wilks 统计量检验，进行“有进有出”的指纹因子组合筛选，满足检验的指纹因子保留，不满足的指纹因子予以剔除。在每步判别时输入最小化整体 Wilk 的 Lambda 变量，直至容差及 F 不能满足进行下一步计算为止。

小流域 1 逐步分析的结果如表 5.5 所示，经过 7 步判别分析后，筛选出的最佳指纹因子包含 5 个指纹因子，分别是 Cu、K、有机质含量、Mg 和 Na；小流域 2 逐步分析的结果如表 5.6 所示，经过 3 步判别分析后，筛选出的最佳指纹因子包含 3 个指纹因子，分别是^{210}Pbex-比活度、有机质含量和 Zn。表 5.7、表 5.8 显示了小流域 1、小流域 2 逐步分析筛选的最优指纹因子组合每个指标精度较好，既包含了聚类指标多又包含了聚类指标少的主成分，还保留了各来源地泥沙的主要属性，基本能够代表泥沙来源地类型的特征。总而言之，小流域 1 与小流域 2 的最优指纹因子均能有效代表流域内不同来源泥沙的性质，从而保证淤地坝坝地沉积泥沙溯源的准确性。

表 5.5　小流域 1 逐步分析统计检验结果

步骤		分析中的变量		
		容差	要移除的 F	Wilks' Lambda (λ)
1	^{210}Pbex-比活度(Bq/kg)	1.000	63.643	
2	^{210}Pbex-比活度(Bq/kg)	0.999	55.304	0.252
	Cu(g/kg)	0.999	33.201	0.170
3	^{210}Pbex-比活度(Bq/kg)	0.994	15.504	0.047
	Cu(g/kg)	0.823	39.856	0.088
	K(g/kg)	0.819	15.200	0.046
4	^{210}Pbex-比活度(Bq/kg)	0.991	6.398	0.018
	Cu(g/kg)	0.823	24.529	0.036
	K(g/kg)	0.789	15.479	0.027
	有机质含量(g/kg)	0.952	8.752	0.020
5	^{210}Pbex-比活度(Bq/kg)	0.865	0.299	0.006
	Cu(g/kg)	0.823	22.554	0.017
	K(g/kg)	0.671	18.096	0.015
	有机质含量(g/kg)	0.594	19.081	0.015
	Mg(g/kg)	0.546	11.950	.0012
6	Cu(g/kg)	0.823	24.349	0.018
	K(g/kg)	0.676	22.992	0.017
	有机质含量(g/kg)	0.637	29.872	0.021
	Mg(g/kg)	0.625	24.852	0.018
7	Cu(g/kg)	0.817	12.374	0.008
	K(g/kg)	0.662	20.196	0.011
	有机质含量(g/kg)	0.623	22.906	0.012
	Mg(g/kg)	0.622	23.953	0.012
	Na(g/kg)	0.966	5.095	0.006

表 5.6　小流域 2 逐步分析统计检验结果

步骤		分析中的变量		
		容差	要移除的 F	Wilks' Lambda (λ)
1	^{210}Pbex-比活度(Bq/kg)	1.000	61.390	
2	^{210}Pbex-比活度(Bq/kg)	0.999	55.757	0.247
	有机质含量(g/kg)	0.999	37.150	0.180
3	^{210}Pbex-比活度(Bq/kg)	0.884	5.108	0.041
	有机质含量(g/kg)	0.860	43.252	0.129
	Zn(g/kg)	0.768	7.676	0.047

表 5.7　小流域 1 最佳组合因子筛选结果

步骤	输入的或删除的变量									
	输入	移除	Wilks' Lambda (λ)							
			统计资料	df1	df2	df3	精确 F			
							统计资料	df1	df2	Sig.
1	^{210}Pbex-比活度		0.170	1	2	26.000	63.643	2	26.000	0.000
2	Cu		0.046	2	2	26.000	45.534	4	50.000	0.000
3	K		0.020	3	2	26.000	47.919	6	48.000	0.000
4	有机质含量		0.012	4	2	26.000	47.586	8	46.000	0.000
5	Mg		0.006	5	2	26.000	54.552	10	44.000	0.000
6		^{210}Pbex-比活度	0.006	6	2	26.000	70.262	12	46.000	0.000
7	Na		0.004	5	2	26.000	65.959	10	44.000	0.000

表 5.8　小流域 2 最佳组合因子筛选结果

步骤	输入的或删除的变量								
	输入	Wilks' Lambda (λ)							
		统计资料	df1	df2	df3	精确 F			
						统计资料	df1	df2	Sig.
1	^{210}Pbex-比活度	0.180	1	2	27.000	61.390	2	27.000	0.000

续表

步骤	输入的或删除的变量								
	输入	Wilks' Lambda (λ)							
		统计资料	df1	df2	df3	精确 *F*			
						统计资料	df1	df2	Sig.
2	有机质含量	0.047	2	2	27.000	47.138	4	52.000	0.000
3	Zn	0.029	3	2	27.000	40.643	6	50.000	0.000

在SPSS逐步判别分析中，采用分析得到的最佳指纹因子组合对裸地、林地和草地来源地泥沙样本进行初始分类。其中小流域1分三类共29个样本，包括裸地9个、林地10个和草地10个；小流域2分三类共30个样本，包括裸地10个、林地10个和草地10个。由表5.9和表5.10可知，分别利用相应的最佳指纹因子组合对小流域1与小流域2的样本进行预测分类，并与初始分类相比较，结果表明小流域1最佳因子组合对泥沙来源整体识别正确率为93.1%，其中对裸地的预测正确率为100%，但是流域内林地均为低矮灌木，少有成片的树木覆盖，且与草地界线不明，导致草地与林地的识别正确率均为90%；小流域2整体识别正确率为96.7%，裸地与林地区分明显，识别正确率均为100%，草地的识别正确率为90%。两流域的整体识别正确率均高于其他研究中的识别正确率，因此本书采用最佳指纹因子组合复合计算不同来源泥沙贡献率。

表5.9　小流域1复合指纹因子辨别结果

来源		预测组成员信息			总计
		裸地	林地	草地	
计数	裸地	9	0	0	9
	林地	0	9	1	10
	草地	0	1	9	10
百分比(%)	裸地	100.0	0.0	0.0	100.0
	林地	10.0	90.0	0.0	100.0
	草地	0.0	10.0	90.0	100.0

表 5.10　小流域 2 复合指纹因子辨别结果

来源		预测组成员信息			总计
		裸地	林地	草地	
计数	裸地	10	0	0	10
	林地	0	10	0	10
	草地	0	1	9	10
百分比(%)	裸地	100.0	0.0	0.0	100.0
	林地	0.0	100.0	0.0	100.0
	草地	0.0	10.0	90.0	100.0

5.2.3　源地来沙对坝地泥沙淤积的贡献

利用上节筛选出的最佳指纹因子组合与多元混合模型公式(5-1)，运用 EXCEL 中的加载宏规划求解模块，使用最小二乘法计算最小误差平方和 R_{es}，同时输出不同泥沙源地相对贡献率 P_s，根据不同旋回层泥沙贡献率的计算结果，绘出各泥沙源地对采样层泥沙贡献率的变化曲线，结果如图 5.10 所示。

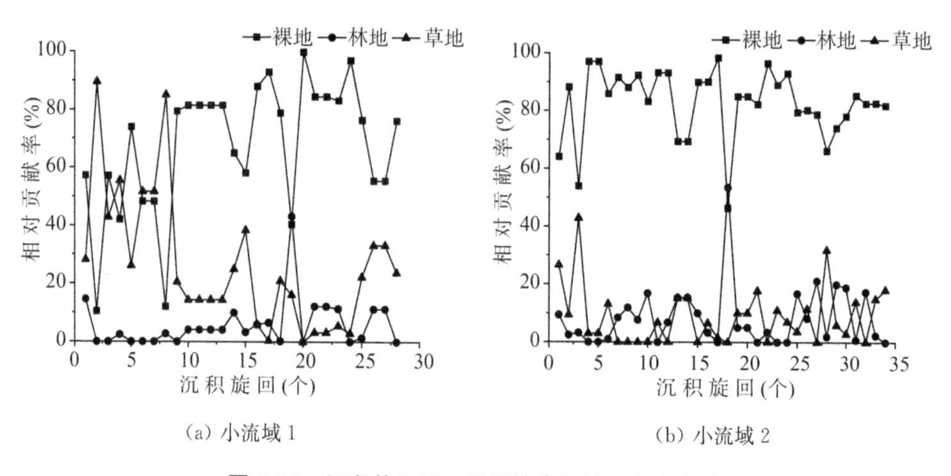

(a) 小流域 1　　(b) 小流域 2

图 5.10　沉积旋回层不同泥沙来源地贡献率变化

从图 5.10(a)可以看出，小流域 1 裸地、林地和草地对沉积旋回层的相对贡献率差异明显，且沿剖面深度变化幅度较大。其中，研究年限前期主要产沙来源为裸地，其相对贡献率基本维持在 80%左右，在个别沉积旋回泥沙贡献率可以达到 100%，草地相对贡献率处在较低水平，后期裸地贡献率波动下降，草地贡献率上升，而林地则一直处于相对贡献率较低的水平。从时间来看，流域前期沟道切沟较深，侵蚀基准面较低，裸露的沟坡易发生侵蚀、滑塌等，并且流域植被覆盖率不高，导致裸地产沙贡献率大；后期坝地淤高抬高侵蚀的基准面，降低了侵蚀强度，2018 年小流域 1 草地面积占比达 65.5%，草地面积的增加导致草地相对贡献率上升，裸地相对贡献率下降。

小流域 2 不同泥沙源地对沉积旋回层相对贡献率结果如图 5.10(b)所示，三种泥沙源地裸地、林地、草地贡献率沿剖面变化幅度不大，研究年限内主要泥沙来源地为裸地，其相对贡献率绝大部分都超过了 80%，林地与草地相对贡献率较小，基本在 10%左右波动。从流域尺度上看，小流域 2 流域面积小，裸地多为陡峭的沟坡并且面积占比较大，林地与草地多分布于较为平坦的沟间地上，因此裸地相对贡献率较高。

根据小流域 1 与小流域 2 个旋回层淤积量的计算结果与时间对应关系，结合各泥沙源地对旋回层相对贡献率的计算结果，计算出每个旋回层各泥沙源地贡献的产沙量。小流域 1 各泥沙源地对旋回层产沙量的贡献如图 5.11 所示，裸地产沙量在大部分产沙事件中占主导地位，草地产沙量与次降雨量关系密切，随次降雨量增加草地产沙量呈上升趋势，经相关性分析可知草地产沙量与次降雨量呈极显著相关($P \leqslant 0.01$)，尤其在几次极端暴雨事件中草地产沙量显著增加。小流域 2 个泥沙源地对旋回层产沙量贡献如

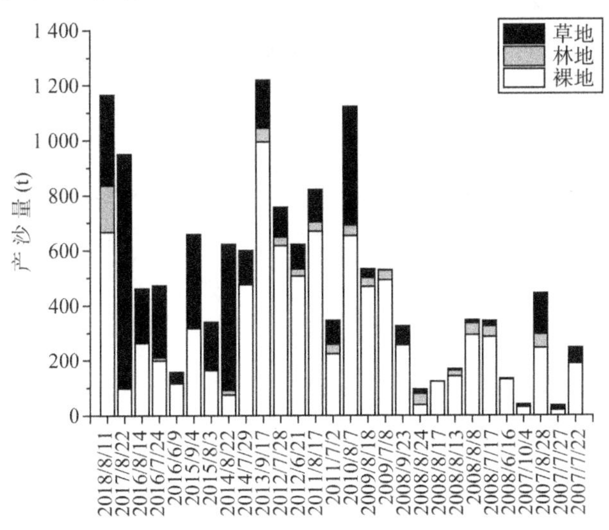

图 5.11　小流域 1 旋回层来自各泥沙源地的侵蚀产沙量

图 5.12 所示，裸地在产沙事件中贡献了大部分的泥沙，且产沙量与降雨量呈极显著相关关系（$P \leqslant 0.01$），林地产沙量也与降雨量呈极显著相关关系但产沙量较小，草地产沙量也较少并且变化没有明显的规律性。

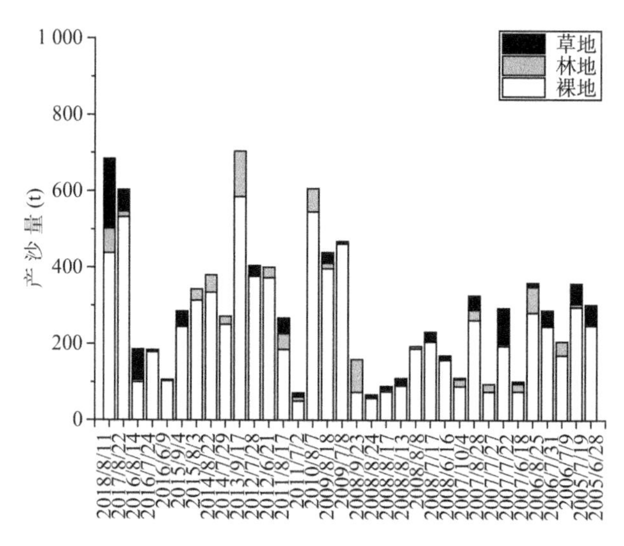

图 5.12　小流域 2 旋回层来自各泥沙源地的侵蚀产沙量

根据上述计算结果，运用加权平均公式(5-2)计算各泥沙源地对剖面泥沙整体贡献率。其中，小流域 1 裸地贡献率为 64.1%，林地为 4.9%，草地为 31.0%；小流域 2 裸地贡献率为 83.7%，林地为 7.7%，草地为 8.6%，与前文分析的结果接近。两流域的土地利用类型与土壤类型间的差异可能是导致源地贡献率不同的原因。

本研究中小流域 1 与小流域 2 的 GOF 分别为 0.87 和 0.89，均大于 0.8，说明本研究中复合指纹识别技术计算结果可信，准确性达标。

5.3　结论

本章节以河龙区间 4 个典型流域的 28 个坝控小流域为研究对象，探讨了坝控小流域次、年产沙模数的时空变化特性，分析了小流域侵蚀产沙模数对侵蚀环境演变的响应；通过对六道沟 1＃和 2＃小流域的潜在泥沙来源地进行复合指纹识别，明确不同泥沙来源地对坝地产沙旋回的相对贡献率。

(1) 坝控小流域的产沙模数在4个典型流域内呈现显著的时空异质性。窟野河、朱家川、延河和昕水河流域的年均产沙模数分别为10 415.86 t/km^2、4 001.80 t/km^2、5 984.95 t/km^2和6 279.37 t/km^2，其中窟野河流域的年产沙模数变化幅度最大，其值要显著大于其他三个流域。延河流域和昕水河流域的年产沙模数差异并不显著，但二者均显著大于朱家川流域的年产沙模数。此外，随着年侵蚀性降雨量的增大，流域年产沙模数及年产沙模数的变化幅度均呈现不断递增的趋势。但流域的产沙模数大小并不完全受侵蚀性降雨量的控制，还受到流域土壤可蚀性、坡度、坡长、水保措施和植被状况等因素的影响。

(2) 对两流域三种不同泥沙源地26种指纹因子进行无参数Kruskal-Wallis H-test检验方法筛选出中具有显著差异的指标作为复合指纹因子，利用逐步判别分析得到最佳指纹因子组合，结果显示小流域1最佳指纹因子组合是Cu、K、有机质含量、Mg、Na；小流域2最佳指纹因子组合是^{210}Pbex-比活度、有机质含量、Zn，对泥沙源地初始分组判别正确率分别为93.1%与96.7%。运用多元混合模型及最小二乘法计算不同泥沙来源的相对贡献率，结果表明在小流域1裸地整体贡献率为64.1%，林地为4.9%，草地为31.0%，裸地贡献率前期保持较高水平，后期波动降低，草地贡献率后期增加；小流域2裸地整体贡献率为83.7%，林地为7.7%，草地为8.6%，裸地贡献率水平较高，波动范围不大。

参考文献

[1] 陈方鑫. 利用生物标志物和复合指纹分析法识别小流域泥沙来源[D]. 武汉：华中农业大学，2017.

[2] 薛凯. 利用坝地沉积旋回研究黄土高原小流域泥沙来源演变规律[D]. 杨凌：中国科学院大学研究生院(教育部水土保持与生态环境研究中心)，2011.

[3] STEVENS C，QUINTON J N. Investigating source areas of eroded sediments transported in concentrated overland flow using rare earth element tracers[J]. Catena，2009，74(1)：31-36.

[4] WALLING D E, OWENS P N, LEEKS G J L. Fingerprinting suspended sediment sources in the catchment of the River Ouse, Yorkshire, UK [J]. Hydrological Processes, 1999, 13(7): 955-975.

[5] MOTHA J A, WALLBRINK P J, Hairsine P B, et al. Determining the sources of suspended sediment in a forested catchment in south-eastern Australia [J]. Water Resources Research, 2003, 39(3):1056.

第六章

流域泥沙连通性及其水文过程响应

本章选择黄河中游河龙区间的30个小流域作为研究对象，分析流域下垫面特征，并结合地理空间数据云、GEE等遥感数据平台，分析黄河中游河龙区间的植被覆盖情况，明确泥沙结构连通性的时空变化对流域下垫面的响应，获取流域水沙汇集的潜在路径；根据对流域出口观测水文资料的分析，明确水沙关系，并阐明水沙关系对泥沙连通性变化的响应规律，揭示水沙关系形成机理。通过研究30个流域的水文事件滞后特征，从定性的角度阐明泥沙源分布，通过与泥沙连通性相结合，进一步探明泥沙输移机制；明确流域各个景观变量以及水文事件下的流量对产沙量的影响，能够为景观布局调整、流域水土保持措施配置和调水调沙提供理论基础和科学依据。

6.1　泥沙连通性时空分布及其水文过程响应

6.1.1　水文事件分类结果

表6.1展示了30个流域水文事件中径流深度(H, mm)、峰值流量(Q_{max}, m^3/s)和径流历时(T, min)的平均值。这3个径流相关变量的差异很大，其中平均径流深度最大的流域是沙圪堵流域(4.0 mm)，最小的流域是偏关流域(0.5 mm)；与之对应平均峰值流量最大的流域是沙圪堵流域(491.2 m^3/s)，最小的流域是吉县流域(6.4 m^3/s)；平均径流历时最长的流域为绥德流域(4 765 min)，最短的流域为岢岚流域(1 993 min)。地理位置、气候条件、地形

因素和植被截留等多种因素共同造成了这种差异性。

表 6.1　30 个流域水文事件中径流相关变量的平均值

编号	流域	径流深度(mm)	峰值流量(m^3/s)	径流历时(min)	编号	流域	径流深度(mm)	峰值流量(m^3/s)	径流历时(min)
1	挡阳桥	0.6	55.9	4 700	16	圪洞	3.3	55.0	3 338
2	清水河	0.6	26.7	2 012	17	林家坪	2.3	258.1	3 299
3	沙圪堵	4.0	491.2	4 186	18	曹坪	3.2	59.4	2 427
4	偏关	0.5	64.2	2 701	19	李家河	1.6	80.5	3 835
5	皇甫川	1.3	279.3	3 366	20	绥德	2.3	144.4	4 765
6	旧县	0.7	39.1	2 893	21	后大成	1.2	133.4	2 832
7	高石崖	1.1	233.8	2 105	22	青阳岔	2.5	75.8	3 857
8	桥头	0.7	94.5	3 110	23	白家川	0.6	191.9	3 894
9	岢岚	1.5	19.1	1 993	24	裴沟	1.3	102.7	2 914
10	温家川	1.0	170.8	2 940	25	子长	1.3	98.9	3 074
11	高家川	1.3	160.3	3 151	26	延川	1.3	119.3	3 423
12	申家湾	1.8	109.0	3 244	27	延安	1.1	88.1	4 330
13	韩家峁	0.6	320.8	3 404	28	甘谷驿	1.1	121.9	3 798
14	殿市	2.8	70.7	2 584	29	大宁	0.8	59.3	3 074
15	横山	1.6	44.7	3 558	30	吉县	0.6	6.4	2 736

径流深度(H, mm)、径流历时(T, min)和峰值流量(Q_{max}, m^3/s)常用于对水文事件进行聚类。926 个水文事件被分为三组,分别在 $P<0.01$ 水平上显著(表 6.2)。水文模式 A 是最常见的模式,包含 589 个事件,水文模式 B 包含 294 个事件,水文模式 C 包括 43 个水文事件。平均径流深度、峰值流量和径流历时按以下顺序增加:水文模式 A<水文模式 B<水文模式 C。水文模式 A 的特点是径流深度最小(0.9 mm),峰值流量最低(84.8 m^3/s)并且径流历时最短(2 396 min);水文模式 B 的特点是径流深度中等(1.8 mm)、峰值流量中等(142.9 m^3/s)和径流历时中等(5 100 min);水文模式 C 的特点是径流深度最高(8.7 mm)、峰值流量最高(587.2 m^3/s)并且径流历时最长(5 634 min)。

表 6.2　不同水文模式的主要统计特征

水文模式	变量	统计描述			
		频率	平均值	标准差	变异系数
A	径流深度(mm)	589	0.9	1.3	0.69
	峰值流量(m^3/s)		84.8	121.0	0.70
	径流历时(min)		2 369	1 003	2.36
B	径流深度(mm)	294	1.8	1.8	0.99
	峰值流量(m^3/s)		142.9	238.0	0.60
	径流历时(min)		5 100	1 086	4.70
C	径流深度(mm)	43	8.7	9.5	0.92
	峰值流量(m^3/s)		587.2	734.8	0.80
	径流历时(min)		5 634	1 563	3.60

6.1.2　河龙区间泥沙连通性指数的时空分布特征

黄河中游河龙区间 2006 年连通性指数(IC)的平均值为 6.725(标准差为 3.43),范围值从－9.81 到 16.17;2016 年 IC 的平均值为 5.381(标准差为 2.91),范围值从－9.81 到 16.17(图 6.1)。图 6.2 反映了 IC 值从 2006 年到

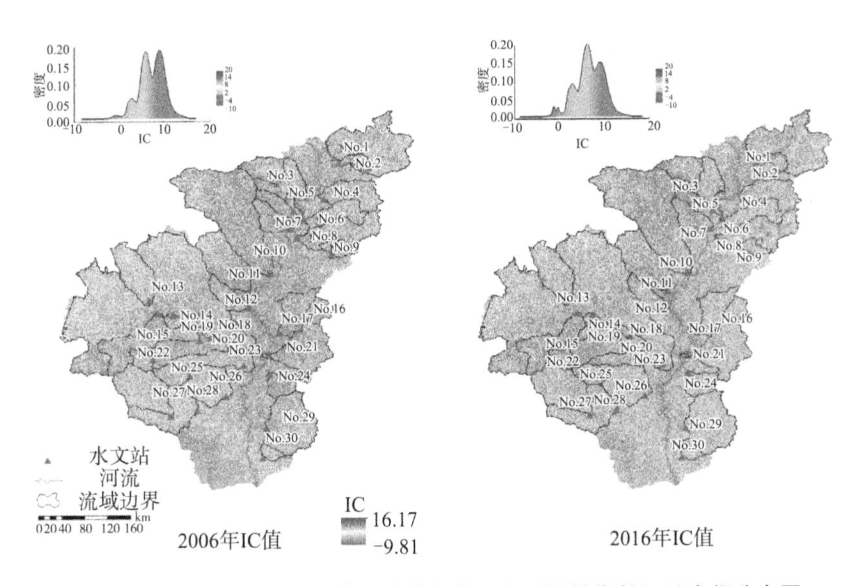

图 6.1　2006 年和 2016 年黄河中游河龙区间连通性指数(IC)空间分布图

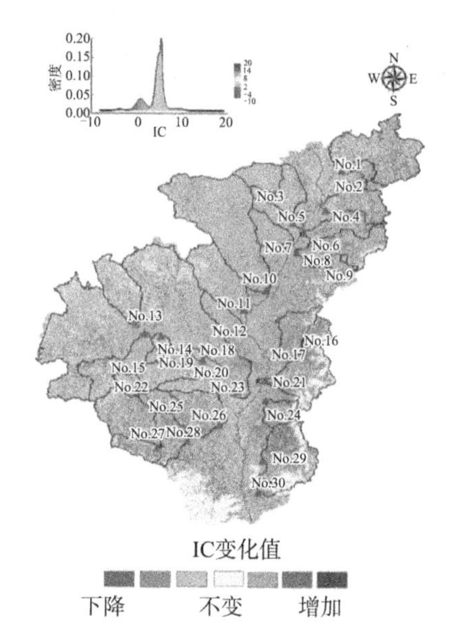

图 6.2　2006 年到 2016 年 IC 的变化值

2016 年的变化情况。从时间变化上看,大部分流域的大部分地区的 IC 值在这 10 年间减小,这可能与水土保持工程的实施和植被恢复情况有关。从空间分布上看,IC 值呈现出西北高和东南低的趋势。西北部和东北部流域的高 IC 与稀疏的植被和密集的沟壑有关,东南部流域的低 IC 与茂密的植被有关[1]。2006 年和 2016 年 IC 的频率密度曲线均呈现出具有 4 个峰值的偏态分布,右侧的 2 个峰值与河岸和西北地区的高 IC 值有关,左侧的 2 个峰值与东南地区的低 IC 值相关。

2016 年河龙区间归一化植被指数(NDVI)和坡度的空间分布见图 6.3。NDVI 和坡度的频率密度分布图表明,大部分地区的 NDVI 在 0.25～0.8,坡度在 0°～30°。坡度图显示,东南部地区地形陡峭,西部地区地形较为平坦。在研究时段内,研究区南部的大宁和吉县流域以及周围流域的 NDVI 值较高,西部位于干旱和半干旱地区的沙地、荒漠、裸岩地区的 NDVI 值较低,中部地区的 NDVI 值介于两者中间,造成这种现象的原因是东部和南部的气候条件较好,更加适宜植被生长,因此主要的植被类型为草丛、灌木丛以及针阔叶林,NDVI 值较高。在西北部地区,由于暖湿气流难以深入内陆,因此植被类型主要是高山稀疏植被、草原以及草甸,NDVI 值相对较低。

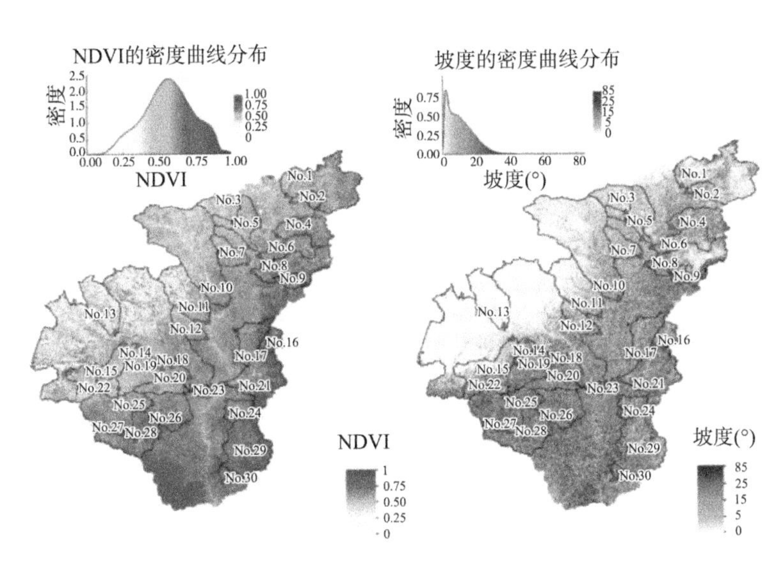

图 6.3 黄河中游河龙区间(CSHC)归一化植被指数(NDVI)和坡度的空间变化和频率密度曲线(2016 年)

6.1.3 河龙区间主要流域泥沙连通性指数的空间分布

表 6.3 显示了 30 个流域 IC 值的空间分布,其中 7 号高石崖流域的平均 IC 值最高(6.77),29 号大宁流域的平均 IC 值最低(3.28)。图 6.4 至图 6.6 显示了 30 个流域的 IC 值分布。在这 30 个流域中,大部分流域出口远离茂密森林覆盖的区域 IC 值较低,而靠近河边的山坡 IC 值较高。较高的 IC 值分布在离水文站较近的河道上,而较低的 IC 值则分布在远离河流的山坡上。这一现象和 IC 值的计算过程密切相关:IC 值的计算是由上坡部分 D_{up} 和下坡部分 D_{dn} 组成的,越靠近河道的区域,离河道的距离越近,输移到河道所需经过的距离越短,因此下坡部分 D_{dn} 也越小,与此同时,该点上方的流域面积也越大,上坡部分 D_{up} 也越大。

表 6.3 黄河中游河龙区间(CSHC)30 个流域连通性指数(IC)统计

编号	水文站	最小值	最大值	平均值	标准差	IC_{25}	IC_{50}	IC_{75}
1	挡阳桥	−9.21	15.61	5.28	3.07	3.35	5.34	7.54
2	清水河	−7.77	14.91	5.91	2.84	4.25	6.09	7.93
3	沙圪堵	−7.19	15.90	6.72	2.46	4.71	6.93	8.44

续表

编号	水文站	最小值	最大值	平均值	标准差	IC_{25}	IC_{50}	IC_{75}
4	偏关	−7.59	15.90	6.14	2.50	4.71	6.93	8.34
5	皇甫川	−7.44	15.35	5.61	2.76	4.01	5.68	7.66
6	旧县	−7.52	15.58	5.36	2.72	3.73	5.33	7.32
7	高石崖	−6.60	15.78	6.77	2.21	5.04	7.05	8.25
8	桥头	−9.30	16.05	4.97	3.11	3.95	5.86	7.97
9	岢岚	−7.19	14.86	4.81	2.83	2.67	4.89	6.83
10	温家川	−7.36	16.17	6.76	2.48	4.86	7.00	8.43
11	高家川	−7.77	16.13	6.27	2.58	4.53	6.16	8.09
12	申家湾	−7.70	15.72	5.88	5.58	4.11	5.71	7.81
13	韩家峁	−7.77	16.18	5.74	5.47	4.05	5.28	7.21
14	殿市	−4.77	15.37	6.73	2.31	4.70	6.98	8.36
15	横山	−9.81	16.07	6.12	2.99	4.30	6.33	8.26
16	圪洞	−7.29	14.89	3.51	3.51	1.62	2.98	5.11
17	林家坪	−9.22	15.29	4.92	2.72	2.79	4.95	6.82
18	曹坪	−6.24	14.77	5.87	2.41	3.98	5.71	7.64
19	李家河	−6.02	14.94	6.35	2.34	4.46	6.60	8.05
20	绥德	−7.29	15.82	6.53	2.39	4.66	6.88	8.18
21	后大成	−8.90	15.98	4.15	2.81	1.82	4.05	6.07
22	青阳岔	−6.19	15.82	6.61	2.46	4.66	6.88	8.38
23	白家川	−9.30	16.18	5.39	2.81	4.05	5.48	7.62
24	裴沟	−7.30	14.78	5.19	2.60	3.50	5.23	7.06
25	子长	−6.16	15.29	6.13	2.52	4.37	6.14	7.91
26	延川	−7.05	15.29	5.12	2.75	3.38	5.06	7.12
27	延安	−7.44	15.29	5.00	2.78	3.28	4.95	7.02
28	甘谷驿	−7.39	15.89	4.54	4.54	2.39	4.61	6.52
29	大宁	−7.59	14.73	3.28	3.28	1.45	2.99	5.01
30	吉县	−7.14	14.44	3.52	2.54	1.60	3.60	5.22
31	河龙区间	−9.81	16.18	5.38	2.91	3.54	5.27	7.52

注：IC_{25}，IC_{50}，IC_{75} 分别代表 25%，50%，75%的 IC 分布值。

为了进一步分析 30 个流域 IC 值空间分布的差异，在研究区从南到北选择了流域形态、控制面积、土地利用和土地覆盖（LULC）各不相同的 8 个流域，研究其 IC 值具体空间分布情况。皇甫川、温家川、高家川和林家坪流域高 IC 值占比更多，而后大成、白家川、大宁和吉县流域低 IC 值占比更多。在皇甫川流域靠近河边的平坦地区上观察到低 IC 值，而在草地和荒地覆盖的山坡上观察到高 IC 值；温家川的主要土地利用和土地覆盖以草地和农田为主，导致流域的 IC 值整体较高，然而，由于坡度平缓且远离出口，在温家川流域西部可以观察到低 IC 值的斑块；林家坪流域东部地区的 IC 值较低，对应高阔叶落叶林覆盖率，流域西部上坡地区为荒地和草地，IC 值较高；后大成流域东北部有大片森林覆盖，导致低 IC 值，然而，南部低坡地区以草地和裸露农田为主要土地利用类型，因此导致了较高的 IC 值分布；白家川流域西北部 IC 值较低，地势平坦，高 IC 值分布在流域南部的草地区域，中等 IC 值的交替斑块分布在出口附近有针叶林分布的丘陵区域；大宁流域以阔叶落叶林为特征，东部 IC 值较低，西部以果园、裸农田和草地为主，形成高 IC 值的斑块；吉县流域 IC 值整体相对较低，该流域的特点是森林茂密，坡度较低。

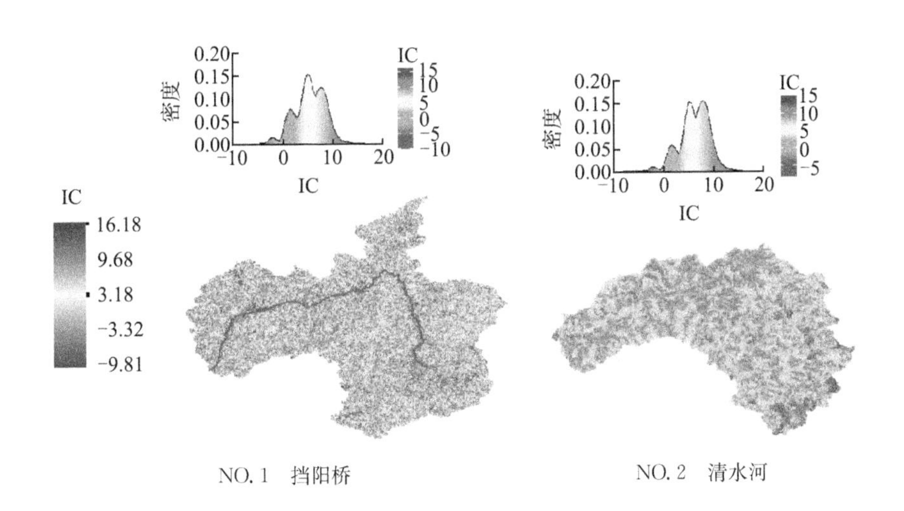

NO. 1　挡阳桥　　NO. 2　清水河

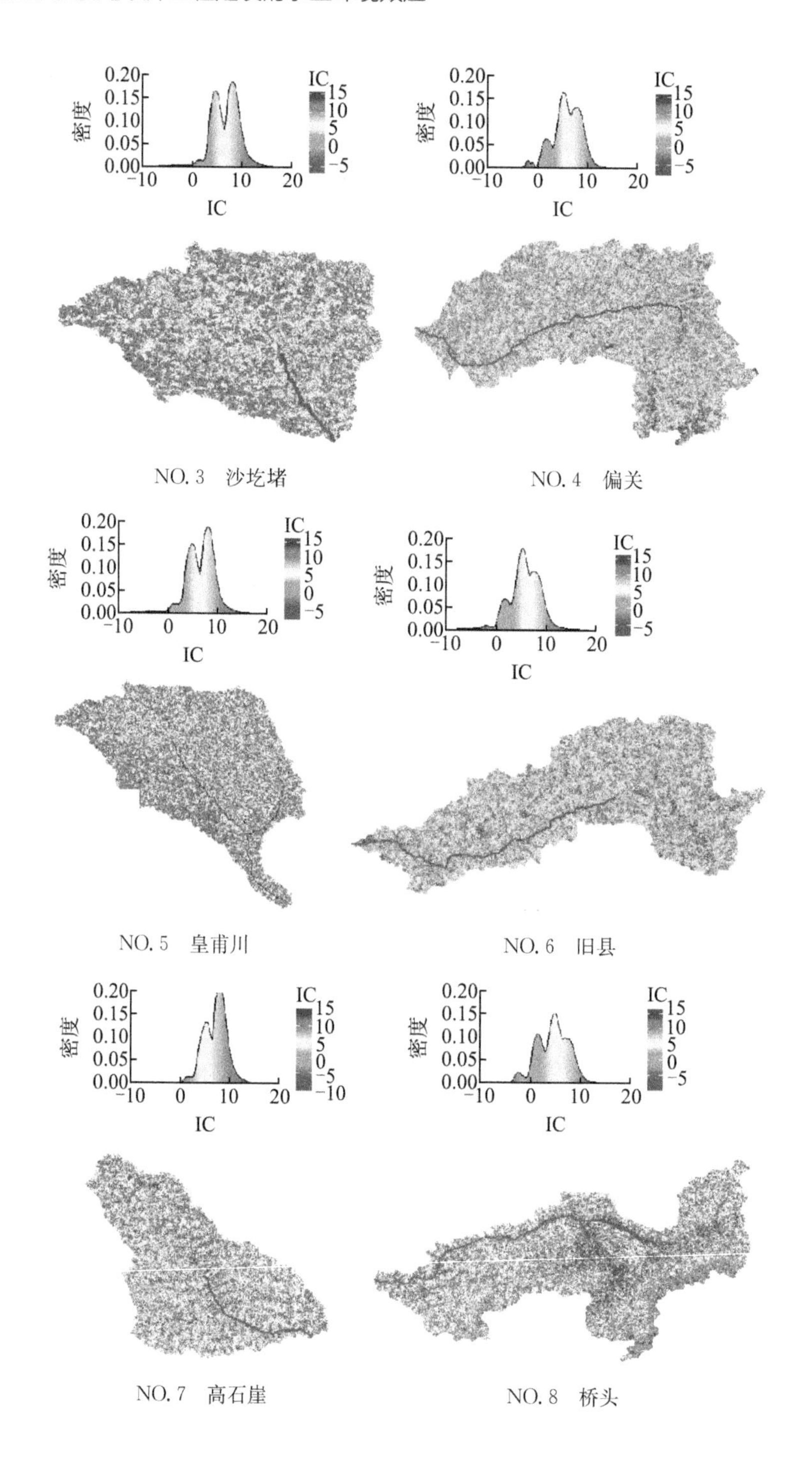
0.20
0.15
0.10
0.05
0.00
密度
−10
0
10
20
IC
15
10
5
0
−5
NO. 3 沙圪堵
NO. 4 偏关
NO. 5 皇甫川
NO. 6 旧县
NO. 7 高石崖
NO. 8 桥头

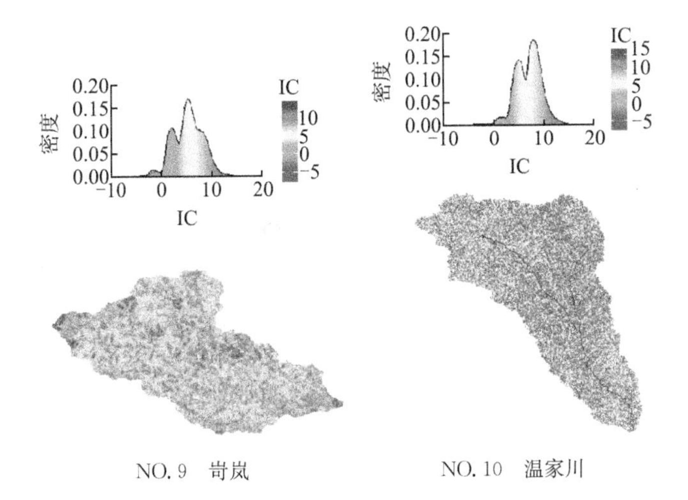

图 6.4　1—10 号流域的连通性指数(IC)的分布图和频数密度分布图

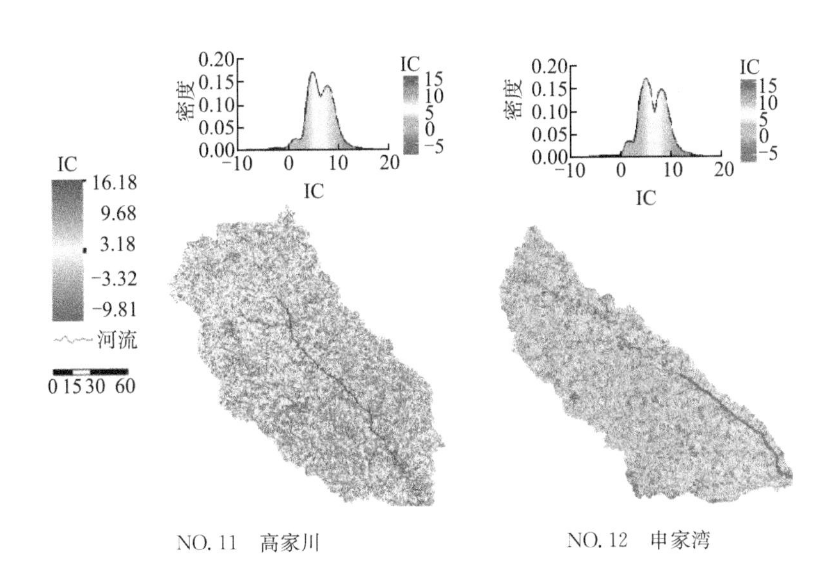

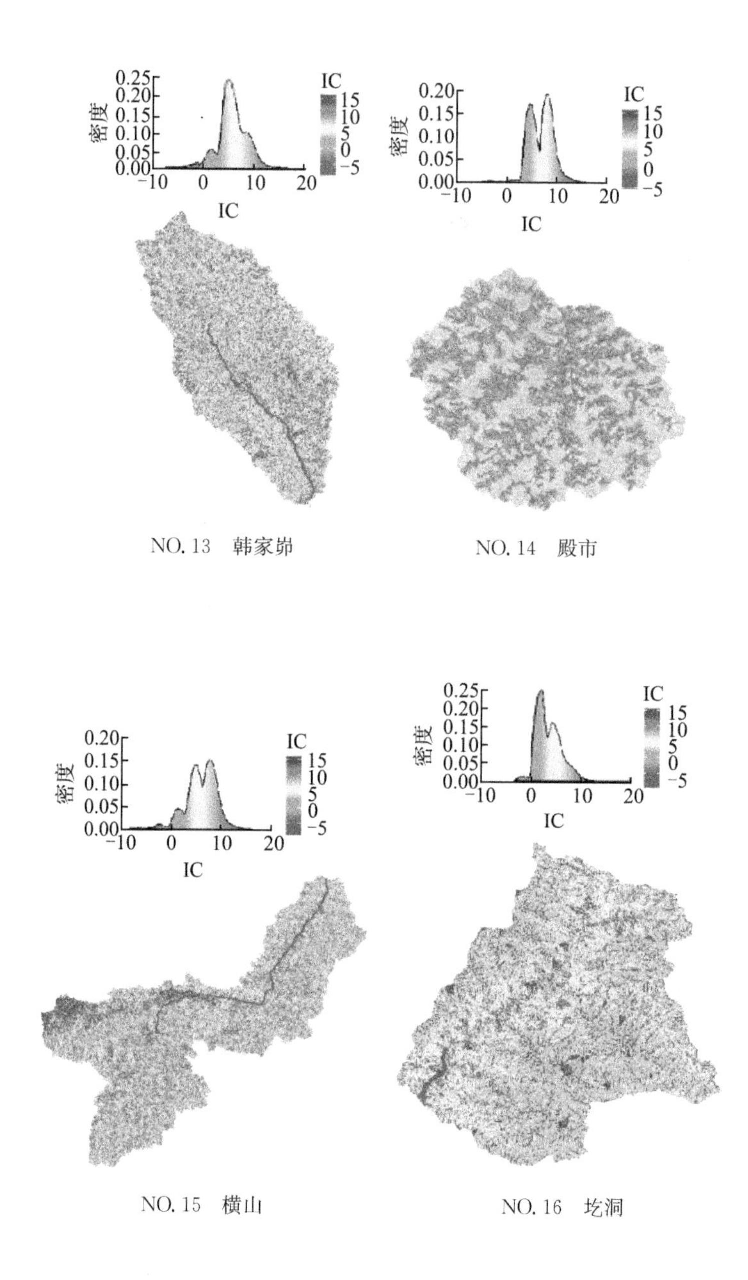

0.25
0.20
0.15
0.10
0.05
0.00
密度
−10
0
10
20
IC
IC
15
10
5
0
−5
NO. 13　韩家峁
0.20
0.15
0.10
0.05
0.00
密度
−10
0
10
20
IC
IC
15
10
5
0
−5
NO. 14　殿市
0.20
0.15
0.10
0.05
0.00
密度
−10
0
10
20
IC
IC
15
10
5
0
−5
NO. 15　横山
0.25
0.20
0.15
0.10
0.05
0.00
密度
−10
0
10
20
IC
IC
15
10
5
0
−5
NO. 16　圪洞

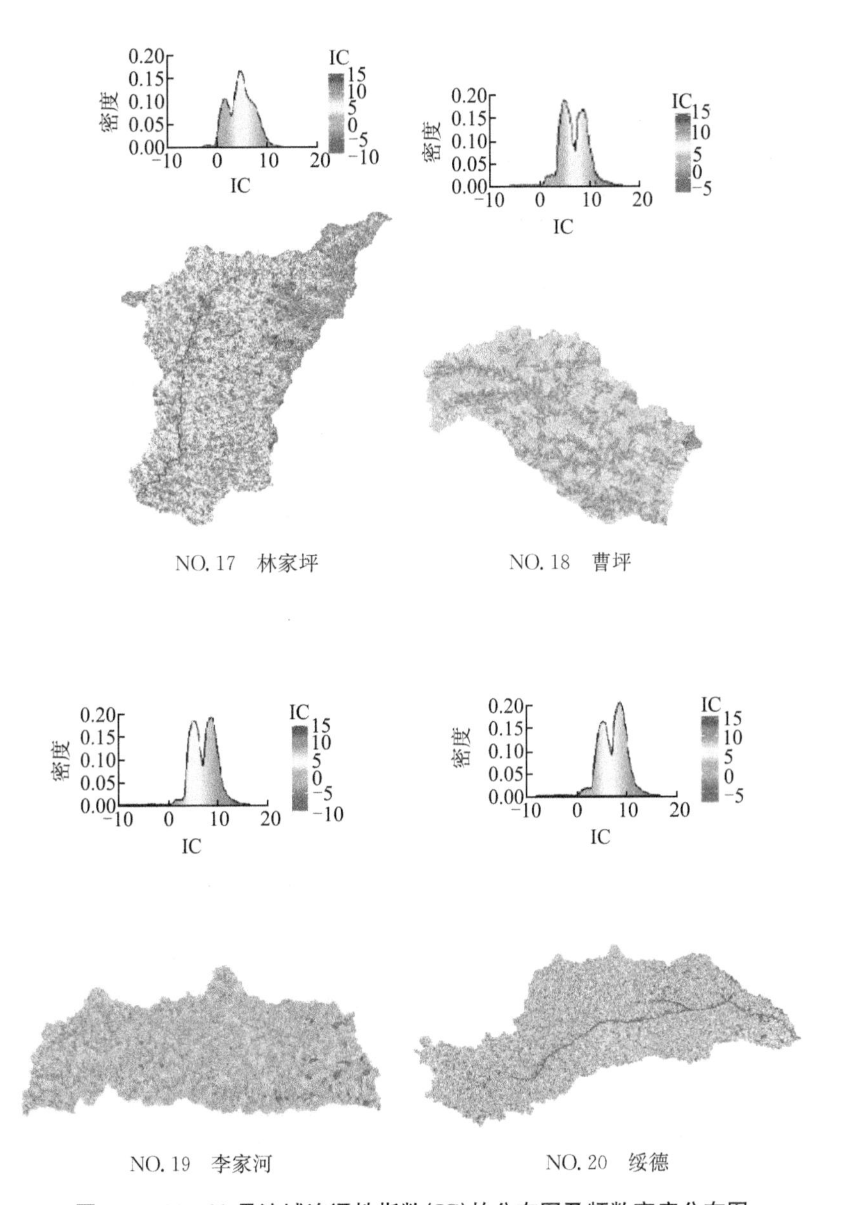

图 6.5　11—20 号流域连通性指数(IC)的分布图及频数密度分布图

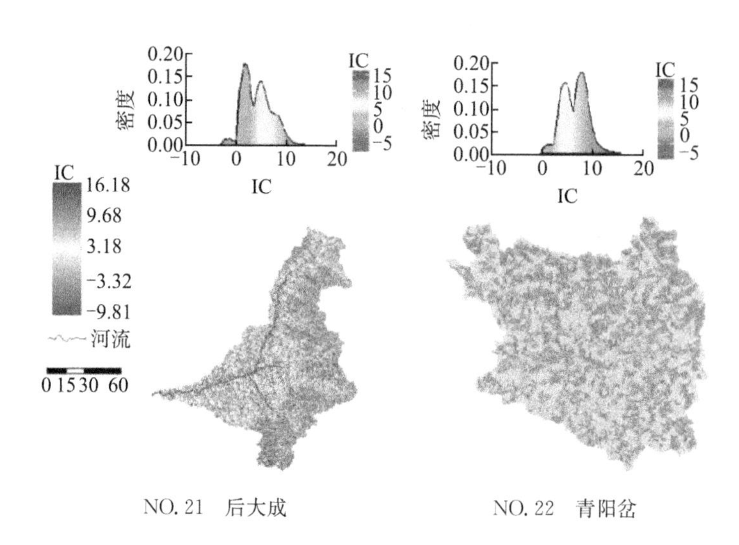

NO. 21　后大成　　NO. 22　青阳岔

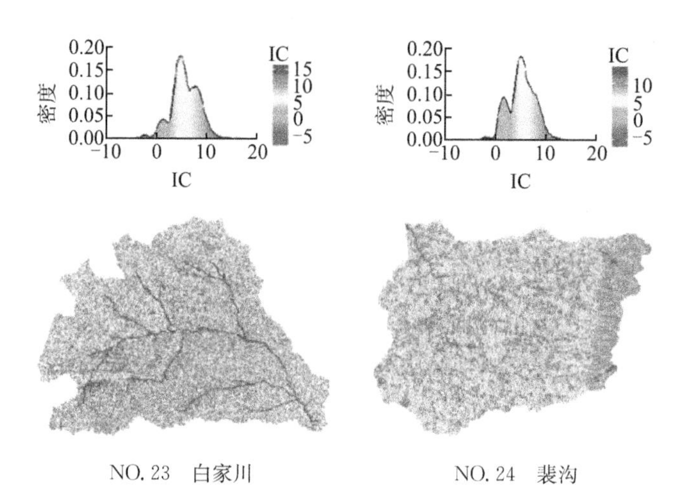

NO. 23　白家川　　NO. 24　裴沟

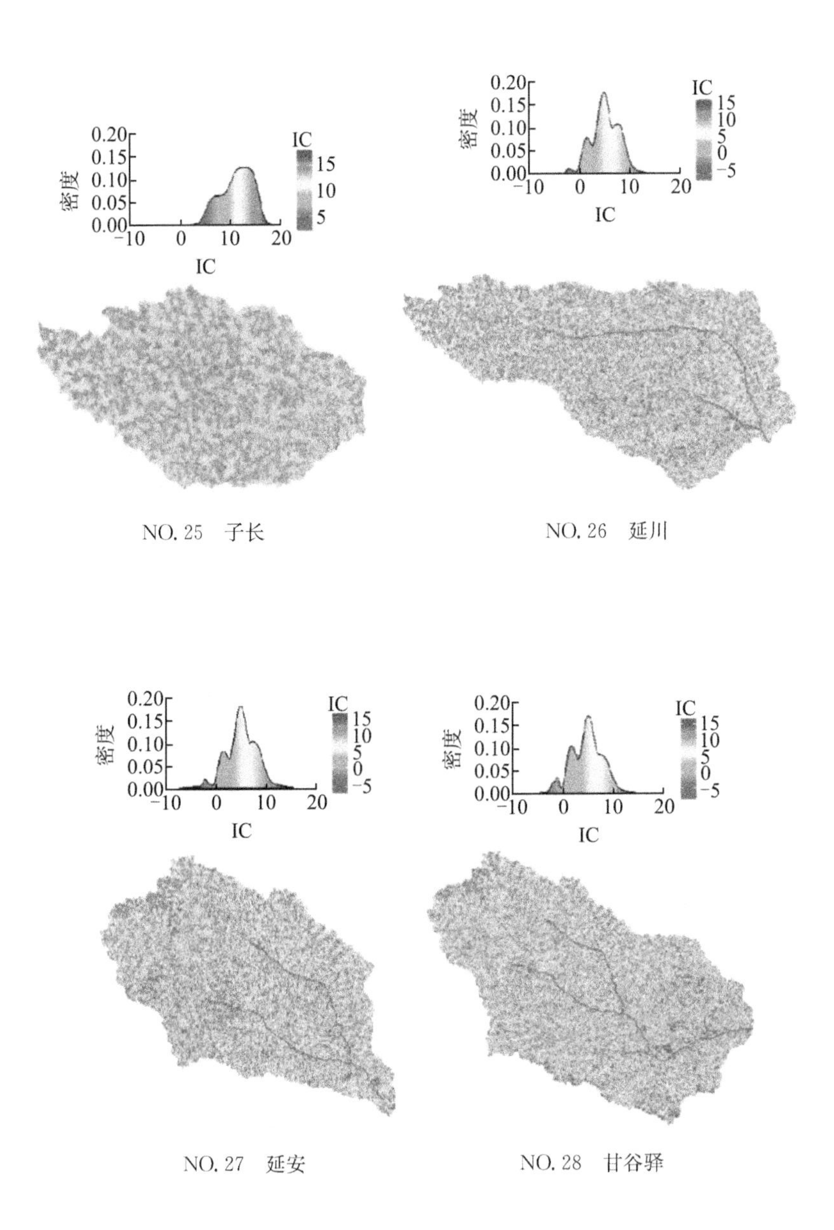

NO. 25　子长　　NO. 26　延川

NO. 27　延安　　NO. 28　甘谷驿

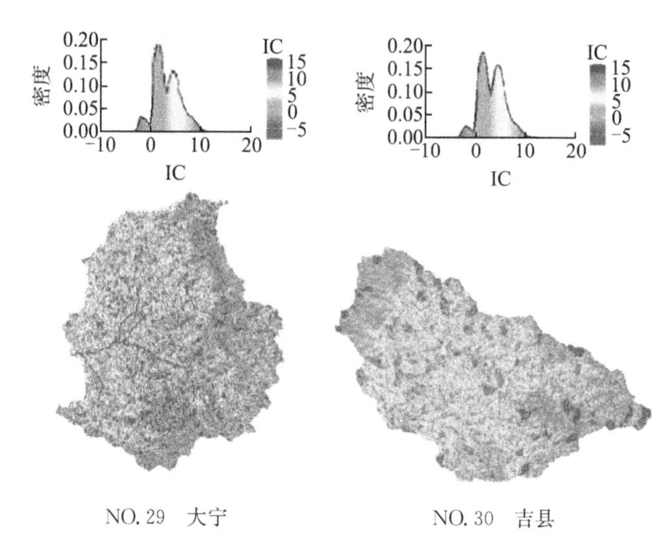

图 6.6　21—30 号流域连通性指数(IC)的分布图及频数密度分布图

6.1.4　不同水文模式下连通性指数与水文过程的关系

图 6.7 显示了不同水文模式下径流泥沙参数的 Pearson 相关分析结果。三种水文模式下的泥沙产量(*SSY*)和径流量(*H*)都具有显著相关性($P<0.01$)。在水文模式 A 和水文模式 B 下产沙量与径流的相关系数分别为 0.721 和 0.604,大于水文模式 C 下产沙量与径流的相关系数(0.521)。此外,悬浮泥沙浓度(*SSC*)和最大悬浮泥沙浓度(SSC_{max})与径流变量密切相关,表明泥沙运输过程受径流的驱动。

流域的 IC 值能够指示泥沙连通性,对整个流域的径流和泥沙输移具有重要影响。利用 30 个流域的 IC 值与 926 个水文事件的数据进行分析。在所有水文模式下,IC 值与产沙量(*SSY*)、最大泥沙浓度(SSC_{max})和泥沙浓度(*SSC*)之间均存在正相关关系($P<0.001$)。这表明流域的 IC 值能够很大程度上体现该流域的径流泥沙输移能力。由于 IC 值的增加,泥沙连通性增大,泥沙从侵蚀斑块被输移到流域出口的可能性增大,因此水文事件的产沙量也增加。而其他水文参数均未显示出与 IC 值的显著相关性。水文模式 A 和水文模式 B 中 IC 值和泥沙参数之间的相关系数低于水文模式 C。

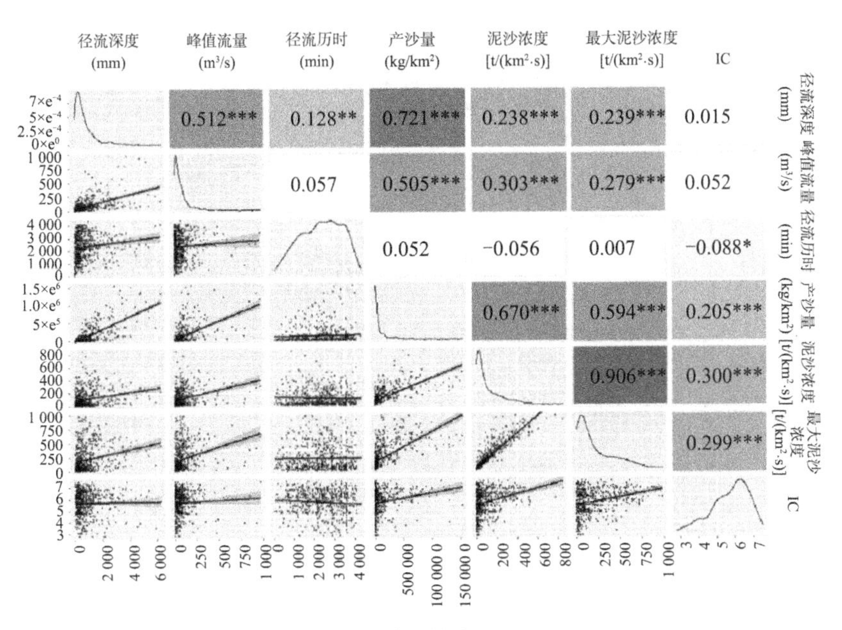

(a) 水文模式 A

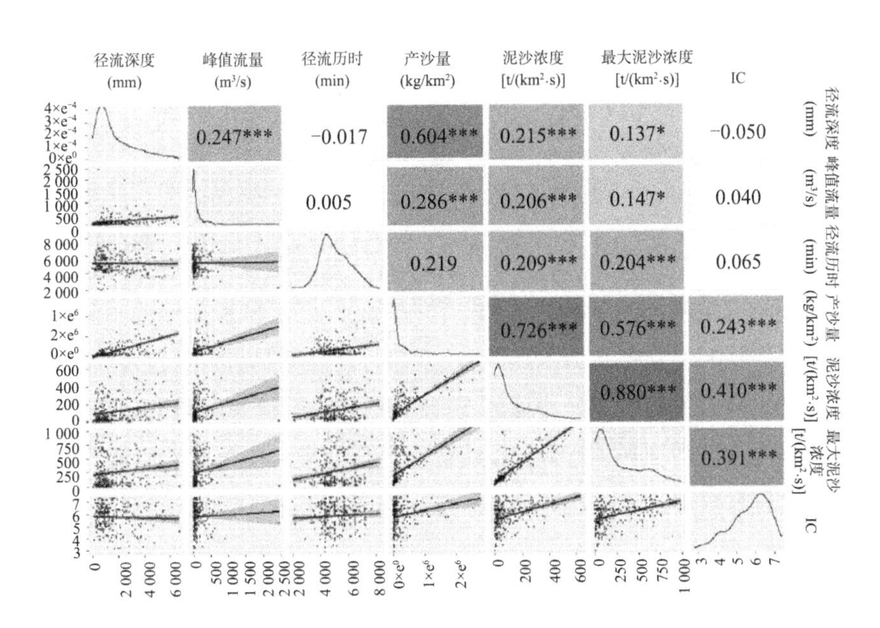

(b) 水文模式 B

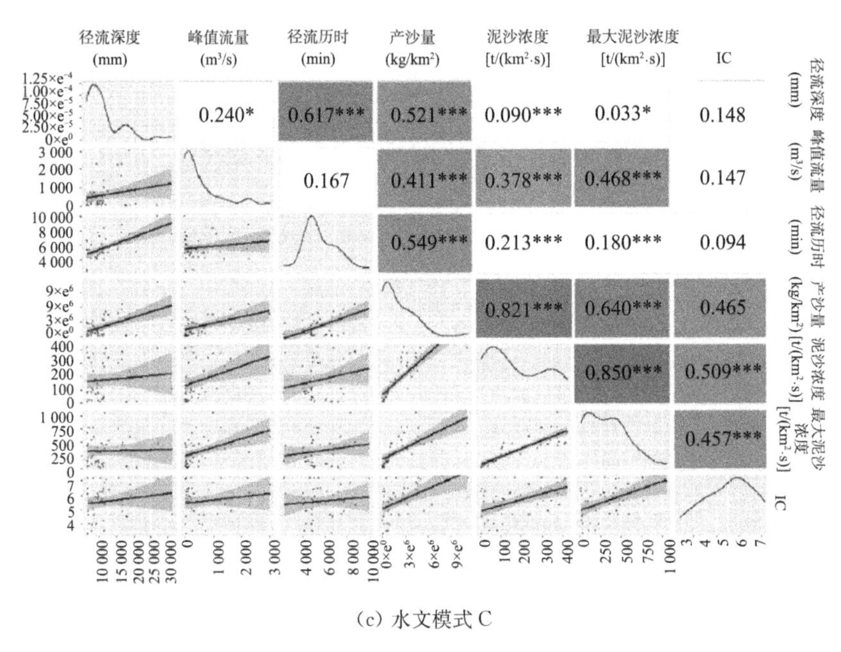

(c) 水文模式 C

图 6.7　不同水文事件下径流、泥沙变量与连通性指数的相关性分析

6.2　流域泥沙连通性对径流-泥沙滞后关系的影响

6.2.1　径流-泥沙滞后类型与特点

Williams 提出的径流-泥沙滞后曲线(*Q-SSC*)能够分析缺少详细分布水文监测点的流域内部的土壤侵蚀和输移过程,并且了解水文事件中的泥沙来源[2]。滞后类型经常被划分为顺时针、逆时针、"8"字形、复杂型四种[3-4]。

顺时针是四种滞后类型中最常见的一种。在这种滞后类型中,径流峰值比泥沙浓度峰值后到达流域出口,或者在相同流量下,涨水过程的泥沙浓度比落水过程高很多,在水文过程图上显示为落水段的泥沙浓度低于涨水段。这是由于泥沙来源少,容易被径流带走,因此泥沙浓度比径流浓度降低的速度更快。顺时针滞后也受到降雨历时的影响,在水文过程中前期降雨雨强较大时,容易产生顺时针滞后。与此同时,顺时针滞后也指示着泥沙主要来自流域出口附近。

逆时针滞后类型的主要特征是最大泥沙浓度在径流峰值后到达流域出

口，相同流量下，落水阶段中的泥沙浓度高于涨水阶段，在水文过程图上显示为涨水段的泥沙浓度低于落水段。有学者认为当流域泥沙容易被运输且流域面积较大时，更易于出现逆时针滞后的情况[5]，也有学者认为逆时针滞后的泥沙来源是距离流域出口更远的上流或支流[6]。当泥沙来源可以是整个流域，并且侵蚀泥沙来源充足，在大规模洪水事件发生时，虽然上游或支流的泥沙被输移到流域出口处需要的时间很长，但是雨强大时径流挟带泥沙的能力也会增加，上游的泥沙在水文事件过程中可以被运输至流域出口处，因此发生逆时针滞后[7]。

"8"字形滞后类型可以分为两种，一种是顺时针"8"字形滞后，另一种是逆时针"8"字形滞后。逆时针"8"字形滞后的主要特征为：水文过程线在低流量时发生顺时针循环，而在高流量时发生逆时针循环；而顺时针"8"字形滞后的主要特征正好相反，即水文过程线在高流量时为顺时针循环，而在低流量时为逆时针循环。有学者在观测小流域时发现，逆时针"8"字形滞后主要过程为：在水文事件刚发生的初始阶段，径流把沉积于流域出口附近河道内的泥沙首先冲刷到流域出口，因此形成顺时针循环；然而随着水文事件的继续，降雨持续发生，土壤水分达到饱和状态，此时径流以超渗产流的方式为主，发生逆时针循环[8]。顺时针"8"字形滞后常常发生在前期降雨强度大但后期雨强减小的水文事件中，流域在短时间内产生超渗产流，因此发生逆时针滞后；而随着水文过程进行，雨强减小，位于河道出口附近的泥沙来源被迅速消耗，径流挟带泥沙的能力也变弱，流域难以持续贡献泥沙，因此形成顺时针"8"字形。

复杂型滞后包括多种滞后循环的结合，主要特点为存在两种及以上的滞后循环，有些情况下甚至更多（三种或四种以上的组合），例如：逆时针滞后加上"8"字形滞后、两个顺时针滞后循环等。复杂型的成因各种各样，主要与广泛的泥沙来源以及持续性的水文事件有关，复杂型的水文过程通常具有几个径流和泥沙峰值。

6.2.2　径流-泥沙滞后关系分析

图 6.8 显示了具有不同滞后类型水文事件的示例。虽然在每个流域中可以看到多个滞后模式，但占主导地位的滞后类型是不同的。例如，顺时针滞

后是30号吉县流域的主导滞后类型。2008年8月28日在吉县流域出现了顺时针滞后模式，如图6.8(a)所示，悬浮泥沙浓度在径流之前达到峰值，当流量相等时，落水段上的悬浮泥沙浓度远低于涨水段的悬浮泥沙浓度。起初，泥沙量供应充足，容易发生侵蚀。当悬浮泥沙浓度达到峰值时，由于泥沙来源的减少以及径流量的增加，导致悬浮泥沙浓度被稀释，泥沙浓度也会迅速下降。

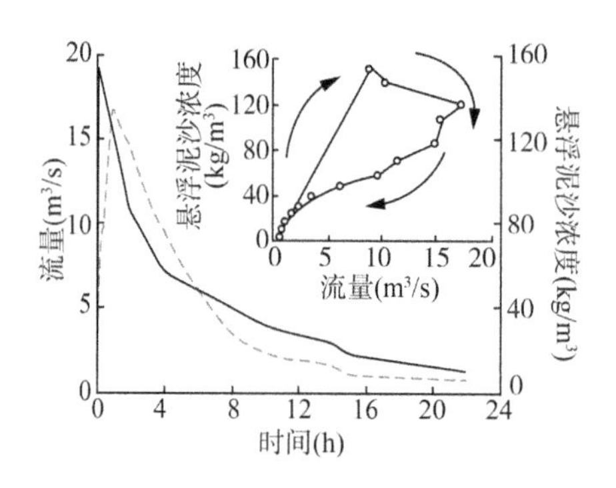

(a) 顺时针滞后(NO. 30 吉县流域 2008年8月28日)

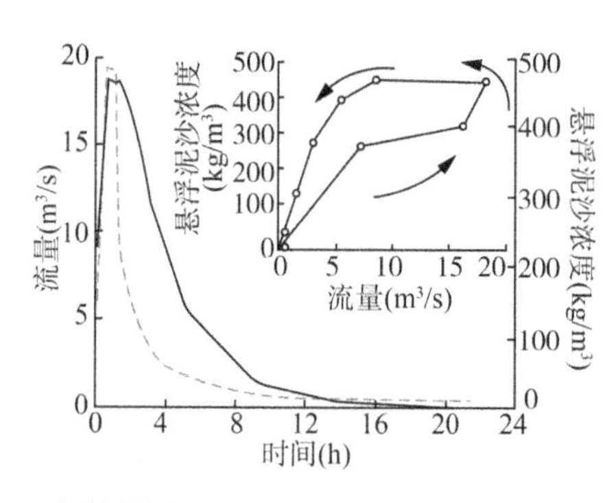

(b) 逆时针滞后(NO. 14 殿市流域 2008年8月28日)

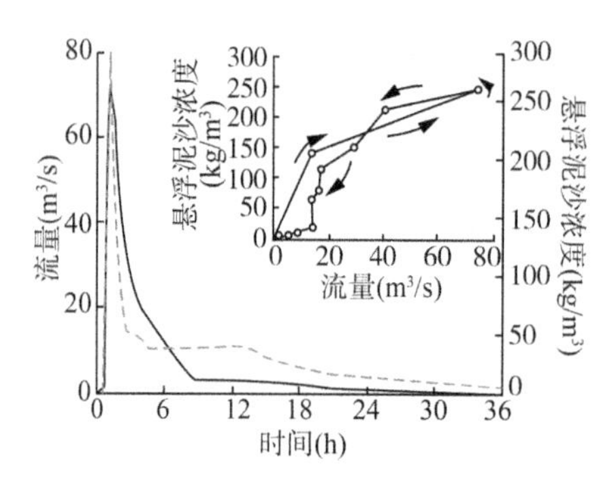

(c) "8"字形滞后(NO. 18 曹坪流域 2013年7月26日)

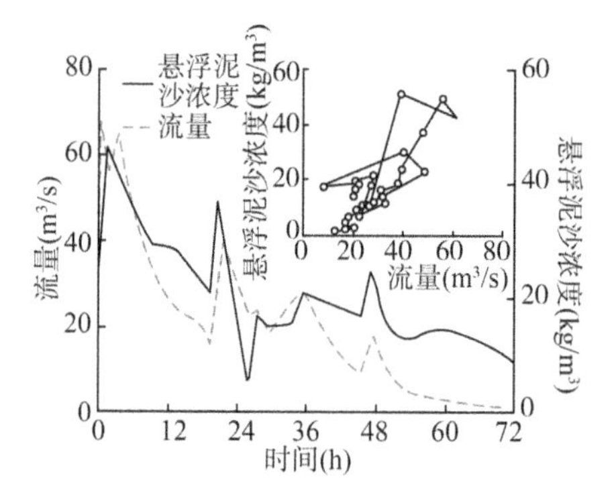

(d) 复杂型滞后(NO. 23 白家川流域 2014年7月3日)

图6.8 径流-泥沙滞后曲线

逆时针滞后是14号殿市流域的主导滞后类型。逆时针滞后的主要特征为径流有限且悬浮泥沙浓度高。2008年8月28日殿市流域发生逆时针滞后现象。与顺时针循环相反，逆时针循环的最大悬浮泥沙浓度出现在流量峰值后，落水段上的泥沙浓度高于相同流量在涨水段的泥沙浓度，当流量刚开始减少时，悬浮泥沙浓度持续增加，这主要与远处山坡上泥沙的输移有关。土壤团聚体稳定性低使得远处的泥沙容易被运移，但由于土壤颗粒、地形的限制，远处的泥沙可能会在前一次水文事件期间因沉积在斜坡上而无法输移到河道出口处，直到下一个水文事件时才会被冲刷到河流出口水文站。

2013 年 7 月 26 日在曹坪流域观测到“8”字形滞后现象。在 *Q*-*SSC* 滞后曲线中，当径流量高于悬浮泥沙浓度时，滞后呈现出逆时针模式，而当悬浮泥沙浓度高于径流量时，呈现出顺时针模式。“8”字形滞后的特点是涨水段和落水段悬浮泥沙浓度的变化速率不同。从沉积物供应的角度来看，泥沙耗竭程度与泥沙可用性不同。复杂的降水空间格局以及多样的沉积物来源共同造成“8”字形滞后。

2014 年 7 月 3 日在白家川流域观察到复杂滞后类型，径流量和悬浮泥沙浓度出现多个峰值。复杂型没有统一的特征，与多种因素有关，其中一种可能性是在正常的以水流为主导的泥沙输移过程中发生了堤岸坍塌，导致悬浮泥沙浓度突然增加，并使悬浮泥沙输移过程复杂化。

6.2.3 不同分区下滞后类型的径流-泥沙关系

图 6.9 显示了黄河中游河龙区间的地理分区示意图，数据来源为国家地

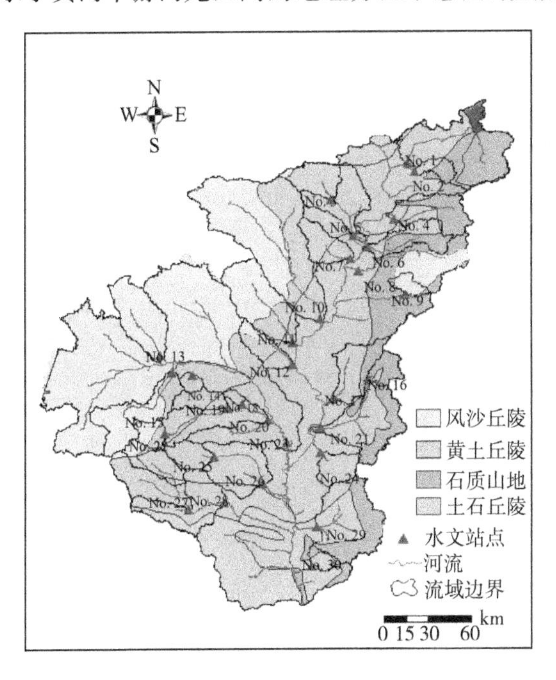

图 6.9 黄河中游河龙区间地理分区图

球系统科学数据中心黄土高原分中心(http://loess.geodata.cn/data/)。从图中可以看出,东部流域主要分布于风沙丘陵区,中部流域主要分布在黄土丘陵区,西部流域主要分布于石质山地区。根据流域大部分面积所在的分区情况,我们将流域进行分区(表 6.4),其中清水河、偏关、旧县、桥头、圪洞、后大成、大宁、吉县流域位于石质山地区,岢岚、高家川、韩家峁、横山位于风沙丘陵区,其余流域均位于黄土丘陵区。由于地形地貌的不同,各流域在水文事件中呈现出不同的径流泥沙过程。

表 6.4 各流域地理分区

编号	水文站名称	地理分区	编号	水文站名称	地理分区
1	挡阳桥	黄土丘陵区	16	圪洞	石质山地区
2	清水河	石质山地区	17	林家坪	黄土丘陵区
3	沙圪堵	黄土丘陵区	18	曹坪	黄土丘陵区
4	偏关	石质山地区	19	李家河	黄土丘陵区
5	皇甫川	黄土丘陵区	20	绥德	黄土丘陵区
6	旧县	石质山地区	21	后大成	石质山地区
7	高石崖	黄土丘陵区	22	青阳岔	黄土丘陵区
8	桥头	石质山地区	23	白家川	黄土丘陵区
9	岢岚	风沙丘陵区	24	裴沟	黄土丘陵区
10	温家川	黄土丘陵区	25	子长	黄土丘陵区
11	高家川	风沙丘陵区	26	延川	黄土丘陵区
12	申家湾	黄土丘陵区	27	延安	黄土丘陵区
13	韩家峁	风沙丘陵区	28	甘谷驿	黄土丘陵区
14	殿市	黄土丘陵区	29	大宁	石质山地区
15	横山	风沙丘陵区	30	吉县	石质山地区

统计每个流域每年最大洪水的滞后指数以及每场洪水事件的平均泥沙浓度并根据其所在的地理分区进行排序,得到结果如图 6.10。岢岚流域的滞后指数只有正值分布,而除岢岚流域以外,在每个流域中滞后指数(HI 值)均有正值、负值和 0 值分布。在滞后指数偏大的流域中,更容易发生顺时针滞后,在滞后指数偏小的流域中,更容易发生逆时针滞后。滞后指数在不同分区中规律不明显,而平均泥沙浓度呈现明显区别。风沙丘陵区以及石质山地区流域洪水的平均泥沙浓度相对黄土丘陵区更小。

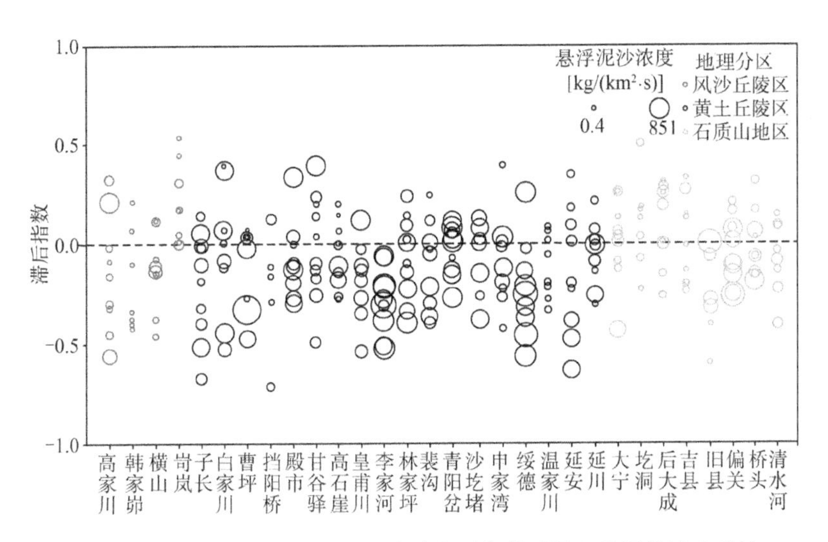

图 6.10　30 个流域每年最大洪水的滞后指数以及平均泥沙浓度统计

图 6.11 显示了 3 个不同分区下不同滞后类型在每年最大洪水下呈现出的径流-泥沙相关关系。分析径流-产沙量关系后发现，在顺时针滞后类型中，黄土丘陵区的斜率大于石质山地区；在逆时针滞后类型中，黄土丘陵区的斜率大于风沙丘陵区大于石质山地区；在"8"字形滞后类型中，石质山地区斜率大于风沙丘陵区大于黄土丘陵区；复杂型滞后类型中，风沙丘陵区斜率大于黄土丘陵区大于石质山地区。这与各个区域的泥沙来源和泥沙可用性有关。黄土丘陵区的特点是土质结构疏松，孔隙多且密集，具有垂直节理；风沙丘陵区的沟壑密度比黄土丘陵区小，风大且沙多，容易受到风蚀和水蚀。石质山地区的地形结构层次分明，土层薄，因此在相同的流量下，黄土丘陵区比风沙丘陵区和石质山地区更容易受到径流的侵蚀。由于石质山地区容易发生黄土滑坡，因此在顺时针和逆时针滞后类型中，水流携带的泥沙浓度增加。

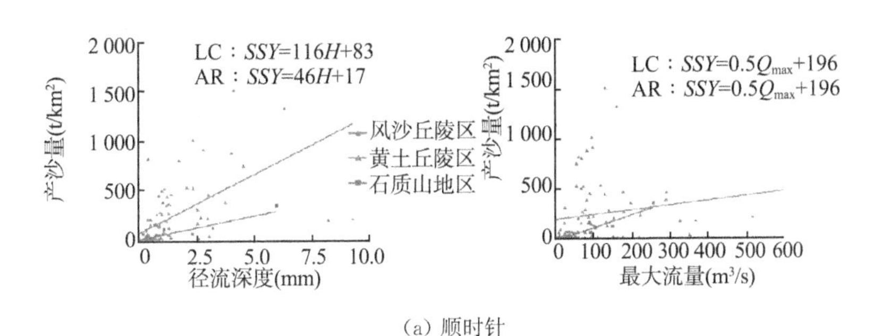

(a) 顺时针

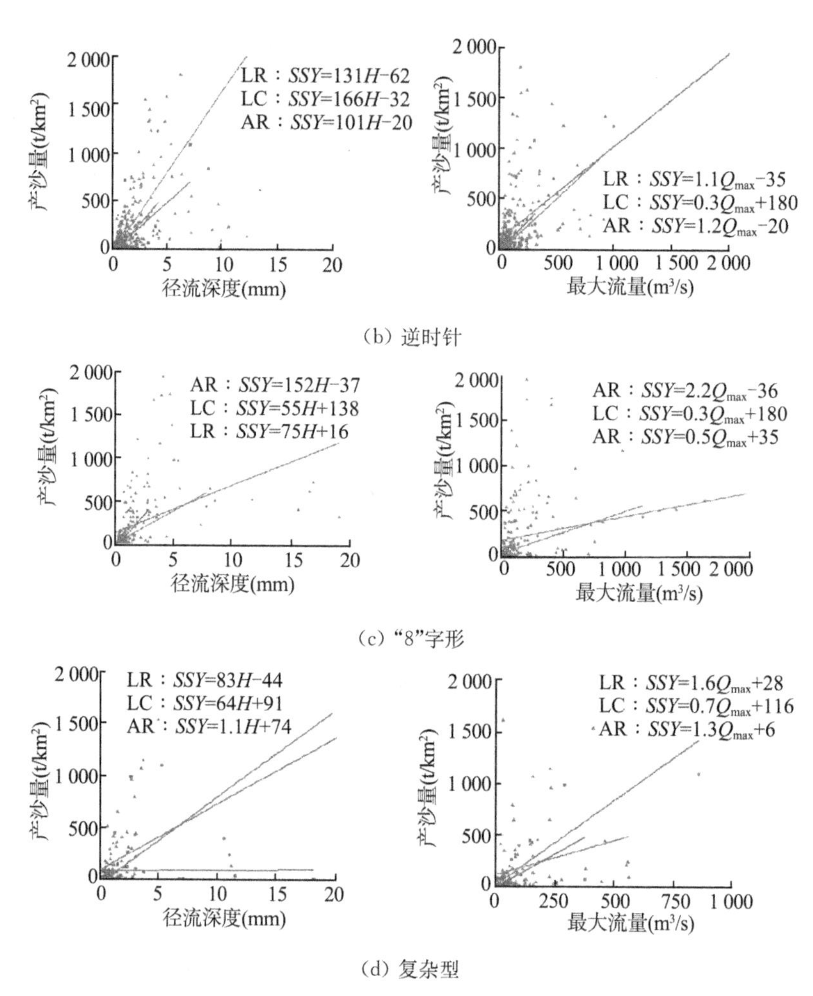

(b) 逆时针

(c) "8"字形

(d) 复杂型

图 6.11　不同滞后类型下径流-泥沙关系图以及峰值流量-泥沙关系图

图中 LC 为黄土丘陵区，AR 为石质山地区，LR 为风沙丘陵区

6.2.4　河龙区间空间滞后分析

在黄河中游河龙区间，各流域滞后指数（HI 值）的空间分布如图 6.12 所示，以顺时针方向为主要滞后类型的流域主要分布在黄河中游河龙区间的东南部，其中 9 号岢岚流域顺时针滞后频率最高。相反，黄河中游河龙区间的西部大部分流域以逆时针滞后类型为主，其中 19 号李家河流域出现逆时针滞后的频率最高。大多数流域的平均 HI 值低于零，平均 HI 值从西到东呈增加趋势，这可能与山坡上的沉积物被植被截留有关。植被可以通过增加山坡的流

动阻力、减轻雨滴的影响和减少土壤剥离来减少侵蚀，同时还可以利用根系的复杂形状和强度来增加沉降。在植被覆盖度较高的东部流域，山坡上的泥沙较难输送到流域出口，近端泥沙响应更加频繁，因此 HI 值较大。

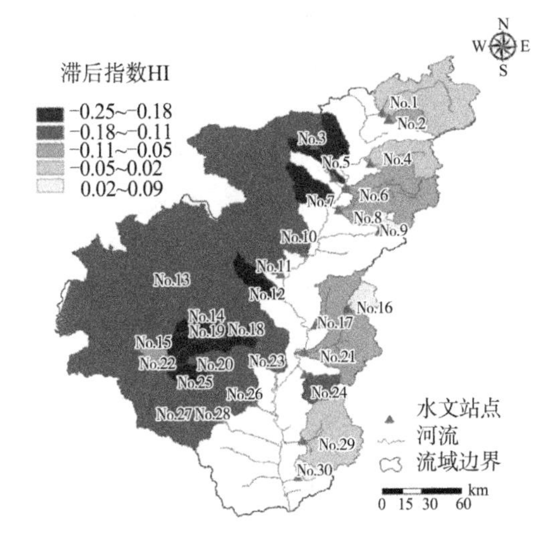

图 6.12　2006—2016 年各流域水文事件平均滞后指数(HI)值的空间分布

流域编号	滞后指数	流域编号	滞后指数
1	－0.05	16	0.09
2	－0.07	17	－0.10
3	－0.13	18	－0.13
4	－0.21	19	－0.24
5	－0.05	20	－0.25
6	－0.09	21	－0.07
7	－0.23	22	－0.09
8	－0.10	23	－0.14
9	0.02	24	－0.18
10	－0.13	25	－0.20
11	－0.14	26	－0.15
12	－0.19	27	－0.15
13	－0.11	28	－0.16
14	－0.18	29	－0.03
15	－0.15	30	0.02

水文事件中悬浮泥沙浓度和流量的关系显示，不同滞后类型不仅是能量条件的函数，而且还与泥沙来源和泥沙输送有关[9-10]。泥沙供应和耗竭与径流量的变化共同导致滞后效应。不同流域的滞后类型数量以及不同滞后类型的产沙量结果统计见表 6.5。从表格中可以看出，不同流域的滞后类型数量分布区别较大，清水河、岢岚、大宁、吉县、圪洞等流域的顺时针滞后类型占比超过或等于 25%，这与这些流域较缓的坡度以及茂密的植被覆盖有关，在水文事件发生时，河道附近的泥沙被冲刷到流域出口，形成顺时针泥沙滞后。皇甫川、沙圪堵、高石崖、甘谷驿、裴沟、申家湾、殿市、横山、李家河、绥德等流域的逆时针滞后类型的数量占比超过所有水文事件数量的 50%[11]，在这些流域，由于地形相对陡峭、植被相对较为稀少，因此远处山丘上的泥沙更容易被输送到流域出口，更容易发生逆时针滞后类型。在旧县流域中，"8"字形滞后占比超过所有水文事件的 50%。在白家川流域中，复杂型滞后类型的数量占比为 45%，这可能与白家川流域面积大有关，其流域水沙关系更为复杂，泥沙来源更加多样化。

不同的滞后类型的数量见表 6.6。顺时针、逆时针、“8”字形和复杂型的数量分别占所有水文事件的 11.4%、45.6%、26.7%和 16.3%，且 HI 的平均值小于 0。因此，逆时针滞后模式是黄河中游河龙区间中的主要滞后类型。“8”字形和复杂型在大型水文事件中所占的比例最高，而在中型和小型水文事件中顺时针滞后类型出现的频率更高。不同滞后类型对应的水文事件产沙量不同。数量占比 11.4%的顺时针滞后类型的产沙量仅占总产沙量的 2.5%，数量占比 45.6%的逆时针滞后类型的产沙量占总产沙量的 52.8%。“8”字形和复杂型的滞后类型水文事件的比例和对应产沙量的比例相近。这一结果表明逆时针滞后类型的泥沙输送效率高于顺时针类型。

表 6.5　黄河中游河龙区间(CSHC)30 个流域不同滞后类型的数量及其输沙量百分比

水文站点	水文事件数量	不同滞后类型数量百分比(%)				不同滞后类型输沙量百分比(%)			
		顺时针	逆时针	“8”字形	复杂型	顺时针	逆时针	“8”字形	复杂型
挡阳桥	10	20	50	0	30	12.1	53.2	0	34.7
清水河	13	30.8	46.2	23	0	5.6	86.1	8.3	0
沙圪堵	19	5.3	63.2	26.2	5.3	4	38.5	47.3	10.2
偏关	23	17.4	47.8	17.4	17.4	2.9	42.7	47.6	6.8
皇甫川	24	4.2	66.6	25	4.2	13.8	75.9	7.6	2.7
旧县	11	9.1	27.2	63.7	0	8	16.7	75.3	0
高石崖	5	0	60	20	20	0	79.8	2.3	17.9
桥头	24	8.3	50	8.3	33.4	6.7	64	22.7	6.6
岢岚	36	36.1	36.1	25	2.8	2.9	5.3	91.2	0.6
温家川	36	8.3	41.7	33.3	16.7	4.6	38.6	18.2	38.6
高家川	30	10	46.7	30	13.3	0.5	26.7	38.1	34.7
申家湾	39	5.1	53.8	25.6	15.5	1.1	36.1	42.9	19.9
韩家峁	8	0	25	37.5	37.5	0	33.3	33.3	33.4
殿市	26	7.7	53.8	15.4	23.1	4.3	51.2	36.1	8.4
横山	15	0	53.3	33.3	13.4	0	5.9	64.7	29.4
圪洞	24	25	16.7	41.7	16.6	14.3	22.1	62.3	1.3
林家坪	41	12.2	48.8	31.7	7.3	8.2	50.4	28.1	13.3
曹坪	18	0	33.3	44.4	22.3	0	28.5	42.2	29.3
李家河	43	7	55.8	23.2	14	3.9	63.5	14.8	17.8

续表

水文站点	水文事件数量	不同滞后类型数量百分比(%)				不同滞后类型输沙量百分比(%)			
		顺时针	逆时针	"8"字形	复杂型	顺时针	逆时针	"8"字形	复杂型
绥德	29	6.9	58.6	6.9	27.6	2.4	58.3	3.2	36.1
后大成	43	20.9	37.2	25.6	16.3	7.6	19	31	42.4
青阳岔	31	6.5	32.2	32.2	29.1	5.6	38.3	22	34.1
白家川	75	5.3	35	14.7	45	0.6	36.8	21.3	41.3
裴沟	22	9.1	54.5	27.3	9.1	1.6	64.1	19.8	14.5
子长	53	9.4	49.1	28.3	13.2	3.2	53.5	39.6	3.7
延川	56	7.1	41.2	33.9	17.8	2.8	38.5	24.3	34.4
延安	66	9.1	42.4	27.3	21.2	3.6	65.3	16.3	14.8
甘谷驿	61	9.8	54.1	22.9	13.2	5.8	55.2	28.2	10.8
大宁	31	25.8	38.7	25.8	9.7	6.7	49.3	29.3	14.7
吉县	14	50	14.3	35.7	0	66.7	11.1	22.2	0

表 6.6　黄河中游河龙区间不同水文事件下滞后分析的结果

水文事件	水文事件占比(%)				输移的泥沙量占比(%)				HI		
	顺时针	逆时针	"8"字形	复杂型	顺时针	逆时针	"8"字形	复杂型	HI_{min}	HI_{mean}	HI_{max}
A	11.7	48.8	27.4	12.1	4.3	62.3	13.8	19.6	−0.73	−0.14	0.49
B	12.3	39.9	24.1	23.7	2.9	40.2	24.3	32.6	−0.62	−0.12	0.63
C	0.0	39.5	34.9	25.6	0.00	62.1	30	7.9	−0.58	−0.12	0.17
总计	11.4	45.6	26.7	16.3	2.5	52.8	22.9	21.8	−0.73	−0.13	0.63

注：水文事件 A、B、C 分别表示径流量、峰值流量、径流历时分别为最小、中等、最大的水文事件；HI 为滞后指数。

6.2.5　不同水文事件下滞后指数与连通性指数的关系

以 4 个流域为例，IC 值与滞后类型的关系如图 6.13 所示[12]。在 30 号吉县流域，高 IC 值主要分布在流域的河道和水文站出口附近，而低 IC 值分布于远离流域出口的地区，顺时针是主要的滞后类型(占 50%)，逆时针滞后类型发生的频率较低(占比 14.3%)。14 号殿市流域中逆时针滞后所占比例最大(占比 53.8%)，这与该流域分布的高 IC 值有关，IC 值高表明流域泥沙输移能力强，远处泥沙容易被输送到流域出口。"8"字形是 18 号曹坪流域的主要滞后类型(占比 44.4%)。与 14 号殿市流域相比，18 号曹坪流域距流域出口相同距离处的 IC 值较低。23 号白家川流域面积 29 662 km²，IC 值分布较为分散，在水文过程中，流量和悬浮泥沙浓度波动较大，因此，在白家川流域中，复杂型是主要的滞后模式(占比 45%)。

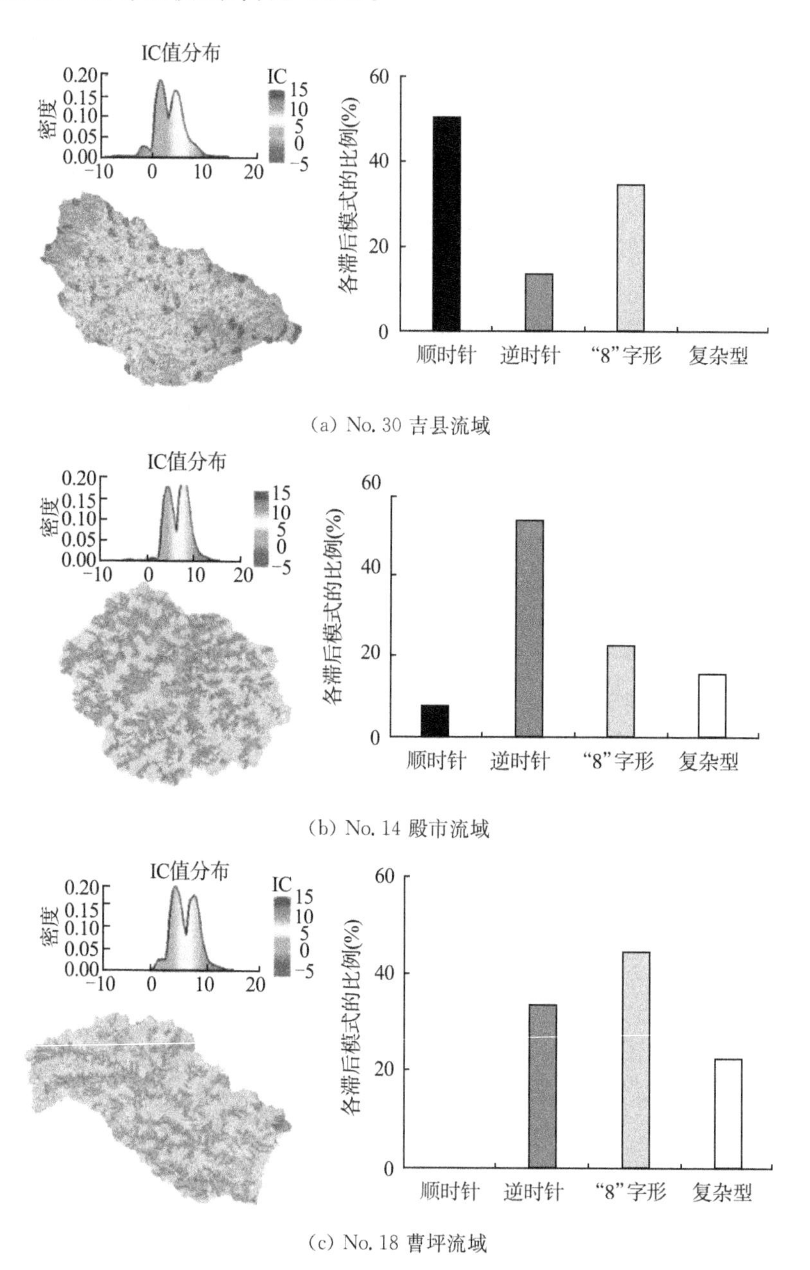

(a) No. 30 吉县流域

(b) No. 14 殿市流域

(c) No. 18 曹坪流域

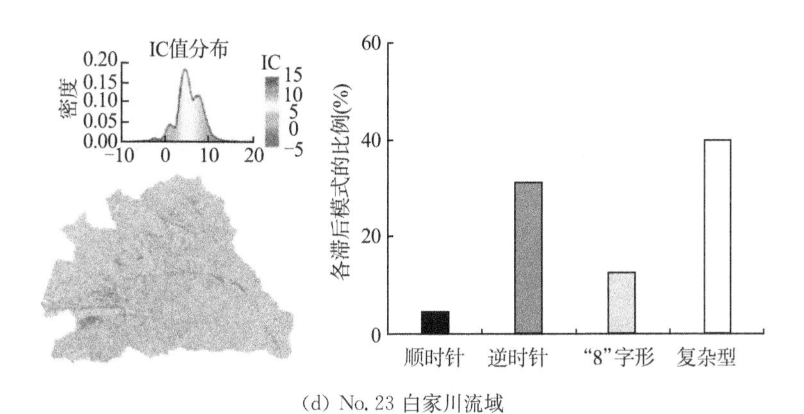

（d）No. 23 白家川流域

图 6.13　相应流域中 IC 的分布和滞后回线的比例

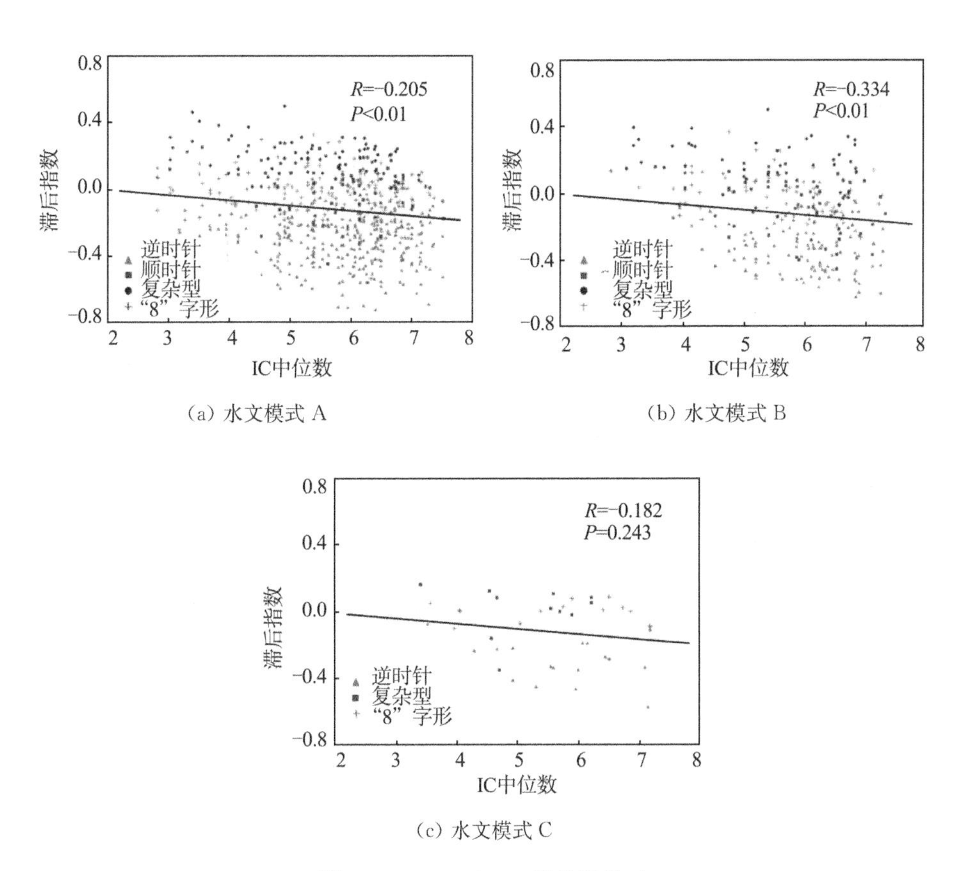

（a）水文模式 A

（b）水文模式 B

（c）水文模式 C

图 6.14　IC_{med} 与 HI 的线性关系

注：IC_{med} 为 30 个流域各流域连通性中值指数，HI 为 2006—2016 年水文事件滞后指数，同一流域 IC 值对应多个 HI 值

通过评估不同水文模式中 IC 值中位数和 HI 值之间的关系，以确定滞后类型和泥沙连通性之间的关系（图 6.14）。IC 中位数和 HI 值之间的线性相关性在水文模式 A 和水文模式 B 中显著，但在水文模式 C 中不显著，水文模式 C 以大型水文模式为主。三种水文模式下呈现出的线性下降趋势表明，IC 值越高的流域越容易出现逆时针滞后模式，从而导致更大的产沙量。

6.3 识别流域产沙量动态变化的主控因子

6.3.1 不同滞后类型水文特征统计

图 6.15 和表 6.7 展示了不同滞后类型的水文特征统计情况。顺时针、逆时针、复杂型和“8”字形的平均流量分别为 15.2 m^3/s、21.9 m^3/s、24.8 m^3/s 和 21.8 m^3/s，平均产沙量为 66.21 t/km^2、271.97 t/km^2、275.06 t/km^2 和 276.41 t/km^2。4 种不同滞后类型的平均径流量和产沙量差异较大。顺时针滞后类型的峰值流量的最大值为 56.8 m^3/s，明显小于逆时针的 128.7 m^3/s、复杂型的 126.5 m^3/s 和“8”字形的 147.8 m^3/s。逆时针、复杂型、“8”字形的峰值产沙量分别为 262.8 $t/(km^2 \cdot s)$、250.3 $t/(km^2 \cdot s)$ 和 222.5 $t/(km^2 \cdot s)$，显著大于顺时针的 136.6 $t/(km^2 \cdot s)$。

表 6.7 不同滞后类型径流泥沙相关变量的平均值以及方差分析

滞后类型	统计数量	径流相关变量		泥沙相关变量		水文事件历时
		H (mm)	Q_{max} (m^3/s)	SSY (t/km^2)	SSC_{max} [$t/(km^2 \cdot s)$]	T (min)
顺时针	426.00	1.13[b]	56.8[c]	66.209 1[b]	136.6[c]	3 149.4[c]
逆时针	105.00	1.44[b]	128.7[b]	271.967 2[a]	262.8[a]	3 251.3[b]
复杂型	152.00	2.21[a]	126.5[b]	275.058 2[a]	250.3[a]	3 972.8[a]
“8”字形	251.00	1.80[a]	147.8[a]	276.422 3[a]	222.5[b]	3 323.6[b]

注：具有不同字母名称的每个统计变量的平均值在 $p<0.01$ 水平上显著不同。

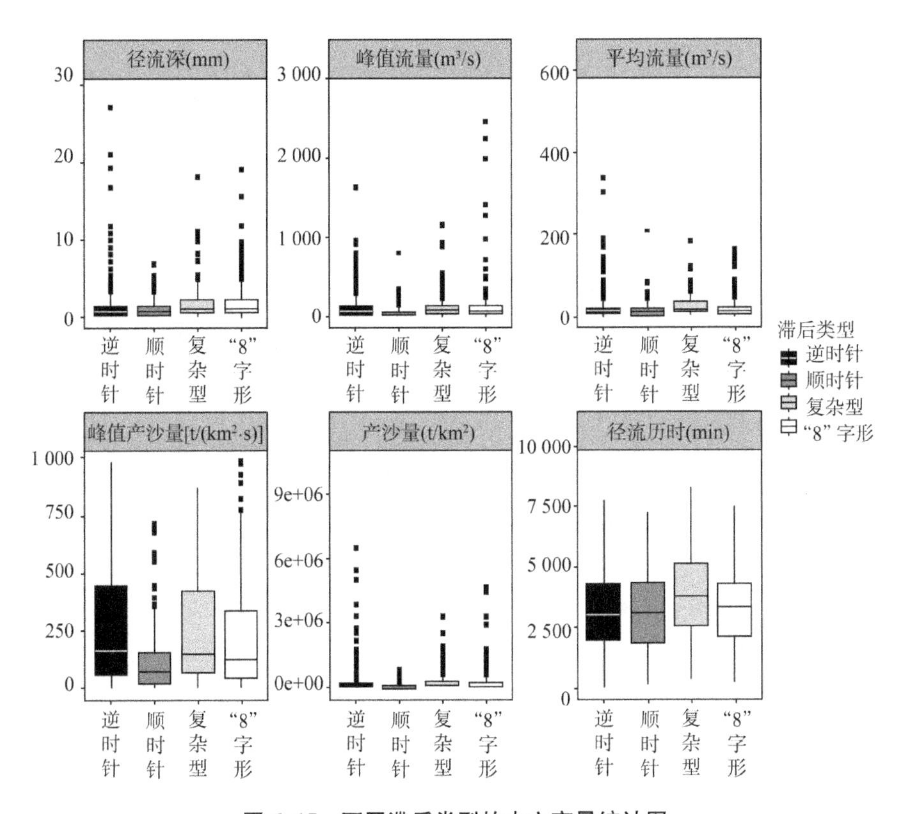

图 6.15　不同滞后类型的水文变量统计图

6.3.2　各水文站点产沙特征统计

各流域水文事件的平均产沙量变化较大(表 6.8)。水文事件平均产沙量最大的流域为沙圪堵流域(1 109.3 t/km^2),平均产沙量最小的流域为韩家峁流域(1.2 t/km^2)。每个流域的单次最大产沙量差异也很大,单次最大产沙量最大的流域为绥德流域(11 229.5 t/km^2),单次最大产沙量最小的流域为韩家峁流域(3.9 t/km^2)。横山流域的面积为 2 415 km^2,韩家峁流域的面积为 2 452 km^2,水文事件平均产沙量分别为 37.4 t/km^2 和 1.2 t/km^2,两者面积相差不大但产沙量却相差一个数量级。曹坪流域为本研究中最小的流域(187 km^2),但水文事件平均产沙量却为 586.8 t/km^2。同一流域不同水文事件的产沙量区别也很大,其中殿市、沙圪堵、申家湾和绥德的标准差超过 1 000 t/km^2。

表 6.8　不同流域产沙特征变量统计

编号	水文站点	数量	单次水文事件最大产沙量(t/km^2)	水文事件平均产沙量(t/km^2)	标准差(t/km^2)	编号	水文站点	数量	单次水文事件最大产沙量(t/km^2)	水文事件平均产沙量(t/km^2)	标准差(t/km^2)
1	挡阳桥	13	77.2	20.3	23.7	16	圪洞	27	551.0	63.8	123.1
2	清水河	18	427.4	39.0	98.4	17	林家坪	41	72.1	17.3	18.8
3	沙圪堵	28	4 707.3	1 109.3	1 604.4	18	曹坪	20	3 373.7	586.8	782.5
4	偏关	28	983.8	133.6	208.3	19	李家河	43	816.1	59.6	128.8
5	皇甫川	33	3 657.4	308.2	714.5	20	绥德	37	11 229.5	758.0	1 881.3
6	旧县	14	710.4	112.2	201.0	21	后大成	49	838.6	62.7	135.5
7	高石崖	29	1 695.5	140.9	369.4	22	青阳岔	36	4 336.6	675.3	924.1
8	桥头	35	2 690.6	120.3	450.2	23	白家川	84	666.3	54.1	110.6
9	岢岚	33	48.7	8.9	12.5	24	裴沟	26	1 223.4	240.4	296.1
10	温家川	38	400.3	27.7	65.9	25	子长	53	95.7	20.9	24.3
11	高家川	33	1 543.4	136.3	324.2	26	延川	64	2 115.4	183.2	352.4
12	申家湾	45	10 687.0	597.9	1 722.9	27	延安	79	2 531.0	141.8	318.7
13	韩家峁	9	3.9	1.2	1.3	28	甘谷驿	77	1 320.1	96.1	208.1
14	殿市	29	8 033.2	947.0	1 680.3	29	大宁	37	513.9	52.1	101.8
15	横山	19	395.5	37.4	92.5	30	吉县	15	46.9	10.4	14.9

6.3.3　地貌特征与径流量和产沙量的关系

图 6.16 描述了黄河中游河龙区间的地形湿度指数和地表粗糙度的空间分布图。地形湿度指数呈现出西北高东南低的趋势，地表粗糙度呈现出东南高西北低的趋势。表 6.9 描述了 30 个流域 2006 年到 2016 年的水文事件的平均流量以及根据 DEM 数据计算得到的地形地貌因子。根据表中描述，这 10 年间沙圪堵流域水文事件产生的径流量最大，偏关流域水文事件产生的径流量最小。峰值流量相差也很大，范围为 12.5 m^3/s 到 543.1 m^3/s，IC 平均值变化较小，范围为 3.28 到 6.77。流域 DEM 的平均值范围从 1 074 m 到 1 632 m，所有流域 DEM 值的标准差都大于 1，说明大部分的数值和其平均值之间差异较大，流域的 DEM 变化大。坡度平均值范围从 2.24°到 15.73°，变化较大，表明各个流域的陡峭程度区别很大，有些流域相对平坦，例如韩家峁流域，而有些流域地形相对更陡峭，例如延安流域。所有流域坡度值的标准差也均大于 1，表明流域地形都较为复杂，流域内部坡度变化大。各流域的地形湿度指数的变化不大，平均值和最小值变化范围分别为 6.65～8.98 和 0.04～4.21，标准差也均大于 1 说明流域内部变化相对较大。粗糙度的变化较小，平均值和最大值变化范围分别为 1.008～1.15 和 1.31～49.70，且大多数流域的标准差小于 1，表明流域处于单峰和不平衡状态之间。

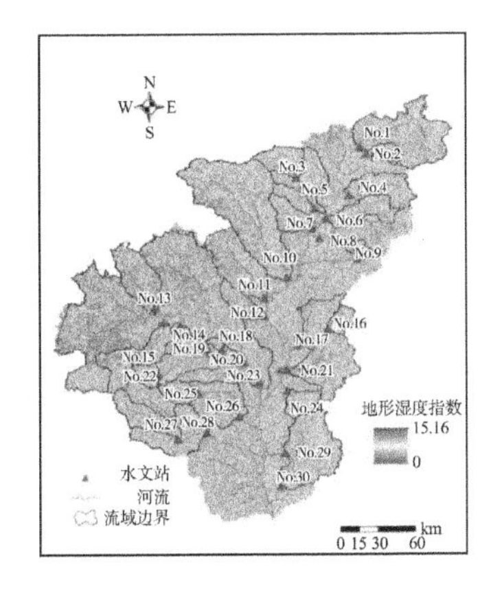

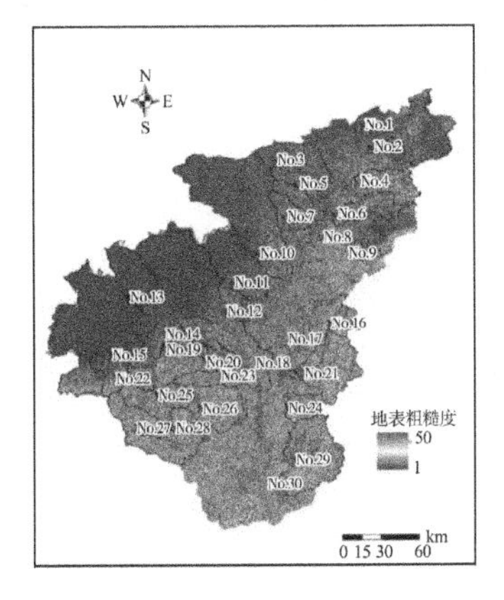

图 6.16　黄河中游河龙区间地形湿度指数和地表粗糙度的空间分布

表 6.10 中选取了与水文事件的产沙量呈现中度至强相关性的径流变量

表 6.9 30 个流域径流、地貌因子描述(2006—2016 年)

站点	径流量(m^3/km^2)	峰值流量(m^3/s)	IC 平均值	DEM 平均值(m)	DEM 标准差(m)	坡度平均值(°)	坡度标准差(°)	地形湿度指数平均值	地形湿度指数最小值	地形湿度指数标准差	粗糙度平均值	粗糙度最大值	粗糙度标准差
白家川	514.1	188.7	5.39	1 238	152	6.63	7.39	8.37	0.05	1.96	1.019	32.39	0.304
曹坪	3 613.9	59.7	5.87	1 074	59	11.09	6.49	7.28	0.04	1.66	1.026	1.31	0.028
大宁	832.9	68.1	3.28	1 236	213	13.64	8.56	7.31	0.09	1.73	1.099	34.29	1.164
挡阳桥	678.2	52.4	5.28	1 396	170	6.94	6.54	8.15	0.08	1.78	1.066	37.28	1.139
殿市	3 430.6	96.8	6.73	1 213	66	10.25	7.03	7.58	2.87	1.71	1.024	1.91	0.036
甘谷驿	1 050.3	121.3	4.54	1 278	152	15.45	8.84	7.06	0.04	1.77	1.065	30.55	0.522
高家川	1 361.8	201.3	6.27	1 160	98	5.88	5.11	8.28	0.30	1.84	1.028	23.90	0.597
高石崖	1 490.0	111.3	6.77	1 171	102	9.69	5.25	6.65	2.97	2.42	1.018	1.60	0.021
圪洞	3 295.8	51.1	3.51	1 63	245	14.59	9.37	7.46	0.30	1.74	1.150	49.70	1.83
韩家峁	529.3	285.4	5.47	1 265	73	2.24	3.48	8.98	0.15	1.73	1.008	26.19	0.36
横山	494.9	31.1	6.12	1 394	154	7.93	6.92	8.18	1.15	1.92	1.020	32.03	0.233
后大成	1 188.9	126.7	4.15	1 384	295	14.51	8.34	7.35	0.30	1.72	1.110	48.49	1.38
皇甫川	1 805.6	467.5	5.61	1 147	103	7.74	5.09	7.89	0.26	1.70	1.016	25.92	0.29
吉县	508.9	37.8	3.52	1 178	161	15.16	7.41	7.13	3.18	1.65	1.046	1.68	0.000 4
旧县	670.4	40.2	5.36	1 391	165	10.16	5.56	7.67	3.01	1.69	1.022	2.02	0.002 4

续表

站点	径流量 (m^3/km^2)	峰值流量 (m^3/s)	IC 平均值	DEM 平均值(m)	DEM 标准差(m)	坡度 平均值(°)	坡度 标准差(°)	地形湿度指数平均值	地形湿度指数最小值	地形湿度指数标准差	粗糙度 平均值	粗糙度 最大值	粗糙度 标准差
岢岚	524.1	12.5	4.81	1 611	195	10.73	6.43	7.76	3.52	1.71	1.042	49.09	0.708
李家河	1 391.5	69.9	6.35	1 190	88	11.80	7.26	7.23	2.82	1.69	1.034	2.61	0.004
林家坪	2 334.8	272.0	4.92	1 234	233	12.59	6.84	7.43	0.09	1.67	1.051	38.44	0.715
裴沟	1 454.6	96.7	5.19	1 219	213	14.42	7.29	7.40	0.16	1.67	1.059	36.56	0.714
偏关	458.3	58.7	6.14	1 521	202	12.22	7.01	7.53	0.20	1.69	1.065	38.49	0.98
桥头	711.2	92.8	4.97	1 504	252	10.47	7.89	7.89	0.13	1.79	1.084	49.09	1.38
青阳岔	2 385.2	79.3	6.60	1 381	93	12.89	7.54	7.28	2.72	1.76	1.036	2.43	0.004 6
清水河	576.0	23.8	5.91	1 510	129	9.54	5.26	7.83	3.09	1.72	1.019	1.69	0.002 1
沙圪堵	5 009.4	543.1	6.72	1 196	79	6.56	5.82	8.02	0.26	1.70	1.020	25.92	0.45
申家湾	2 848.2	179.9	5.88	1 121	86	9.11	7.30	7.60	2.53	1.80	1.026	2.58	0.005
绥德	2 101.1	152.2	6.53	1 204	147	12.82	7.54	7.23	2.72	1.70	1.038	2.61	0.004
温家川	1 121.6	217.7	6.75	1 256	129	6.14	5.39	8.24	0.08	1.80	1.016	28.24	0.36
延安	1 128.6	89.7	4.99	1 347	132	15.73	9.05	6.99	4.21	1.75	1.060	30.29	0.21
延川	1 229.3	109.6	5.12	1 134	138	15.69	7.70	7.07	2.42	1.74	1.050	2.86	0.005
子长	1 219.8	103.7	6.13	1 305	96	15.55	8.67	7.06	2.42	1.78	1.054	2.86	0.006

表 6.10 景观变量、径流变量的相关性

	产沙量 (t/km²)	径流量 (m³/km²)	峰值流量 (m³/s)	DEM 最大值 (m)	DEM 平均值 (m)	DEM 标准差 (m)	坡度平均值 (°)	坡度标准差 (°)	地形湿度指数平均值	地形湿度指数最小值	地形湿度指数标准差	粗糙度平均值	粗糙度最大值	粗糙度标准差	NDVI 平均值	NDVI 最大值	IC 平均值
产沙量 (t/km²)	1																
径流量 (m³/km²)	0.872**	1															
峰值流量 (m³/s)	0.440**	0.478**	1														
DEM 最大值 (m)	0.116**	−0.061	0.074*	1													
DEM 平均值(m)	0.114**	−0.055	0.139**	0.773**	1												
DEM 标准差(m)	0.126**	0.086**	−0.036	0.901**	0.521**	1											
坡度平均值(°)	0.007	0.012	0.142**	0.204**	0.149**	0.264**	1										
坡度标准差(°)	−0.039	−0.027	0.129**	0.289**	0.211**	0.292**	0.786**	1									
地形湿度指数平均值	−.073*	−0.058	0.124**	0.039	0.035	−0.024	−0.932**	−0.662**	1								
地形湿度指数最小值	0.048	0.011	−0.109**	−0.168**	0.030	−0.335**	0.378**	0.189**	−0.496**	1							
地形湿度指数标准差	0.108**	0.121**	0.046	−0.102**	−0.076*	−0.132**	−0.421**	−0.039	0.406**	−0.253**	1						
粗糙度平均值	−0.085**	0.005	−0.127**	0.679**	0.549**	0.645**	0.601**	0.565**	−0.432**	0.052	−0.317**	1					
粗糙度最大值	−0.152**	0.085**	0.056	0.702**	0.481**	0.748**	−0.068*	0.138**	0.291**	−0.521**	0.074*	0.502**	1				
粗糙度标准差	−0.113**	−0.015	−0.020	0.767**	0.562**	0.766**	0.072*	0.139**	0.118**	−0.372**	−0.148**	0.794**	0.824**	1			

续表

	产沙量 (t/km^2)	径流量 (m^3/km^2)	峰值流量 (m^3/s)	DEM最大值 (m)	DEM平均值 (m)	DEM标准差 (m)	坡度平均值 (°)	坡度标准差 (°)	地形湿度指数平均值	地形湿度指数最小值	地形湿度指数标准差	粗糙度平均值	粗糙度最大值	粗糙度标准差	NDVI平均值	NDVI最大值	IC平均值
NDVI平均值	-.105**	0.017	-0.053	0.422**	0.272**	0.491**	0.521**	0.448**	-0.385**	0.015	-0.295**	0.607**	0.314**	0.429**	1		
NDVI最大值	-.110**	0.013	-0.067*	0.513**	0.346**	0.570**	0.555**	0.464**	-0.407**	0.028	-0.310**	0.647**	0.346**	0.465**	0.926**	1	
IC平均值	0.128**	0.002	0.038	-0.456**	-0.281**	-0.479**	-0.377**	-0.460**	0.218**	0.048	0.112**	-0.565**	-0.383**	-0.446**	-0.856**	-0.852**	1

注：* 表示置信度（双尾）为0.05时，相关性显著，** 表示置信度（双尾）为0.01时，相关性极显著。

以及景观变量进行研究分析[13-14]。水文事件产沙量与流量呈现出强相关关系，与地貌变量呈现出相对较弱的相关性。与水文事件的产沙量相关性最强的变量是径流量(R^2=0.872,P<0.05)，在景观变量中，与水文事件的产沙量相关性最强的是流域的粗糙度最大值(R^2=−0.152,P<0.05)，粗糙度最大值与相对高程标准差、地形湿度指数最小值关系密切；与水文事件的产沙量相关性次强的景观变量是IC平均值(R^2=0.128,P<0.05)，IC平均值与相对高程标准差、坡度标准差、粗糙度标准差和NDVI平均值密切相关，其中与NDVI平均值相关性最强(R^2=−0.856,P<0.05)；水文事件的产沙量与相对高程相关指标仅中等相关，与坡度的相关性较差。

6.3.4 不同滞后类型产沙量的影响因素

表6.11显示了用于预测顺时针滞后的水文事件产沙量的最佳模型，最佳模型(最低的AIC)预测变量主要是峰值流量和地形湿度指数最小值，排名前10的模型中有9个都包括1个径流变量和1个景观变量，因此预测年度产沙量时应包括这两个变量。边际效应的R^2为0.6，表明约60%的水文事件产沙量变化由混合线性模型中的固定效应(最小AIC)解释，而条件效应的R^2为0.15，表明约15%的变化由随机效应解释(表6.12)。在该模型中水文事件峰值流量的相对重要性略大于流域地形湿度指数最小值。

表6.11 顺时针滞后的水文事件前10名候选混合线性模型

模型预测变量	K	AIC	delta AIC	对数似然估计
Q_{max}+TWI_{min}	5	191.72	0	−90.857
H+IC_{mean}	5	193.22	1.50	−91.608
H+$NDVI_{max}$	5	193.28	1.56	−91.641
H+$NDVI_{mean}$	5	193.47	1.75	−91.737
Q_{max}+TWI_{sd}	5	193.53	1.81	−91.762
Q_{max}+$Rough_{max}$	5	194.86	3.14	−92.431
Q_{max}+$Rough_{sd}$	5	196.90	5.18	−93.451
Q_{max}+TWI_{mean}	5	198.55	6.83	−94.277
Q_{max}+$Slope_{mean}$	5	200.50	8.78	−95.249
Q_{max}	4	202.35	10.63	−97.100

表 6.12 四种不同滞后类型的水文事件混合线性模型最佳结果预测

	顺时针				逆时针				“8”字形				复杂型			
	参数	估计值	标准差	t 值	参数	估计值	标准差	t 值	参数	估计值	标准差	t 值	参数	估计值	标准差	t 值
固定效应	截距	2.68	0.17	15.10	截距	−1.18	0.34	−3.47	截距	−1.02	0.41	−2.49	截距	1.74	0.25	7.09
	Q_{max}	1.15	0.02	11.06	Q_{max}	1.40	0.04	32.72	Q_{max}	1.37	0.06	22.42	Q_{max}	1.27	0.07	19.38
	TWI_{min}	0.52	0.04	3.99	TWI_{min}	2.37	0.39	6.10	TWI_{min}	2.17	0.44	4.91	TWI_{min}	−1.24	0.44	−4.26
随机效应	白家川	2.10	—	—	白家川	−1.05	—	—	白家川	−1.05	—	—	白家川	0.91	—	—
	挡阳桥	2.69	—	—	挡阳桥	−1.05	—	—	挡阳桥	1.18	—	—	挡阳桥	2.48	—	—
	大宁	2.57	—	—	大宁	−1.64	—	—	大宁	−0.96	—	—	大宁	1.41	—	—
	殿市	2.77	—	—	殿市	−0.99	—	—	殿市	−0.88	—	—	殿市	1.54	—	—
	甘谷驿	2.67	—	—	甘谷驿	−1.19	—	—	甘谷驿	−0.94	—	—	甘谷驿	1.93	—	—
	高家川	2.50	—	—	高家川	−1.16	—	—	高家川	−1.45	—	—	高家川	1.58	—	—
	圪洞	2.83	—	—	圪洞	−1.56	—	—	圪洞	−0.90	—	—	圪洞	1.22	—	—
	后大成	2.46	—	—	后大成	−1.17	—	—	后大成	−1.29	—	—	后大成	1.78	—	—
	皇甫川	2.62	—	—	皇甫川	−1.08	—	—	皇甫川	−2.12	—	—	皇甫川	1.77	—	—
	旧县	2.49	—	—	旧县	−2.13	—	—	旧县	−1.18	—	—	旧县	1.01	—	—
	吉县	2.74	—	—	吉县	−1.71	—	—	吉县	−1.12	—	—	吉县	1.50	—	—
	岢岚	2.52	—	—	岢岚	−1.28	—	—	岢岚	−1.08	—	—	岢岚	1.52	—	—
	李家河	3.21	—	—	李家河	−1.16	—	—	李家河	−0.91	—	—	李家河	1.82	—	—
	林家坪	3.19	—	—	林家坪	−1.37	—	—	林家坪	−1.05	—	—	林家坪	2.26	—	—
	裴沟	3.01	—	—	裴沟	−1.18	—	—	裴沟	−1.15	—	—	裴沟	2.35	—	—
	偏关	3.00	—	—	偏关	−1.39	—	—	偏关	−0.56	—	—	偏关	1.64	—	—
	清水河	2.37	—	—	清水河	−0.70	—	—	清水河	−0.85	—	—	清水河	2.07	—	—
	青阳岔	3.05	—	—	青阳岔	−0.89	—	—	青阳岔	−0.83	—	—	青阳岔	2.24	—	—

续表

	顺时针				逆时针				“8”字形				复杂型			
	参数	估计值	标准差	t值	参数	估计值	标准差	t值	参数	估计值	标准差	t值	参数	估计值	标准差	t值
随机效应	沙圪堵	2.95	—	—	沙圪堵	-0.99	—	—	沙圪堵	-0.48	—	—	沙圪堵	2.48	—	—
	申家湾	2.92	—	—	申家湾	-0.55	—	—	申家湾	-1.05	—	—	申家湾	1.78	—	—
	绥德	2.66	—	—	绥德	-1.36	—	—	绥德	-0.98	—	—	绥德	1.94	—	—
	温家川	2.19	—	—	温家川	-0.87	—	—	温家川	-0.99	—	—	温家川	2.01	—	—
	桥头	2.93	—	—	桥头	-1.34	—	—	桥头	-0.93	—	—	桥头	0.65	—	—
	延安	2.06	—	—	延安	-1.09	—	—	延安	-0.63	—	—	延安	1.52	—	—
	延川	2.67	—	—	延川	-0.91	—	—	延川	-1.88	—	—	延川	1.87	—	—
	子长	2.66	—	—	子长	-1.77	—	—	子长	-0.61	—	—	子长	1.74	—	—

表 6.13 显示了用于预测逆时针滞后的水文事件产沙量的最佳模型，最佳模型(最低的 AIC)预测变量主要是径流量和 IC 平均值。边际效应的 R^2 为 0.752，表明约 75.2%的水文事件产沙量变化由混合线性模型中的固定效应(最小 AIC)解释，而条件效应的 R^2 为 0.1，表明 10%的变化由随机效应解释(表 6.12)。在该模型中水文事件径流量的相对重要性大于 IC 平均值。

表 6.13　逆时针滞后的水文事件前 10 名候选混合线性模型

模型预测变量	K	AIC	delta AIC	对数似然估计
$H+IC_{mean}$	5	575.05	0	−282.53
$H+NDVI_{mean}$	5	586.95	11.90	−288.47
$H+NDVI_{max}$	5	593.92	18.87	−291.96
$H+Slope_{mean}$	5	609.52	34.47	−299.76
$H+TWI_{mean}$	5	610.26	35.21	−300.13
$H+Slope_{sd}$	5	615.37	40.32	−302.68
$Q_{max}+Rough_{sd}$	5	618.76	43.71	−304.38
$H+Rough_{max}$	5	619.27	44.22	−304.64
$H+Rough_{sd}$	5	619.73	44.68	−304.86
$H+TWI_{min}$	5	619.85	44.80	−304.92

表 6.14 显示了用于预测“8”字形滞后的水文事件产沙量的最佳模型，最佳模型(最低的 AIC)预测变量主要是径流量和 IC 平均值。边际效应的 R^2 为 0.774，表明约 77.4%的水文事件产沙量变化由混合线性模型中的固定效应(最小 AIC)解释，而条件效应的 R^2 为 0.132，表明约 13.2%的变化由随机效应解释(表 6.12)。在该模型中水文事件径流量的相对重要性大于 IC 平均值。

表 6.14　“8”字形滞后的水文事件前 10 名候选混合线性模型

预测参数	K	AIC	delta AIC	对数似然估计
$H+IC_{mean}$	5	372.82	0	−181.41
$H+NDVI_{max}$	5	377.66	4.84	−183.83
$Q_{max}+Slope_{mean}$	5	385.85	13.03	−188.87
$Q_{max}+TWI_{mean}$	5	387.06	14.24	−188.53

续表

预测参数	K	AIC	delta AIC	对数似然估计
H+TWI_{mean}	5	388.40	15.58	−189.20
Q_{max}+$NDVI_{mean}$	5	391.72	18.90	−190.86
Q_{max}+$Rough_{max}$	5	391.47	18.65	−190.73
H+$Slope_{sd}$	5	392.01	19.19	−191.00
H+$Rough_{max}$	5	392.23	19.41	−191.11
H+$Rough_{sd}$	5	392.94	20.12	−191.47

表 6.13 显示了用于预测复杂型滞后的水文事件产沙量的最佳模型，最佳模型(最低的 AIC)预测变量主要是峰值流量和 NDVI 平均值。边际效应的 R^2 为 0.809，表明约 80.9%的水文事件产沙量变化由混合线性模型中的固定效应(最小 AIC)解释，而条件效应的 R^2 为 0.13，表明约 13%的变化由随机效应解释(表 6.12)。在该模型中水文事件峰值流量的相对重要性大于 NDVI 平均值。对四种不同滞后类型的预测中，混合线性模型对复杂型滞后类型的预测性效果最佳。

表 6.13　复杂型滞后的水文事件前 10 名候选混合线性模型

模型变量	K	AIC	delta AIC	对数似然估计
Q_{max}+$NDVI_{mean}$	5	172.66	0	−81.332
H+$Rough_{sd}$	5	175.64	2.98	−82.821
Q_{max}+$Rough_{max}$	5	178.35	5.69	−84.177
Q_{max}+$NDVI_{max}$	5	179.19	6.53	−84.598
Q_{max}+$Rough_{sd}$	5	181.48	8.82	−85.742
Q_{max}+TWI_{mean}	5	181.73	9.07	−85.867
Q_{max}+TWI_{min}	5	182.74	10.08	−86.367
Q_{max}+$Slope_{mean}$	5	184.28	11.62	−87.139
Q_{max}+DEM_{sd}	5	186.81	14.15	−88.404
Q_{max}+TWI_{sd}	5	187.52	14.86	−88.76

6.4　结论

本章以黄河中游多沙粗沙区 30 个流域为研究对象，通过 K-means 聚类分析、相关性分析、流域对比分析、混合线性模型等方法，结合 GIS 技术和遥感识别技术，计算了各流域泥沙连通性 IC 值；计算了滞后指数 HI 值，划分了每个水文事件的滞后类型；研究了在不同水文事件下，泥沙连通性与水文特征以及滞后指数的关系；分析了景观变量与径流对产沙量的影响程度。取得了以下主要结论。

(1) 在时间尺度上，黄河中游多沙粗沙区 2006 年 IC 的平均值为 6.725(标准差为 3.43)，范围值从－9.81 到 16.17，2016 年 IC 的平均值为 5.381(标准差为 2.91)，范围值从－9.81 到 16.17。在大多数流域和地区，从 2006 年到 2016 年 IC 值逐渐减少。在空间尺度上，受到 NDVI 和坡度的影响，IC 值呈现出西北高和东南低的趋势，且频率密度曲线显示非正态分布，呈现出 4 个峰值的偏态分布。30 个流域 IC 值的空间分布差异较大，在大多数流域，较高的 IC 值分布在离水文站较近的河道上，而较低的 IC 值则分布在远离河流的山坡上。

(2) 根据水文事件的径流量、峰值流量、径流历时参数，利用 K-means 聚类划分三种不同的水文模式。结果表明，泥沙输移都受到径流的驱动，在三种水文模式下，IC 值与产沙量、最大泥沙浓度和平均泥沙浓度之间均呈现正相关显著关系($P<0.05$)。流域的 IC 值能够很大程度上体现该流域的径流泥沙输移能力，IC 值增加，泥沙连通性增大，泥沙从侵蚀斑块被输移到流域出口的可能性增大，因此水文事件的产沙量也增加。

(3) 逆时针滞后模式是黄河中游多沙粗沙区中发生最频繁的滞后类型。“8”字形和逆时针滞后模式的泥沙输送效率高于顺时针模式。以顺时针方向为主要滞后类型的流域主要分布在黄河中游多沙粗沙区的东南部，以逆时针方向为主要滞后类型的流域主要分布在黄河中游多沙粗沙区的西北部。IC 中位数和 HI 值之间的线性相关性在径流量、峰值流量、径流历时都较小，但在中等的水文事件中呈显著相关($P<0.05$)，而在径流量、峰值流量、径流历时都较大的水文事件中相关性不显著。在 IC 值高的流域中，远处的泥沙更容

易被输送到流域出口附近，导致发生逆时针滞后模式，逆时针滞后模式的泥沙输送效率高于顺时针模式。

（4）在黄河中游多沙粗沙区，各景观因子的空间分布不同。NDVI、坡度和地表粗糙度呈现出东南高西北低的趋势，IC值和地形湿度指数呈现出西北高东南低的趋势。4种不同滞后类型的平均径流量和产沙量差异较大，顺时针滞后类型的峰值流量和泥沙浓度显著小于逆时针、“8”字形和复杂型滞后类型。水文事件产沙量与流量呈现出强相关关系，与地貌变量呈现出相对较弱的相关性。与水文事件的产沙量相关性最强的变量是径流量；与水文事件的产沙量相关性最强的景观变量是流域的粗糙度最大值。对于4种不同滞后类型，不同滞后类型最佳预测模型的变量不同。

参考文献

[1] BORSELLI L, CASSI P, TORRI D. Prolegomena to sediment and flow connectivity in the landscape: A GIS and field numerical assessment[J]. Catena, 2008, 75(3): 268-77.

[2] WILLIAMS G P. Sediment concentration versus water discharge during single hydrologic events in rivers[J]. Journal of Hydrology, 1989, 111(1-4): 89-106.

[3] MEGNOUNIF A, TERFOUS A, OUILLON S. A graphical method to study suspended sediment dynamics during flood events in the Wadi Sebdou, NW Algeria (1973—2004)[J]. Journal of Hydrology, 2013, 497:24-36.

[4] ZUECCO G, PENNA D, BORGA M, et al. A versatile index to characterize hysteresis between hydrological variables at the runoff event timescale[J]. Hydrological Processes, 2016, 30(9), 1449-1466.

[5] TIAN P, ZHAI J Q, ZHAO G J, et al. Dynamics of Runoff and Suspended Sediment Transport in a Highly Erodible Catchment on the Chinese Loess Plateau[J]. Land Degradation & Development, 2016, 27 (3): 839-850.

[6] NADAL-ROMERO E, REGUES D, LATRON J. Relationships among rainfall, runoff, and suspended sediment in a small catchment with badlands[J]. Catena, 2008, 74(2): 127-136.

[7] SMITH H G, DRAGOVICH D. Interpreting sediment delivery processes using suspended sediment-discharge hysteresis patterns from nested upland catchments, south-eastern Australia[J]. Hydrological Processes: An International Journal, 2009, 23(17): 2415-2426.

[8] MAHONEY D T, FOX J, AL-AAMERY N, et al. Integrating connectivity theory within watershed modelling part Ⅱ: Application and evaluating structural and functional connectivity[J]. Science of the Total Environment, 2020, 740:140386.

[9] SHERRIFF S C, ROWAN J S, FENTON O, et al. Storm event suspended sediment-discharge hysteresis and controls in agricultural watersheds: Implications for watershed scale sediment management[J]. Environmental Science & Technology, 2016, 50(4): 1769-1778.

[10] FANG N F, SHI Z H, LI L, et al. Rainfall, runoff, and suspended sediment delivery relationships in a small agricultural watershed of the Three Gorges area, China[J]. Geomorphology, 2011, 135(1-2): 158-166.

[11] HU J F, GAO P, MU X M, et al. Runoff-sediment dynamics under different flood patterns in a Loess Plateau catchment, China[J]. Catena, 2019, 173: 234-245.

[12] ZOU Y, HUANG X, HOU M, et al. Linking watershed hydrologic processes to connectivity indices on the Loess Plateau, China[J]. Catena,2022,216(Part A):106341.

[13] ZHANG H Y, SHI Z H, FANG N F, et al. Linking watershed geomorphic characteristics to sediment yield: Evidence from the Loess Plateau of China[J]. Geomorphology, 2015,234: 19-27.

[14] OUYANG W, HAO F H, SKIDMORE A K, et al. Soil erosion and sediment yield and their relationships with vegetation cover in upper stream of the Yellow River[J]. Science of the Total Environment, 2010,409 (2): 396-403.

第七章
植被恢复与坝库工程建设对流域输沙变化的影响

本章基于河龙区间骨干坝数据及主要支流1954—2018年的降雨、泥沙数据，结合坝控小流域反演产沙模数及文献收集得到的产沙模数，分析河龙区间典型支流近60年输沙变化趋势及突变特征，探明气候变化及人类活动对支流输沙量减少的贡献，估算不同流域在不同时期的骨干坝拦沙量，明确骨干坝拦沙对支流输沙量减少的贡献。然后以整个河龙区间为研究对象，通过收集区域内气象、水文资料，统计区域内雨量站日降雨数据以及获取不同年限的土地利用数据集，采用水文站实测输沙量数据以及坝控小流域反演的产沙模数数据分别对SEDD模型（Sedimerit Delivery Distributed Model）进行校准和验证，进而模拟整个河龙区间的侵蚀产沙现状，并量化降雨、水保措施（淤地坝、梯田等）、土地利用变化（植被恢复）对区域输沙量减少的相对贡献。

7.1 坝库工程拦沙对流域输沙变化的影响

7.1.1 骨干坝建设和淤积情况

根据2011年第一次全国水利普查数据，河龙区间内不同流域的骨干坝数量、总库容和淤积比的空间分布特征如图7.1所示。调查统计了河龙区间3 703座骨干坝，其中将近86%的骨干坝分布在20个主要流域[1]。然而，每个流域修建的骨干坝数量差异很大，从3座到1 139座不等[图7.1(a)]。其中，无定河流域的骨干坝数量最多，共有 1 139 座。汾川和仕望川流域的骨干坝数量最少，分别只有 3 座和 4 座。通过对比黄河两岸骨干坝的分布，发现黄河右岸的骨干坝数量大于黄河左岸的骨干坝数量。骨干坝的数量也与总库容的大小有关，它们表现出相似的空间分布特征。同样地，无定河流域的总库容最大，为 13.3×10^8 m^3，而仕望川和汾川流域的总库容最小，分别为 3.0×10^6 m^3 和 5.6×10^6 m^3。仕望川和昕水河流域骨干坝的泥沙淤积比最低，不到 10%。无定河、佳芦河和蔚汾河流域骨干坝的泥沙淤积比均达到 60%以上。

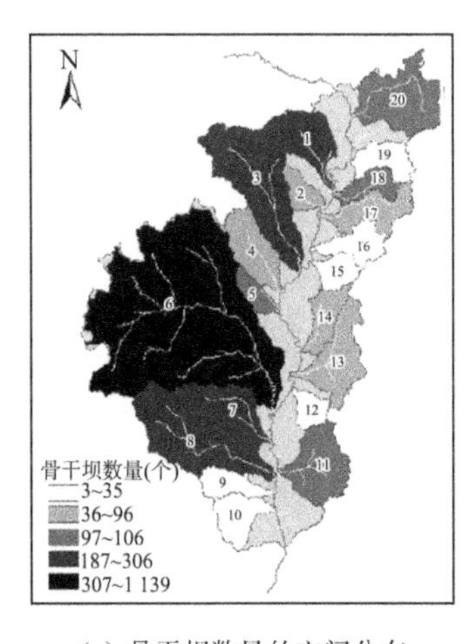

(a) 骨干坝数量的空间分布

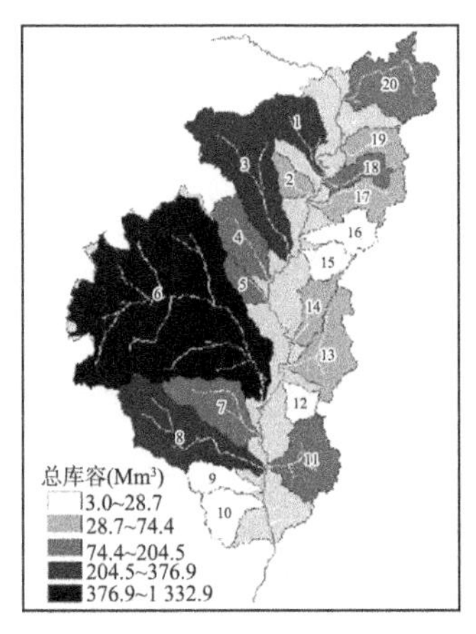

(b) 总库容的空间分布

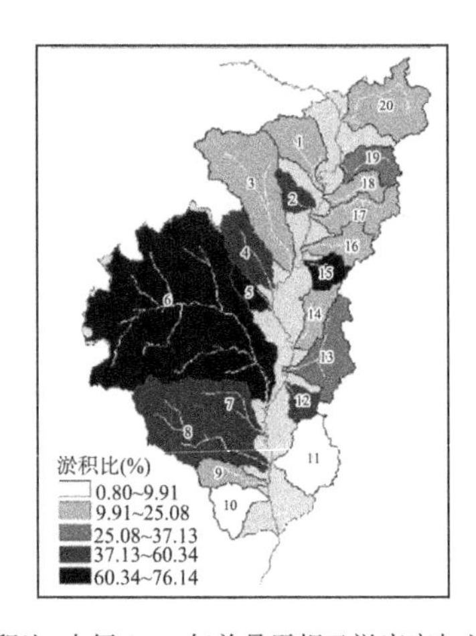

(c) 泥沙淤积比：表征 2011 年前骨干坝已淤库容与总库容的比值

图 7.1　河龙区间不同流域骨干坝的空间分布特征

7.1.2　河龙区间植被指数的变化特征

1986—2018 年整个河龙区间、皇甫川、窟野河和延河流域 NDVI 值的动态变化如图 7.2 所示。皇甫川和窟野河流域 NDVI 值的变化趋势基本一致，1999 年前主要表现为稳定波动，1999 年后逐年递增。1986—2018 年，延河流域 NDVI 值先下降后阶梯式上升。整个河龙区间的 NDVI 值在 1999 年前呈上下波动变化，1999 年后波动上升。如图 7.2(b)所示，12 条主要支流和整个河龙区间的平均 NDVI 值从 1 时段到 2 时段均呈现增长趋势。整个河龙区间 1 时段和 2 时段的平均 NDVI 值分别为 0.152 和 0.188，增加了 0.036。在选定的流域中，朱家川流域的 NDVI 值增加量最小，仅有 0.018，而延河流域的 NDVI 增加量最大，达到 0.073。综上所述，1999 年实施的退耕还林还草政策极大地促进了该地区的生态恢复[2]。

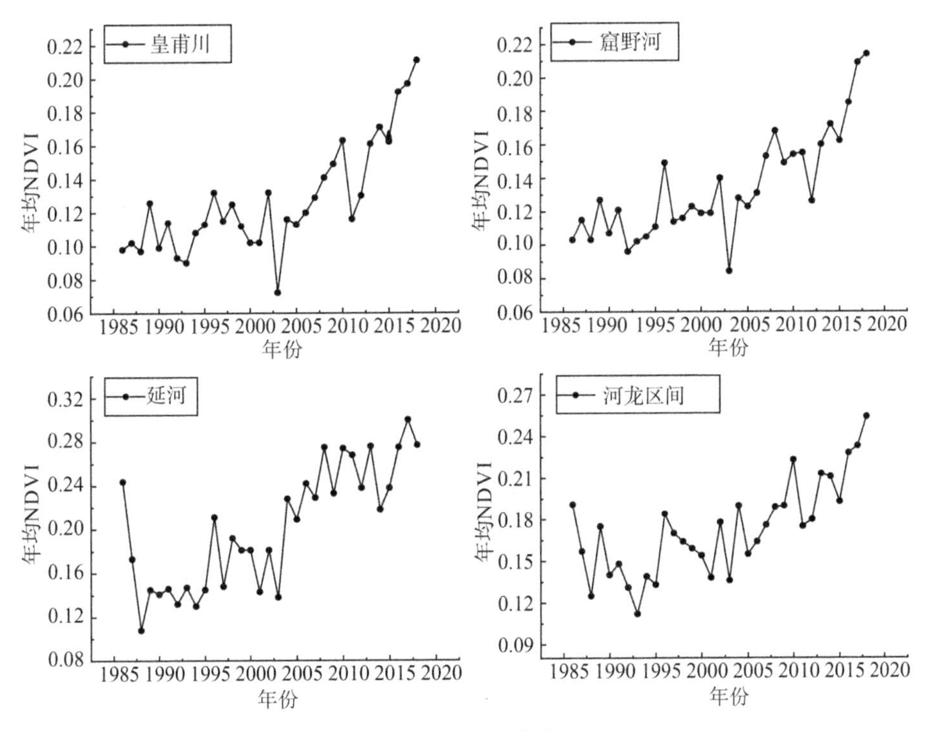

(a) NDVI 的年变化过程

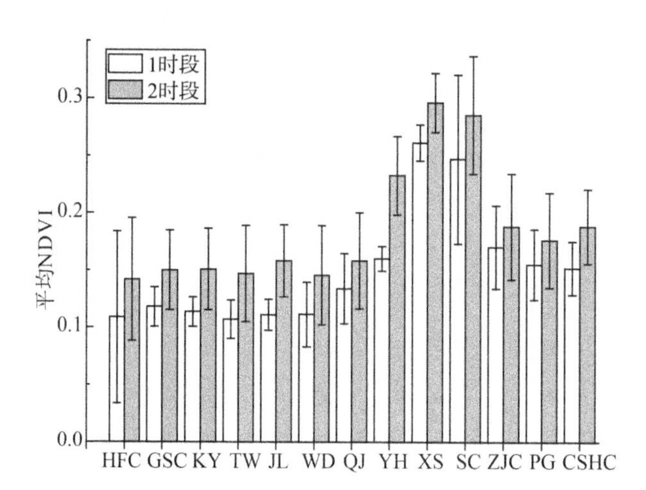

(b) 1 时段(1980—1999 年)和 2 时段(2000—2018 年)的平均 NDVI

图 7.2　河龙区间及 12 条主要支流 NDVI 的变化特征

注:HFC:皇甫川,GSC:孤山川,KY:窟野河,TW:秃尾河,JL:佳芦河,WD:无定河,QJ:清涧河,YH:延河,XS:昕水河,SC:三川河,ZJC:朱家川,PG:偏关河,CSHC:河龙区间

7.1.3　输沙量的趋势和突变点分析

选择河龙区间的 12 条典型支流在 1955—2018 年的输沙量动态变化过程见图 7.3。表 7.1 给出了 12 条支流泥沙动态的趋势变化和突变点分析结果。近 60 年来,各支流输沙量均呈显著下降趋势($P<0.01$)[3-5]。与参考期(1955—1979 年)相比,1 时段(1980—1999 年)所有支流的输沙量减少了 29.3%～74.5%,平均减少了 57.5%;在 2 时段(2000—2018 年),所有支流的输沙量减少了 78.1%～97.3%,平均减少了 89.2%。截至 1999 年,两条支流(佳芦河和朱家川)的输沙量减少了 70%以上;而在 2018 年,大部分支流的输沙量减少量达到 90%以上,其中,窟野河流域的输沙量递减最为明显,年平均输沙量由参考期的 1.29 亿 t 减少到 2 时段的 0.034 亿 t,输沙量减少量达到 97.36%。河龙区间典型支流年减沙率的变化范围为$(34.8\sim358.5)\times10^4$ t/a,平均年减沙率达到 106.83×10^4 t/a。通过对 12 条支流的年输沙量进行突变点分析发现,其中 10 条支流输沙量的突变点出现在 20 世纪 90 年代末和 21 世纪初,而佳芦河和偏关河的输沙量则在 1978 年至 1983 年间发生突变。这两类突变点与上述 3 个时期划分的时间节点是相对应的。

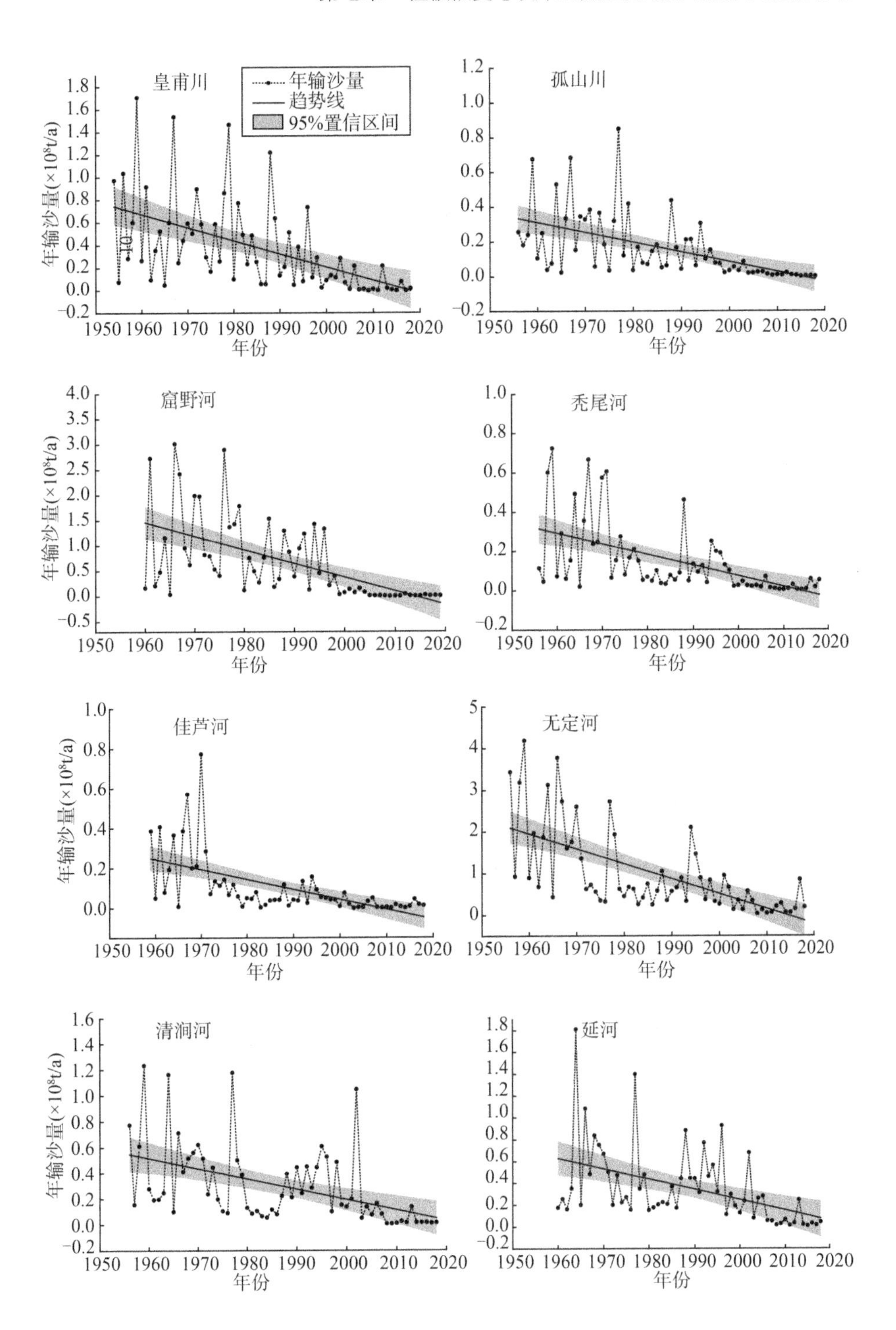

皇甫川
孤山川
窟野河
秃尾河
佳芦河
无定河
清涧河
延河
年输沙量
趋势线
95%置信区间
年输沙量($\times 10^8$t/a)
年份

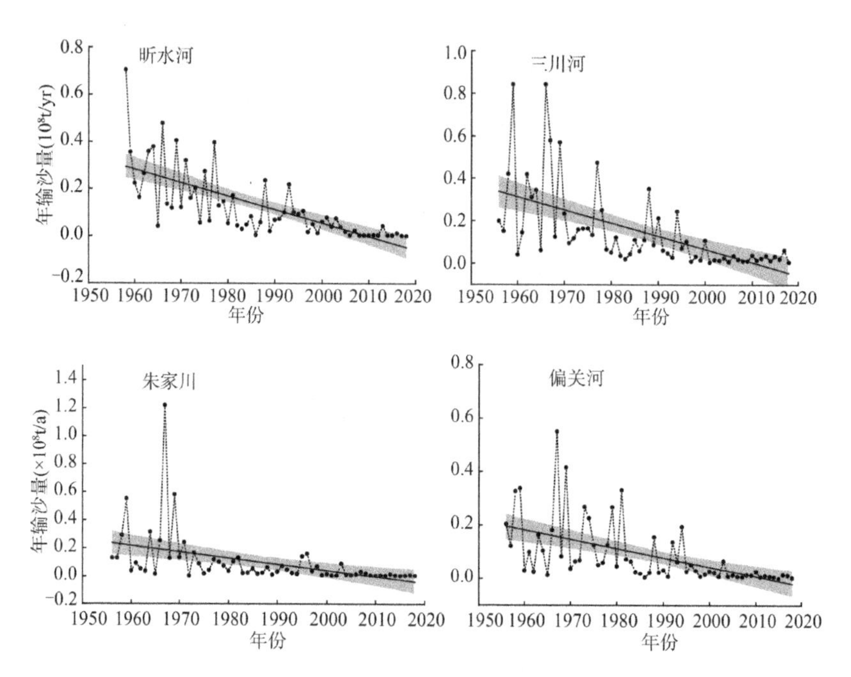

图 7.3 河龙区间典型支流年输沙量变化特征

表 7.1 河龙区间主要支流泥沙趋势及突变点分析

ID	流域	年减沙率(10^4 t/a)	Z统计及显著水平	突变点(年)及显著水平
1	皇甫川	−116.6	−5.75**	1992**
2	孤山川	−56.6	−6.50**	1996**
3	窟野河	−271.3	−6.13**	1996**
4	秃尾河	−54.9	−5.86*	1998**
5	佳芦河	−50.2	−5.92**	1978**
6	无定河	−358.5	−6.10**	1996**
7	清涧河	−80.3	−4.96**	2002**
8	延河	−95.7	−4.43**	1996**
11	昕水河	−56.8	−6.98**	1996**
13	三川河	−61.6	−6.36**	1996**
17	朱家川	−44.6	−6.31**	1998**
19	偏关河	−34.8	−6.25**	1983**

注：** 和 * 分别表示在 0.01 和 0.05 上的显著水平。

7.1.4　估算不同流域骨干坝拦沙量

在参考期，所选流域坝控面积占流域面积的比值在 0～29.58%变化，平均值为 8.28%；所选流域内骨干坝的年拦沙量变化范围为(0～6 973.6)×10^4 t/a，平均值为 869.86×10^4 t/a(表 7.2)。在 1 时段，所选流域坝控面积占流域面积的比值在 0.68%～41.24%变化，平均值为 13.18%；所选流域骨干坝的年拦沙量变化范围为(23.12～4 805.90)×10^4 t/a，平均值为 718.60×10^4 t/a。在 2 时段，所选流域坝控面积占流域面积的比值在 8.30%～43.79%变化，平均值为 20.41%；所选流域骨干坝的年拦沙量变化范围为(149.65～3 735.48)×10^4 t/a，平均值为 657.40×10^4 t/a。结果表明，河龙区间骨干坝的坝控面积在逐渐增大，而骨干坝的年拦沙量有所下降。截至 2011 年，佳芦河和皇甫川流域的坝控面积占流域面积的比值最大均达到 40%以上。

表 7.2　研究流域骨干坝在三个时期的拦沙量

流域	时段	产沙模数 [t/(km² · a)]	坝控面积占流域面积的比值 (%)	估算拦沙量 (×10^4 t/a)	估算总泥沙量(×10^4 t)	测量总泥沙量 (×10^4 t)
皇甫川	1954—1979 年	13 000	2.09	88.01	8 720.47	8 862.49
	1980—1999 年	10 000	19.26	623.10		
	2000—2011 年	5 500	40.25	716.21		
孤山川	1956—1979 年	15 000	18.35	348.75	5 115.62	5 488.99
	1980—1999 年	8 000	21.54	218.32		
	2000—2011 年	5 000	23.62	149.65		
窟野河	1960—1979 年	15 000	0.76	98.85	7 659.49	7 629.31
	1980—1999 年	11 000	3.67	349.03		
	2000—2011 年	7 000	12.86	778.96		
秃尾河	1956—1979 年	20 000	5.69	365.00	7 755.68	7 575.49
	1980—1999 年	15 000	7.35	353.55		
	2000—2011 年	8 000	10.27	263.68		
佳芦河	1959—1979 年	18 000	29.58	602.64	12 259.50	12 693.20
	1980—1999 年	12 000	41.24	560.16		
	2000—2011 年	7 500	43.79	371.78		

续表

流域	时段	产沙模数 [t/(km^2 · a)]	坝控面积占流域面积的比值（%）	估算拦沙量 （$\times 10^4$ t/a）	估算总泥沙量（$\times 10^4$ t）	测量总泥沙量（$\times 10^4$ t）
无定河	1956—1979 年	20 000	11.35	6 973.60	121 285.00	118 952.00
	1980—1999 年	11 000	14.22	4 805.90		
	2000—2011 年	7 000	17.37	3 735.48		
清涧河	1956—1979 年	18 000	12.57	921.96	15 921.60	16 041.70
	1980—1999 年	10 000	14.60	594.90		
	2000—2011 年	4 000	21.91	357.28		
延河	1960—1979 年	7 000	18.07	969.50	18 002.10	17 771.00
	1980—1999 年	4 000	21.63	663.16		
	2000—2011 年	3 000	25.16	578.67		
昕水河	1958—1979 年	10 000	0	0	1 691.70	1 717.30
	1980—1999 年	8 000	0.68	23.12		
	2000—2011 年	5 000	17.02	363.20		
三川河	1956—1979 年	20 000	0.85	70.00	2 787.86	2 825.03
	1980—1999 年	11 000	2.56	115.72		
	2000—2011 年	6 500	8.30	221.975		
朱家川	1956—1979 年	12 000	0	0	1 861.97	1 906.19
	1980—1999 年	10 000	4.82	139.00		
	2000—2011 年	5 000	11.74	169.35		
偏关河	1956—1979 年	15 000	0	0	1 894.78	1 904.50
	1980—1999 年	13 000	6.57	177.19		
	2000—2011 年	7 000	12.57	182.56		

7.1.5 流域骨干坝减沙效率的时空变化特征

根据所有流域参考期（1955—1979 年）的累积降雨量和输沙量的双累积曲线（图 7.4），拟合出线性方程，方程的 R^2 均大于 0.9。然后，利用拟合方程计算各流域不同时期的输沙量，从而估算泥沙的减少量以及量化气候变化和人类活动对输沙量的影响（表 7.3）。在 1 时段，降水变化对泥沙减少的平均贡献小于 16%，而人类活动的影响占到 84%以上。在 2 时段，降水对泥沙减少的影响为负，这表明这一时段降水量增加促进了泥沙的产生。与此同

表 7.3 降水和人类活动对支流泥沙减少的相对贡献及河龙区间骨干坝的减沙效率

流域	时段	测量值 (×10⁴ t/a)	计算值 (×10⁴ t/a)	泥沙减少		降雨量		人类活动		骨干坝	
				减少量 (×10⁴ t/a)	比例 (%)	减少量 (×10⁴ t/a)	比例 (%)	减少量 (×10⁴ t/a)	比例 (%)	拦沙量 (×10⁴ t/a)	比例 (%)
皇甫川	1954—1979 年	6 123.9	5 905.2	—							
	1980—1999 年	3 420.0	4 904.3	2 703.9	44.2	1 219.6	45.1	1 484.3	54.9	623.1	42.0
	2000—2018 年	680.1	5 940.2	5 443.8	88.9	183.7	3.4	5 260.0	96.6	716.2	13.6
孤山川	1956—1979 年	2 899.4	2 807.8	—							
	1980—1999 年	1 326.5	2 512.7	1 572.9	54.3	386.7	24.6	1 186.1	75.4	218.3	18.4
	2000—2018 年	194.4	2 874.2	2 705.0	93.3	25.2	0.9	2 679.9	99.1	149.7	5.6
窟野河	1960—1979 年	12 885.0	12 733.6	—							
	1980—1999 年	6 591.1	11 865.9	6 293.8	48.9	1 019.0	16.2	5 274.8	83.8	349.0	6.6
	2000—2018 年	343.9	15 828.8	12 541.0	97.3	−2 943.9	−23.5	15 484.9	123.5	779.0	5.0
秃尾河	1956—1979 年	2 672.3	2 846.1	—							
	1980—1999 年	1 147.5	2 580.1	1 524.8	57.1	92.2	6.1	1 432.6	93.9	353.6	24.7
	2000—2018 年	223.4	3 225.5	2 448.9	91.6	−553.2	−22.6	3 002.1	122.6	263.7	8.8
佳芦河	1959—1979 年	2 206.9	2 437.8	—							
	1980—1999 年	563.0	2 169.6	1 643.9	74.5	37.3	2.3	1 606.5	97.7	560.2	34.9
	2000—2018 年	165.6	3 001.7	2 041.3	92.5	−794.8	−38.9	2 836.0	138.9	371.8	13.1

续表

流域	时段	测量值（×10^4 t/a）	计算值（×10^4 t/a）	泥沙减少		降雨量		人类活动		骨干坝	
				减少量（×10^4 t/a）	比例（%）	减少量（×10^4 t/a）	比例（%）	减少量（×10^4 t/a）	比例（%）	拦沙量（×10^4 t/a）	比例（%）
无定河	1956—1979 年	17 672.1	18 824.3	—							
	1980—1999 年	6 936.8	15 828.7	10 735.4	60.8	1 843.4	17.2	8 891.9	82.8	4 805.9	54.1
	2000—2018 年	2 890.3	19 170.7	14 781.8	83.6	−1 498.6	−10.1	16 280.4	110.1	3 735.5	22.9
清涧河	1956—1979 年	5 441.6	4 715.5	—							
	1980—1999 年	2 602.9	4 305.8	2 838.8	52.2	1 135.9	40.0	1 702.9	60.0	594.9	34.9
	2000—2018 年	1 134.9	5 329.1	4 306.8	79.1	112.6	2.6	4 194.2	97.4	357.3	8.5
延河	1960—1979 年	5 419.7	5 532.3	—							
	1980—1999 年	3 833.9	5 467.1	1 585.8	29.3	−47.4	−3.0	1 633.2	103.0	663.2	40.6
	2000—2018 年	1 187.8	5 898.5	4 232.0	78.1	−478.8	−11.3	4 710.8	111.3	578.7	12.3
昕水河	1958—1979 年	2 503.7	2 591.5	—							
	1980—1999 年	797.0	2 063.3	1 706.7	68.2	440.4	25.8	1 266.3	74.2	23.1	1.8
	2000—2018 年	228.4	2 242.1	2 275.3	90.9	261.5	11.5	2 013.7	88.5	363.2	18.0
三川河	1956—1979 年	2 880.3	3 093.0	—							
	1980—1999 年	911.6	2 616.2	1 968.6	68.4	264.1	13.4	1 704.6	86.6	115.7	6.8
	2000—2018 年	268.1	3 424.7	2 612.2	90.7	−544.4	20.8	3 156.5	120.8	222.0	7.0
朱家川	1956—1979 年	2 011.6	2 187.0	—							
	1980—1999 年	547.7	1 961.0	1 463.9	72.8	50.7	3.5	1 413.3	96.5	139.0	9.8
	2000—2018 年	136.7	2 028.5	1 875.0	93.2	−16.9	−0.9	1 891.9	100.9	169.4	9.0

续表

流域	时段	测量值（$\times 10^4$ t/a）	计算值（$\times 10^4$ t/a）	泥沙减少		降雨量		人类活动		骨干坝	
				减少量（$\times 10^4$ t/a）	比例（%）	减少量（$\times 10^4$ t/a）	比例（%）	减少量（$\times 10^4$ t/a）	比例（%）	拦沙量（$\times 10^4$ t/a）	比例（%）
偏关河	1956—1979 年	1 650.3	1 676.1	—							
	1980—1999 年	667.9	1 652.6	982.4	59.5	−2.3	−0.2	984.7	100.2	177.2	18.0
	2000—2018 年	145.0	1 797.1	1 505.3	91.2	−143.8	−9.6	1 649.2	109.6	182.6	11.1

时，人类活动的相对贡献越来越大，说明人类活动在减少支流输沙量方面占据主导作用[6-8]。

在1时段，3个流域（皇甫川、无定河和延河）骨干坝的减沙效率占40%以上（表7.3）。昕水河流域骨干坝的减沙效率最小，仅占到1.8%。黄河右岸骨干坝的平均减沙效率（32.03%）远高于黄河左岸（9.1%），其中减沙效率较大值主要集中在无定河流域周围，介于34.9%～54.1%（图7.5）。在2时段，只有无定河流域骨干坝的减沙效率达到20%以上，窟野河流域骨干坝的减沙效率最小，仅为5%。黄河左右岸骨干坝的平均减沙效率较为接近，分别为11.23%和11.70%，表明黄河两岸骨干坝发挥的效用逐步趋于一致。从1时段到2时段，无定河流域骨干坝的减沙效率下降幅度最大，达到31.2%，昕水河流域的减沙效率上升幅度最大，达到16.2%。在1、2时段，所选流域骨干坝的平均减沙效率分别为24.38%和11.24%。对比两个时段的减沙效率不难发现，随着时间的推移，河龙区间内淤地坝的整体拦沙效益有所减弱。

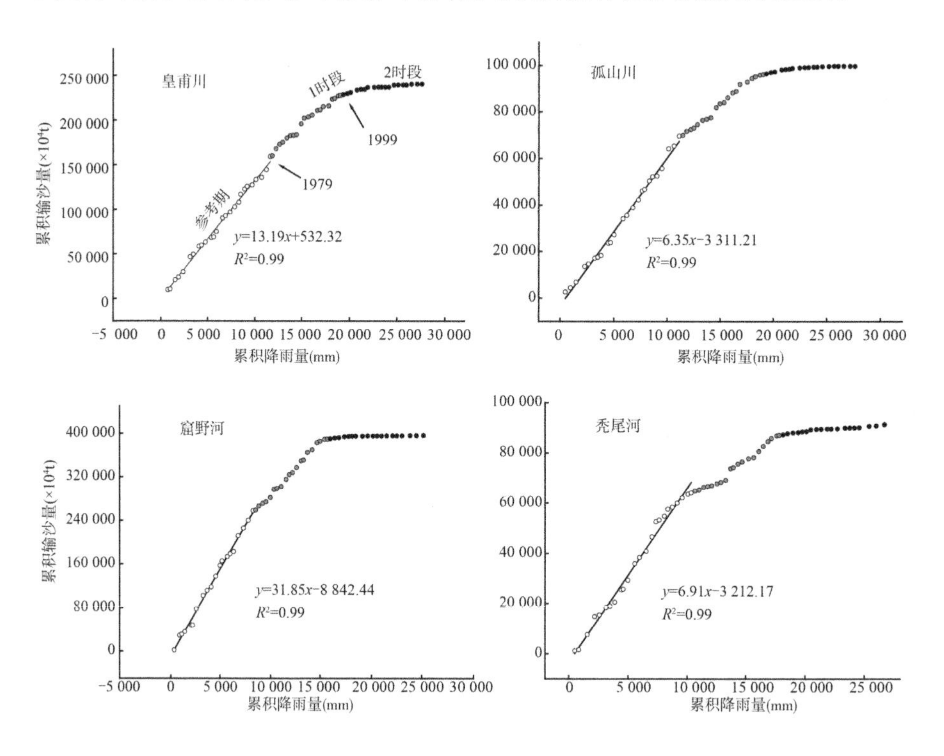

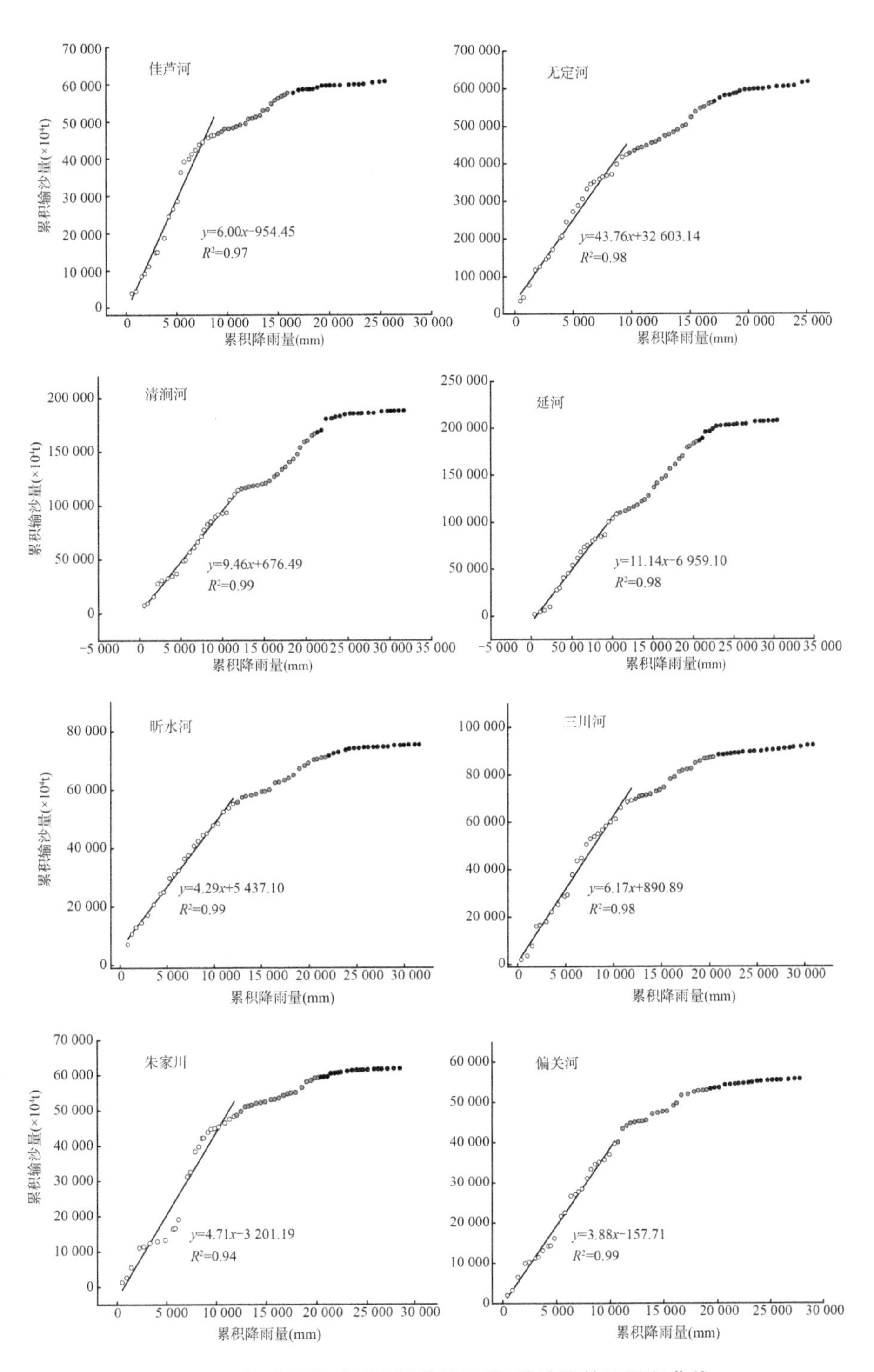

图 7.4　河龙区间典型支流的降雨量-输沙量的双累积曲线

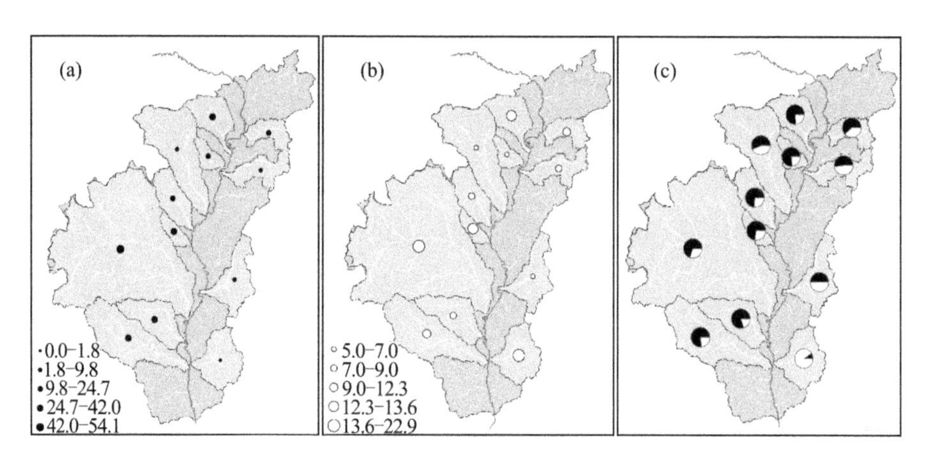

图 7.5　骨干坝减沙效率的空间分布(单位为%)

注:(a) 1 时段(1980—1999 年);(b) 2 时段(2000—2018 年);(c) 1 时段与 2 时段对比

7.1.6　影响减沙效率的潜在因素

根据双累积曲线法的计算结果,河龙区间主要支流的输沙量急剧减少主要是由 20 世纪初人类活动实施的一系列水土保持措施造成的。这些措施主要包括淤地坝、水库等工程措施,梯田等农业措施以及 1999 年实施的退耕还林还草工程等生物措施,这些措施占该地区泥沙减少量的 60%以上[9]。因此,淤地坝数量、梯田面积、植被覆盖度等因素的变化将间接影响骨干坝的减沙效率。为了进一步分析减沙效率的主要影响因素,表 7.4 给出了骨干坝的减沙效率与不同影响因素之间的相关系数。在 1 时段,骨干坝的减沙效率与坝控面积呈极显著正相关,与 NDVI、骨干坝数量和总库容呈显著相关关系。由于坝控面积与骨干坝数量和总库容具有显著的自相关关系,因此选择坝控面积和 NDVI 作为回归分析的主导因子,拟合结果表明,R^2 在 0.8 以上,拟合效果良好。这也表明,在 1 时段,可以利用坝控面积和 NDVI 直接预测未知流域内骨干坝的减沙效率。在 2 时段,除骨干坝数量和总库容外,骨干坝的减沙效率仅与坝控面积存在极显著的相关关系,与 NDVI 等因子之间没有显著关系。通过拟合减沙效率与坝控面积的关系,二者之间存在良好的对数函数关系。综上所述,不同流域骨干坝的减沙效率主要受到坝控面积的控制。无定河流域的坝控面积比其他流域都大,因此两个时期骨干坝的减沙效率均最大。在1时段，昕水河流域骨干坝的减沙效率最小，主要是因为该流域的坝控面积仅为29 km^2，因此骨干坝的减沙作用有限。而且窟野河流域骨干坝的减沙效率相对偏低，主要原因可能是近年来窟野河床经常干涸，导致2000年至2018年实测输沙量仅为343.9×10^4 t/a。根据双累积曲线法的统计结果，人类活动减少了窟野河流域巨量的泥沙，因此导致流域内骨干坝的减沙效率整体偏低。

表7.4　骨干坝减沙效率与两时期内影响因素的相关系数

	骨干坝减沙效率	坝控面积	产沙模数	NDVI	骨干坝数量	总库容	径流深
骨干坝减沙效率	1	0.723**	0.038	0.107	0.700*	0.698*	−0.128
坝控面积	**0.737****	1	0.015	−0.197	0.975**	0.981**	−0.017
产沙模数	**−0.083**	**−0.147**	1	−0.318	0.153	0.143	0.514
NDVI	**−0.608***	**−0.302**	**−0.292**	1	−0.241	−0.299	−0.086
骨干坝数量	**0.676***	**0.973****	**0.027**	**−0.326**	1	0.992**	0.035
总库容	**0.688***	**0.979****	**0.003**	**−0.325**	**0.999****	1	0.015
径流深	**0.036**	**−0.087**	**0.421**	**−0.384**	**−0.027**	**−0.041**	1
骨干坝减沙效率与关键因子的关系							
1时段	$Y=11.36\ln(X_1)-3.88eX_2-36.88\ (R^2=0.81,\ n=12)$						
2时段	$Y=3.65\ln(X_1)-12.67\ (R^2=0.41,\ n=12)$						

注：* 和 ** 分别表示在0.05和0.01水平上显著。加粗数字表示1时段(1980—1999年)的相关系数，常规数字表示2时段(2000—2018年)的相关系数。X_1和X_2分别代表坝控面积和NDVI。

7.2　量化植被恢复与坝库工程对流域输沙减少的贡献

7.2.1　河龙区间土地覆被及输沙量变化特征

图7.6为河龙区间土地覆被的时空分布图，可以发现随着时间的推移，特别是2005年以后，城镇化越来越明显，整体表现为建设用地面积不断扩大[10]。区域的林灌木地主要集中在南部及东部，草地及耕地占据了河龙区间绝大部分区域，裸地主要分布于河龙区间的西北部，主要处于毛乌素沙地区域。表7.5为1990—2018年河龙区间及4个典型流域土地覆被变化特征，

1990—2005 年土地利用类型变化速率最大的是建设用地，增加了 24.40%，说明居民生活及居住面积在不断增大，其间耕地和裸地面积分别减少了 1 172.46 km^2 和 811.72 km^2，而林地和草地面积分别增加了 982.22 km^2 和 604.30 km^2。2005—2018 年是建设用地扩张最为快速的时期，其间城市化面积增加了 2 113.36 km^2，增长速率暴增到 247.61%。在此期间，耕地和裸地依然是减少面积最大的两个覆被类型，分别锐减了 2 479.28 km^2 和 832.20 km^2；而草地面积也在 2005—2018 年骤增了 1 567.66 km^2（表 7.5）。综上所述，退耕还林还草政策实施以来，河龙区间土地覆被变化整体表现为耕地和裸地不断向林地、草地及建设用地的转换。

窟野河流域耕地和裸地面积在 1990—2005 年分别减少了 132.82 km^2 和 181.94 km^2，在 2005—2018 年间减少幅度进一步加深，分别达到 12.96%和 39.81%。建设用地增长面积最大（806.33 km^2），增幅由 1990—2005 年间的 68.60%暴增到 2005—2018 年间的 150.41%。林地面积在 1990—2018 年增加了 114.56 km^2，而灌木地和水体面积均出现了轻微的减少。该流域主要以草地覆盖为主，草地面积在 1990—2005 年增加了 225.76 km^2，随后在 2005—2018 年间减少了 342.88 km^2。

朱家川流域建设用地面积在 1990—2018 年间扩大了 51.95 km^2，增幅高达 167.42%。除此之外，该流域的其他土地覆被类型整体变化不大，1990—2018 年间，林地面积仅增加了 14.25 km^2，而灌木地、耕地和草地分别减少了 22.88 km^2、27.32 km^2 和 16.86 km^2。

延河流域主要的占地类型为耕地和草地，1990 年分别占有 3 284.93 km^2 和 3 447.84 km^2。该流域在 1990—2018 年期间，耕地面积不断减少，而建设用地、林地、灌木地以及草地面积的显著增大，其中耕地转换成草地的面积最大。

昕水河流域的植被类型主要以草、灌木为主，占到流域面积的 50%以上。该流域的建设用地主要在 2005—2018 年出现较大递增，增幅达到 307.51%；耕地也同样在此期间出现持续递减，减少了 76.48 km^2 的面积。草地在 1990—2018 年间增加了 70.78 km^2，而林地、灌木地在整个区间变化幅度并不大。

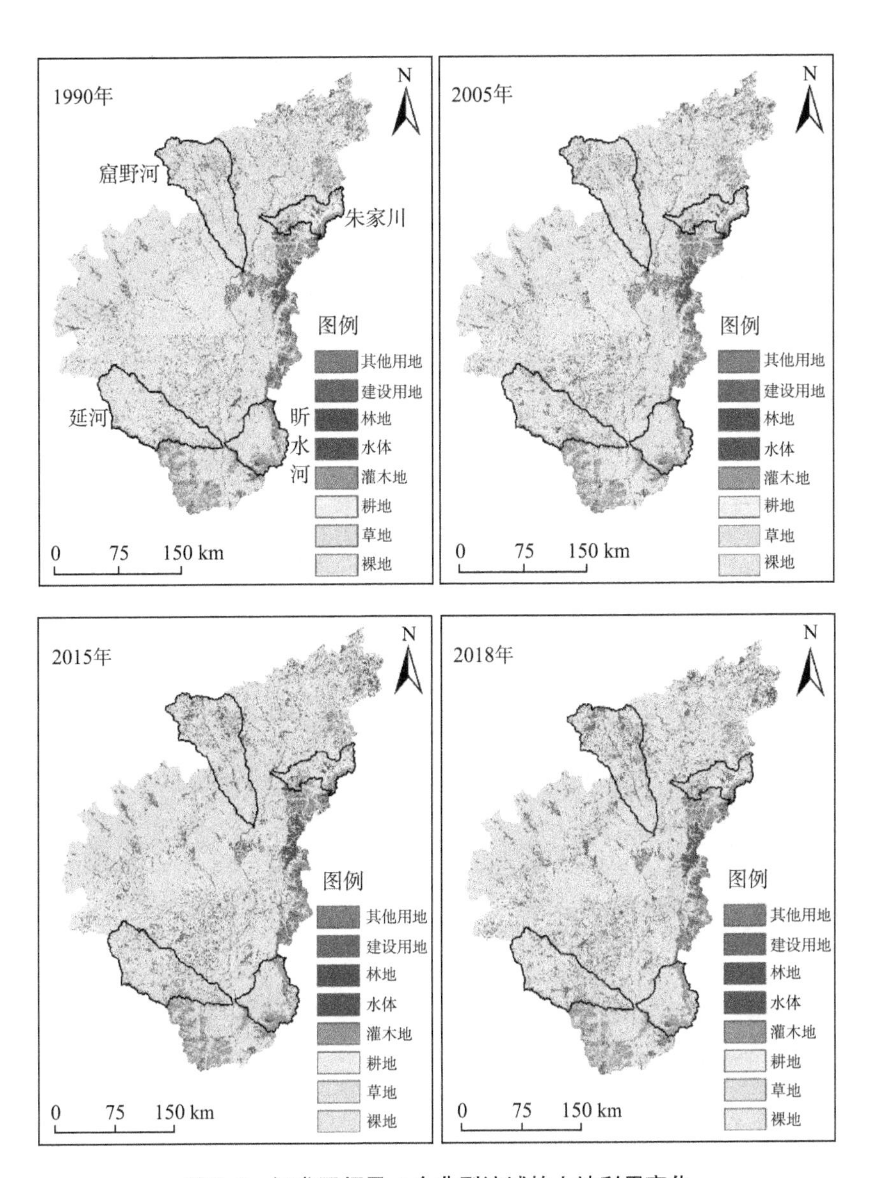

图 7.6　河龙区间及 4 个典型流域的土地利用变化

表 7.5 河龙区间及 4 个流域的土地利用类型及变化

	土地利用类型	1990 年	2005 年	2015 年	2018 年	变化（1990—2005 年）		变化(2005—2018 年)	
		面积（km^2）	面积（km^2）	面积（km^2）	面积（km^2）	面积（km^2）	变化率（%）	面积（km^2）	变化率（%）
河龙区间	其他用地	1 114.19	1 087.23	924.73	867.49	−26.97	−2.42	−219.73	−20.21
	建设用地	686.07	853.50	1 989.52	2 966.86	167.43	24.40	2 113.36	247.61
	林地	6 630.91	7 613.13	7 373.75	7 401.93	982.22	14.81	−211.20	−2.77
	水体	726.95	733.18	666.92	730.79	6.23	0.86	−2.39	−0.33
	灌木地	8 771.61	9 024.23	9 093.87	9 070.49	252.62	2.88	46.26	0.51
	耕地	35 664.73	34 492.27	32 097.13	32 012.99	−1 172.46	−3.29	−2 479.28	−7.19
	草地	49 851.14	50 455.44	52 693.56	52 023.10	604.30	1.21	1 567.66	3.11
	裸地	9 121.89	8 310.17	7 728.43	7 477.97	−811.72	−8.90	−832.20	−10.01
窟野河	其他用地	276.76	200.64	190.01	171.27	−76.12	−27.50	−29.37	−15.46
	建设用地	79.80	134.54	499.69	886.14	54.74	68.60	751.59	150.41
	林地	265.69	386.07	389.67	380.24	120.38	45.31	−5.82	−1.49
	水体	91.60	91.52	73.90	78.98	−0.08	−0.09	−12.53	−16.96
	灌木地	114.50	104.59	103.46	100.47	−9.90	−8.65	−4.12	−3.99
	耕地	1 710.30	1 577.49	1 482.97	1 385.22	−132.82	−7.77	−192.26	−12.96
	草地	5 364.36	5 590.12	5 495.48	5 247.24	225.76	4.21	−342.88	−6.24
	裸地	750.34	568.40	418.19	401.94	−181.94	−24.25	−166.46	−39.81
朱家川	其他用地	10.35	10.42	10.11	10.14	0.06	0.62	−0.28	−2.69
	建设用地	31.03	34.57	80.06	82.98	3.54	11.40	48.41	140.05
	林地	323.68	333.86	330.92	337.93	10.18	3.14	4.07	1.22
	水体	2.52	2.87	2.68	2.79	0.35	13.96	−0.08	−2.94
	灌木地	477.87	473.96	455.29	455.00	−3.91	−0.82	−18.97	−4.00
	耕地	1 299.27	1 272.28	1 245.65	1 271.95	−26.99	−2.08	−0.33	−0.03
	草地	759.86	776.76	779.48	743.00	16.90	2.22	−33.76	−4.35
	裸地	0.26	0.26	0.70	0.71	0.00	0.34	0.45	170.45
延河	其他用地	5.13	4.19	3.99	3.77	−0.94	−18.33	−0.42	−9.98
	建设用地	23.76	31.84	47.25	84.25	8.09	34.03	52.41	164.57
	林地	287.67	498.75	516.05	514.80	211.08	73.37	16.05	3.22
	水体	21.76	17.27	20.96	23.21	−4.49	−20.65	5.94	34.41
	灌木地	527.70	563.31	603.87	609.15	35.61	6.75	45.84	8.14

续表

	土地利用类型	1990 年	2005 年	2015 年	2018 年	变化（1990—2005 年）		变化(2005—2018 年)	
		面积（km^2）	面积（km^2）	面积（km^2）	面积（km^2）	面积（km^2）	变化率（%）	面积（km^2）	变化率（%）
延河	耕地	3 284.93	3 065.07	2 416.47	2 380.90	−219.86	−6.69	−684.17	−22.32
	草地	3 447.84	3 418.42	3 991.64	3 977.33	−29.42	−0.85	558.91	16.35
	裸地	2.49	2.47	1.08	8.05	−0.01	−0.54	5.57	225.25
昕水河	其他用地	2.14	2.15	1.38	1.39	0.01	0.29	−0.75	−35.14
	建设用地	7.53	8.92	29.01	36.36	1.40	18.53	27.44	307.51
	林地	194.24	174.10	174.62	174.59	−20.14	−10.37	0.49	0.28
	水体	2.88	3.67	3.04	2.88	0.78	27.21	−0.79	−21.54
	灌木地	1 021.34	1 011.84	1 018.08	1 017.20	−9.50	−0.93	5.35	0.53
	耕地	1 011.79	1 012.23	941.64	935.75	0.44	0.04	−76.48	−7.56
	草地	2 028.70	2 055.76	2 100.70	2 099.48	27.06	1.33	43.72	2.13
	裸地	0.00	0.00	0.20	0.19	0.00	—	0.19	—

整个河龙区间 1986—2019 年的植被覆盖度呈现稳步上升的趋势，每年以 0.41%的速度递增(图 7.7)。通过对植被覆盖度数据进行进一步分析发现，1986—2000 年期间，植被覆盖度并没有明显的增加，主要呈现上下波动状态；2000 年后，植被覆盖度呈现明显的递增，相较于 1999 年，2019 年的植被覆盖度增大了 49%以上[11]。这表明，1999 年实施的退耕还林还草政策使该区域的植被得到了很好的恢复。随着对黄土高原治理进程的推进，河龙区间的径流泥沙也发生显著变化(图 7.8)。1985—2019 年的输沙量和径流量均呈现不

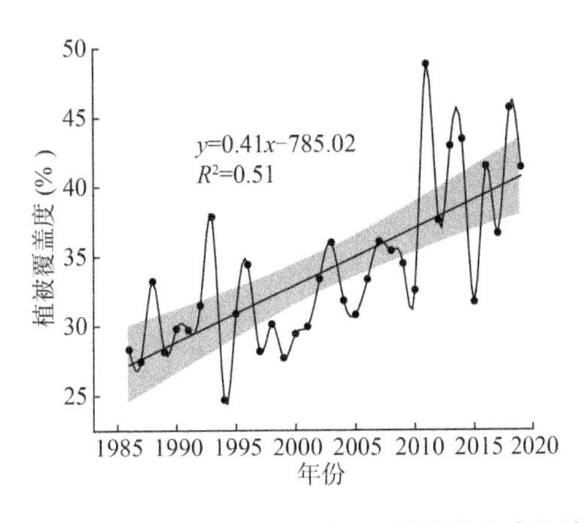

图 7.7　1986—2019 年河龙区间植被覆盖度变化特征

断递减的趋势，每年分别以 0.155 亿 t 和 0.89 亿 m^3 的速度减少。近年，河龙区间甚至有些年份输沙量为负值，呈现拦截、淤积的状况。

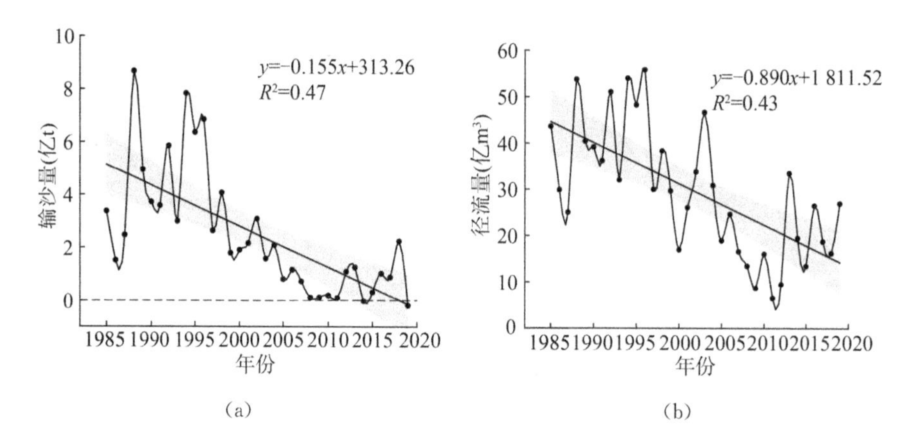

(a)　　(b)

图 7.8　1985—2019 年河龙区间输沙量及径流量变化情况

图 7.9(a)展示了水文站实测产沙模数与模型模拟值之间的关系。水文站 1990—2019 年实测平均产沙模数为 12.40 t/(hm² · a)，而 1990—2019 年模拟平均产沙模数为 14.54 t/(hm² · a)。根据散点图的线性拟合($R^2=0.85$)、纳什系数(NSE=0.81)及均方根误差(RMSE=5.69)结果，模型模拟效果较好，但与近年来的实测值相比，模型对近年产沙模数的模拟存在一定

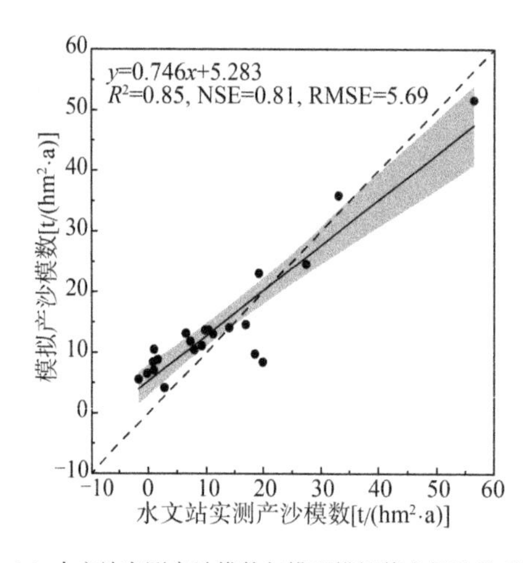

(a) 水文站实测产沙模数与模型模拟值之间的关系

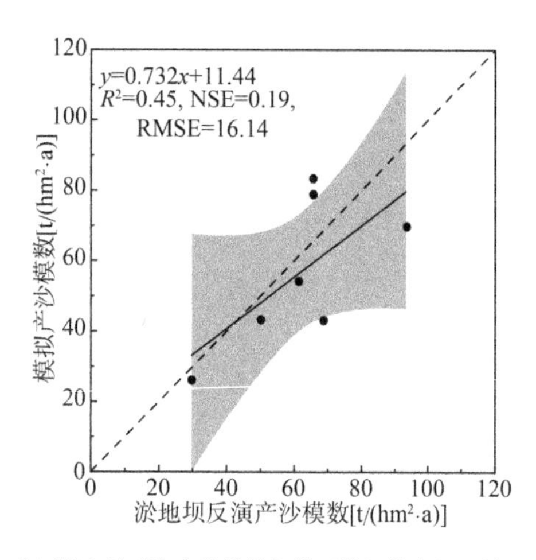

(b) 淤地坝反演产沙模数与模型模拟值之间的关系

图 7.9　实测与模拟产沙模数的比较

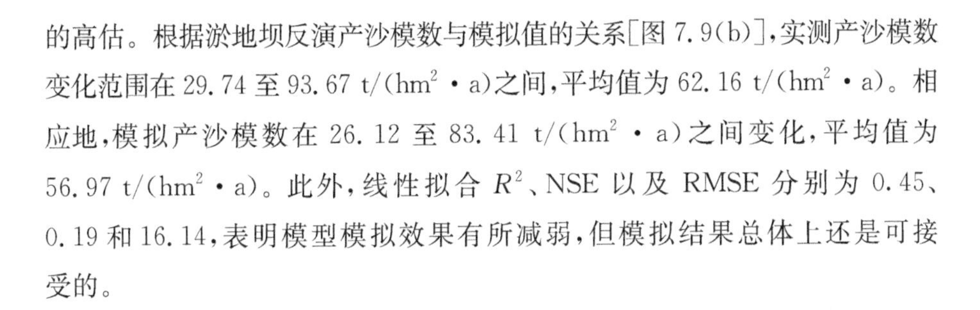

的高估。根据淤地坝反演产沙模数与模拟值的关系[图 7.9(b)]，实测产沙模数变化范围在 29.74 至 93.67 t/(hm^2 · a)之间，平均值为 62.16 t/(hm^2 · a)。相应地，模拟产沙模数在 26.12 至 83.41 t/(hm^2 · a)之间变化，平均值为 56.97 t/(hm^2 · a)。此外，线性拟合 R^2、NSE 以及 RMSE 分别为 0.45、0.19 和 16.14，表明模型模拟效果有所减弱，但模拟结果总体上还是可接受的。

7.2.2　河龙区间土壤侵蚀模数时空变化特征

根据《土壤侵蚀分类分级标准》(SL 190—2007)将河龙区间 1990 年、2005 年、2015 年以及 2018 年 4 期土壤侵蚀强度图划分为 6 个侵蚀级别[12]，各级别面积划分及占比见图 7.10 和表 7.6。依据河龙区间及 4 个典型流域土壤侵蚀强度的时空分布情况(图 7.10)，1990 年和 2005 年强度以上侵蚀区域主要集中在河龙区间的中下游，在 2015 年仅中游有少量的高强度侵蚀区，而在 2018 年该区域侵蚀情况有所加重，整个区域的上中下游中部均有较高强度的侵蚀区。结合表 7.6 展示的侵蚀产沙级别划分可知，虽然河龙区间微度侵蚀所占面积比例一直是最大的，但 1990 年和 2018 年该区域轻度及以上侵蚀的面积依然超过了 50%。1990—2015 年期间，微度侵蚀面积不断增大，轻度侵蚀面积变化不大，而中度以上侵蚀强度面积均呈现递减的趋势。这表明

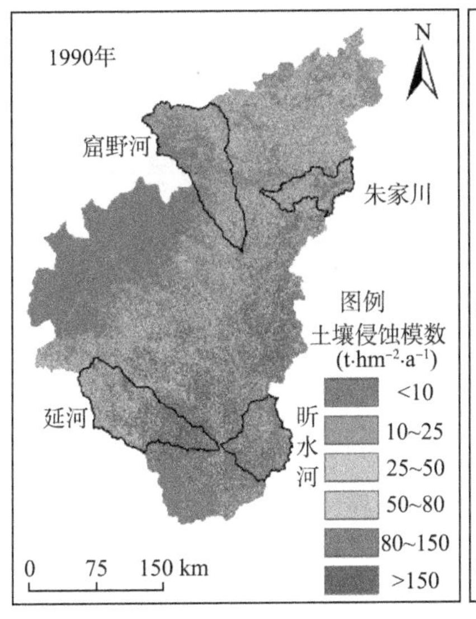

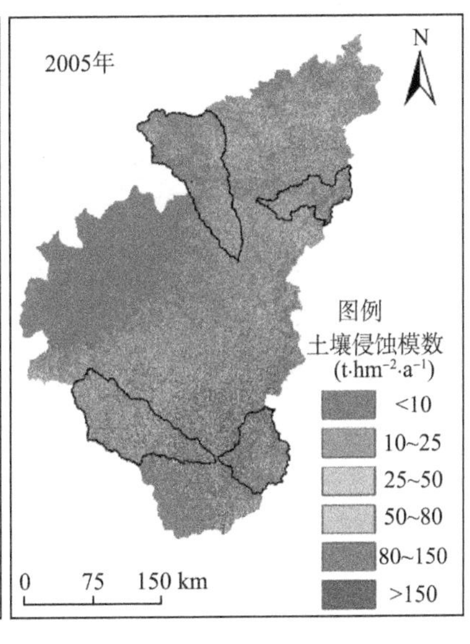

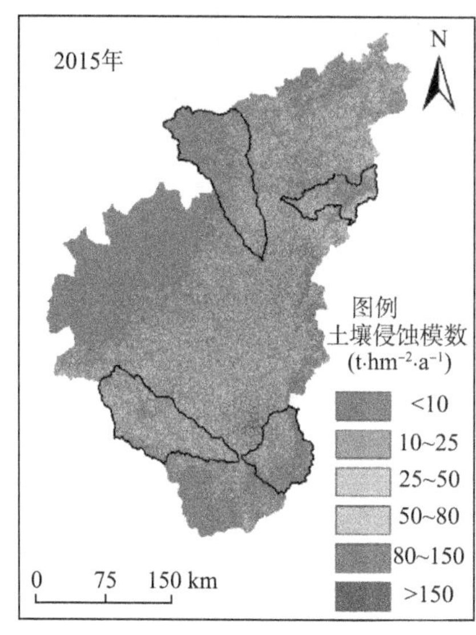

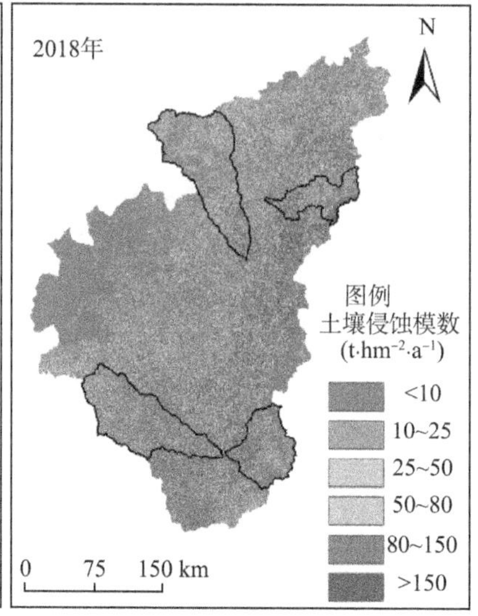

图 7.10 河龙区间及 4 个典型流域在不同年份的土壤侵蚀强度分布

在此期间，该区域的土壤侵蚀状况得到了很好的控制。然而，由于近年极端气候条件（如极端暴雨）频现，可以发现 2018 年河龙区间的土壤侵蚀现状出现了反弹，中度以上侵蚀强度面积均出现了小幅的增长。

表 7.6 1990—2018 年河龙区间侵蚀模数级别划分及面积占比

年份	微度	轻度	中度	强度	极强	剧烈
1990	36.40%	17.65%	15.41%	10.76%	12.76%	7.02%
2005	51.87%	16.59%	11.61%	7.12%	7.29%	5.53%
2015	58.78%	17.63%	11.63%	6.50%	4.37%	1.09%
2018	44.37%	17.84%	13.03%	7.36%	9.77%	7.62%

通过 GIS 工具依次提取 4 个典型流域的土壤侵蚀强度分布图，统计得到 4 个流域的平均侵蚀模数在不同年份的变化特征（图 7.11）。窟野河和朱家川流域较延河和昕水河流域的土壤侵蚀模数整体偏低，1990 年延河流域的平均侵蚀模数甚至达到 97.63 t/(hm^2 · a)，承受着极其严重的土壤侵蚀。此外，随着降雨侵蚀力的增大，2018 年的侵蚀模数较 2015 年均出现了反弹。

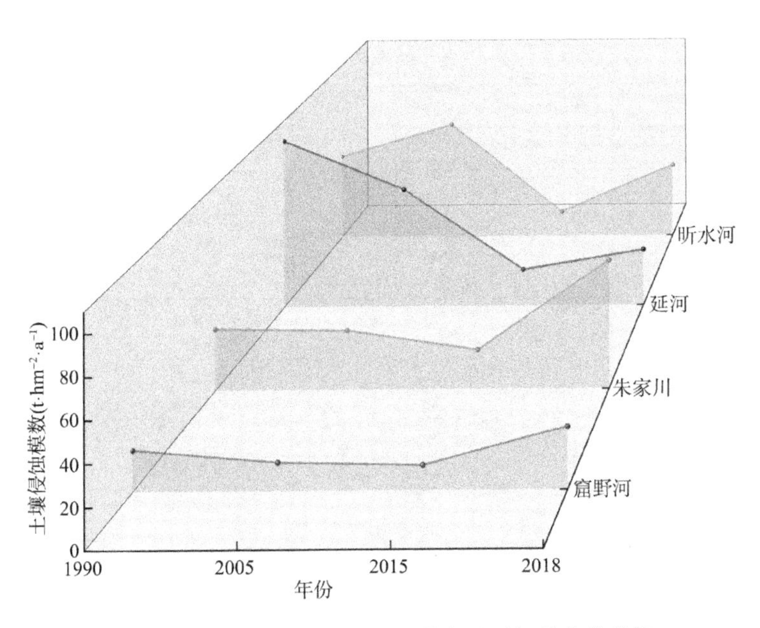

图 7.11　典型流域的土壤侵蚀模数随时间的变化特征

7.2.3　河龙区间产沙模数时空变化特征

通过统计整个河龙区间及 4 个典型流域在 1990—2018 年的平均泥沙输移比(图 7.12)可知,相较于 1990 年,1995 年的泥沙输移比稍微有所增大,随后区域及典型流域的泥沙输移比均呈现逐渐递减的趋势。对比 4 个典型流域的平均泥沙输移比[13],延河流域>窟野河流域>朱家川流域>昕水河流域。

将河龙区间 4 期产沙模数图划分为轻度[<10 t/(hm^2 · a)]、中度[10～50 t/(hm^2 · a)]和强度[>50 t/(hm^2 · a)]三个等级,各级别面积划分及占比见图 7.13 和表 7.6。由河龙区间及 4 个典型流域产沙模数的时空分布情况可知,1990 年强度等级以上产沙区域主要分布在河龙区间的中下游,2005 年产沙模数较高区域主要位于区域的下游,到 2015 年区域基本没有强度以上产沙区域,而在 2018 年区域产沙强度稍有增加,河龙区间仅在中游的中部分布少量较大产沙强度区域。根据表 7.7 可知,除了 1990 年的轻度面积占比低于 50%以外,其他年份的轻度面积占比均大于 70%。1990 年的强度面积占比最大,达到 24.23%;1990—2015 年,中度以上面积占比均呈现递减趋势,而在 2018 年,出现一定程度的反弹。

表 7.7 1990—2018 年河龙区间产沙模数级别划分及面积占比

年份	轻度	中度	强度
1990	42.65%	33.12%	24.23%
2005	72.69%	21.82%	5.49%
2015	88.93%	10.35%	0.72%
2018	77.42%	19.56%	3.02%

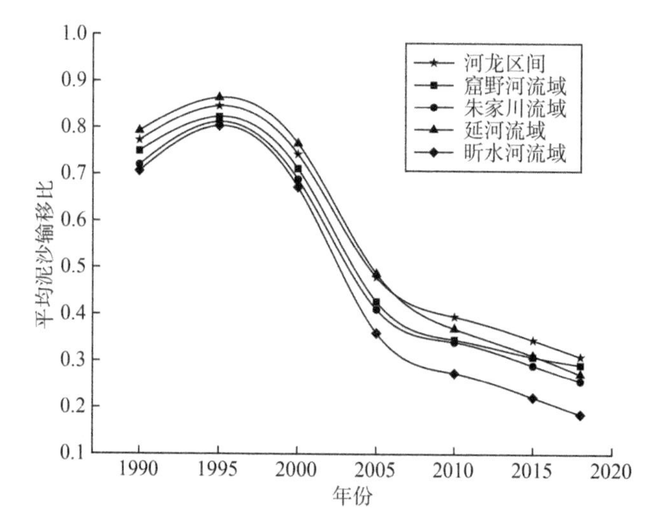

图 7.12 河龙区间及 4 个典型流域的泥沙输移比随时间的变化特征

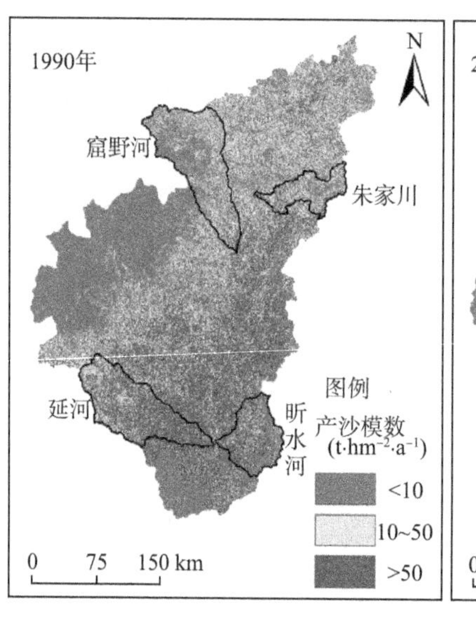

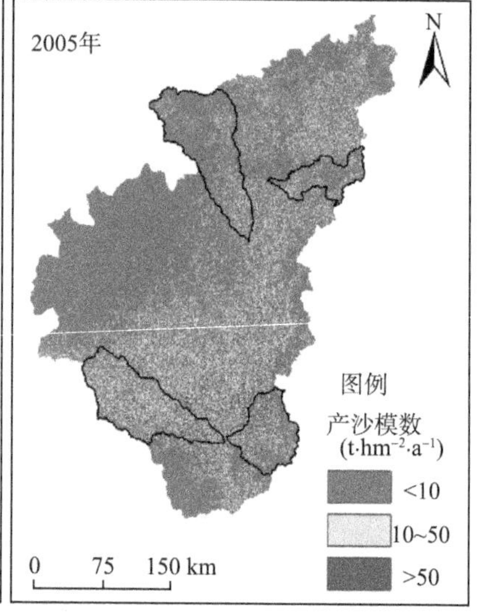

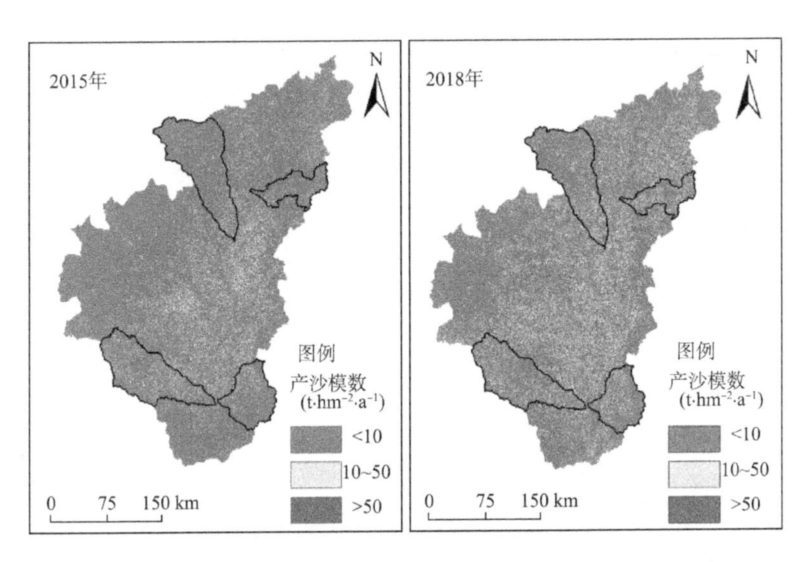

图 7.13　河龙区间及 4 个典型流域在不同年份的产沙模数分布

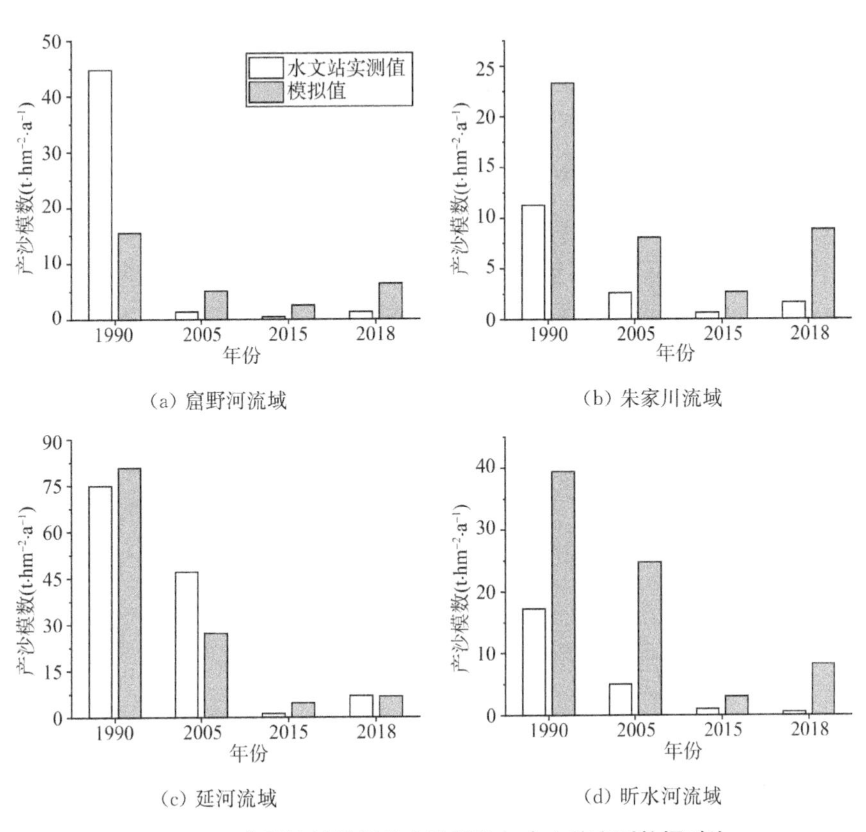

图 7.14　典型流域的平均产沙模数与水文站实测数据对比

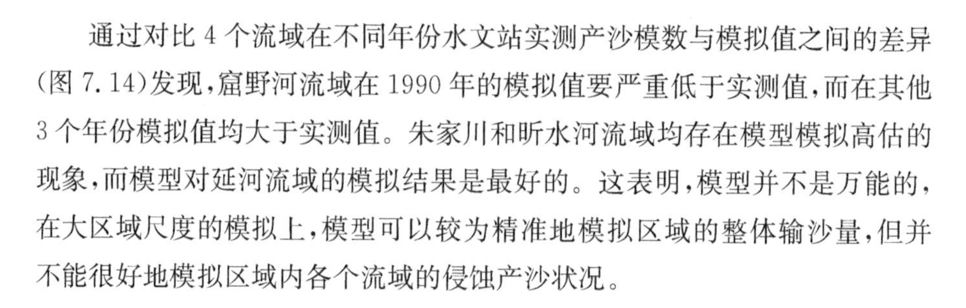
通过对比 4 个流域在不同年份水文站实测产沙模数与模拟值之间的差异(图 7.14)发现,窟野河流域在 1990 年的模拟值要严重低于实测值,而在其他 3 个年份模拟值均大于实测值。朱家川和昕水河流域均存在模型模拟高估的现象,而模型对延河流域的模拟结果是最好的。这表明,模型并不是万能的,在大区域尺度的模拟上,模型可以较为精准地模拟区域的整体输沙量,但并不能很好地模拟区域内各个流域的侵蚀产沙状况。

7.2.4　不同控制因素对输沙量的影响

表 7.7 显示了三个控制因素(降雨变化、水保措施和土地利用变化)对河龙区间不同时期输沙量减少的贡献。与 1990 年的平均降雨侵蚀力[1 366.23 MJ · mm/(hm^2 · h)]相比,2005 年平均降雨侵蚀力[1 188.90 MJ · mm/(hm^2 · h)]稍有降低,河龙区间输沙量总减少量为 2.71 亿 t,降雨变化、水保措施(建设淤地坝、梯田等)和土地利用变化的相对贡献率分别为 6.64%、41.70%和 51.66%;相较于 1990 年,2015 年的平均降雨侵蚀力[809.44 MJ · mm/(hm^2 · h)]明显下降,区域输沙量也进一步减少,达到 3.57 亿 t,三个控制因素对输沙量减少的相对贡献分别为 48.74%、27.73%和 23.53%。对比 2005 和 2015 年的模拟结果可知,当降雨侵蚀力显著下降时,气候变化对区域输沙量减少的影响是非常明显的,而水保措施与土地利用变化对泥沙减少的相对贡献是接近的。然而,相较于 1990 年,虽然 2018 年的平均降雨侵蚀力[1 940.50 MJ · mm/(hm^2 · h)]增大了,但区域输沙量总减少量依然达到 3.10 亿 t;此外,三个控制因素对输沙量减少的相对贡献也出现了比较大的变化,降雨变化、水保措施和土地利用变化的相对贡献率分别为−44.52%、31.61%和 112.91%。结果表明,在降雨强度大且频次较高的条件下,相比于水保措施,土地利用变化(生态恢复)对输沙量减少的作用更为突出。

为了进一步探讨土地利用类型中导致输沙量减少的关键因素,我们分析了不同土地利用类型在四个年份的产沙模数及产沙量(图 7.15)。1990 年耕地的产沙模数最大[51.21 t/(hm^2 · a)],贡献泥沙 1.82 亿 t;其次是草地的产沙模数,达到 34.84 t/(hm^2 · a),由于草地面积占比最大,贡献泥沙高达 1.74 亿 t。林地、灌木地和建筑用地的产沙模数相当,分别为 24.24 t/(hm^2 · a)、

表 7.8　不同控制因素对河龙区间输沙量减少的贡献

时间	降雨变化		水保措施		土地利用变化		总减少量（亿 t）
	减少量（亿 t）	贡献（%）	减少量（亿 t）	贡献（%）	减少量（亿 t）	贡献（%）	
1990—2005 年	−0.18	6.64	−1.13	41.70	−1.40	51.66	−2.71
1990—2015 年	−1.74	48.74	−0.99	27.73	−0.84	23.53	−3.57
1990—2018 年	1.38	−44.52	−0.98	31.61	−3.50	112.91	−3.10

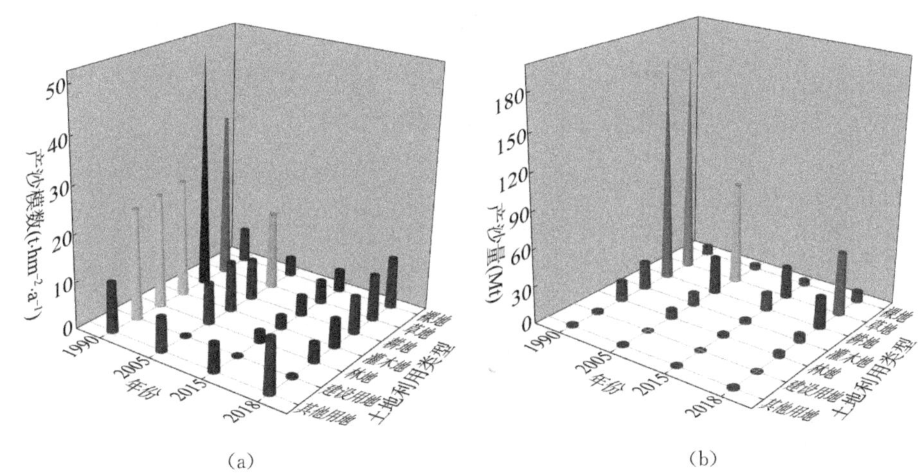

图 7.15　不同土地利用类型在不同年份对应的产沙模数及产沙量

25.03 t/(hm^2 · a)和 23.54 t/(hm^2 · a)。除了泥沙主要来源地（耕地和草地），其余土地类型累计贡献泥沙不足 0.5 亿 t。由于梯田改造、坡耕地退耕还林还草等措施的实施，2005 年耕地的产沙模数不再是最大，草地的产沙模数最大[16.46 t/(hm^2 · a)]，同样贡献了最多的输沙量（0.83 亿 t），耕地、灌木地、林地和其他用地类型的产沙模数相当。2015 年所有土地利用类型的产沙模数均比较小，虽然草地面积占比最大且在不断递增，但也仅输出了 0.25 亿 t 的泥沙；而相较于 2015 年，2018 年的整体产沙模数均有所反弹，耕地、草地、裸地和其他用地的产沙模数相当，均在 8～12 t/(hm^2 · a)。草地（面积占比最大）和耕地作为泥沙的两个主要来源地，分别贡献了 0.51 亿 t 和 0.26 亿 t 泥沙。

7.3 结论

本章基于河龙区间及各支流遥感数据、DEM数据、降雨、径流、泥沙数据及淤地坝数据，探明了气候变化及人类活动对支流输沙量减少的贡献，估算了不同流域在不同时期的骨干坝拦沙量，明确了骨干坝拦沙对支流输沙量减少的贡献；然后采用水文站实测输沙量数据以及坝控小流域反演的产沙模数数据分别对SEDD模型进行校准和验证，进而模拟整个河龙区间的侵蚀产沙现状，量化降雨、水保措施（建设淤地坝、梯田等）、土地利用变化（植被恢复）对区域输沙量减少的相对贡献。得到主要结论如下：

(1) 通过数据收集、统计及分析，河龙区间共有3 703座骨干坝，其中无定河流域的骨干坝数量最多(1 139座)，总库容最大(13.3×10^8 m^3)。无定河、佳芦河、蔚汾河流域骨干坝的淤积比均达到60%以上。整个河龙区间的NDVI值在1999年前呈上下波动状态，1999年后稳步上升。这表明，1999年退耕还林还草工程的实施，极大地促进了该地区的生态恢复。近60年来，各支流年输沙量均呈显著下降趋势($P<0.01$)。

(2) 与参考期(1956—1979年)相比，12条支流的年平均输沙量在1时段(1980—1999年)和2时段(2000—2018年)分别减少了57.5%和89.2%。截至2018年，这些支流的减沙量基本都在90%以上，主要受人类活动的影响。虽然河龙区间骨干坝的坝控面积在不断增大，但骨干坝的年拦沙量有所下降。在1时段，黄河流域右岸骨干坝的平均减沙效率远高于黄河流域左岸。此外，选定流域的骨干坝平均减沙效率由1时段的24.38%下降至2时段的11.24%。

(3) 退耕还林还草政策实施以来，河龙区间土地覆被变化整体表现为耕地和裸地不断向林地、草地及建设用地的转换。整个区域的植被覆盖度在2000年前表现为上下波动，2000年后呈现明显递增趋势。1985—2019年河龙区间产生的输沙量和径流量均呈现不断递减的趋势，每年分别以0.155亿t和0.89亿m^3的速度减少。根据《土壤侵蚀分类分级标准》，虽然河龙区间微度侵蚀所占面积比例最大，但1990年和2018年该区域超过容许侵蚀强度的面积比例依然超过了50%。随着降雨侵蚀力的增大，2018年河龙区间及4个典型流域的土壤侵蚀模数较2015年均出现了反弹。降雨侵蚀力的增大会导致土壤侵蚀的加剧，但水保措施和植被恢复能有效阻断泥沙的输移，使区域的输沙量增幅大大减小。

（4）对4个典型流域的模拟值与水文站实测值进行比较发现，模型对延河流域的模拟效果最好。相较于1990年，2015年区域输沙量减少了3.57亿t，降雨变化、水保措施和土地利用变化对输沙量减少的相对贡献分别为48.74%、27.73%和23.53%；而由于2018年的平均降雨侵蚀力增大，3个控制因素的相对贡献率分别为−44.52%、31.61%和112.91%。综合分析可知，当降雨侵蚀力显著下降时，气候变化对区域输沙量减少的影响是非常明显的，水保措施与土地利用变化对泥沙减少的相对贡献率是接近的。而在降雨强度大且频次较高的条件下，相较于水保措施，土地利用变化（生态恢复）对输沙量减少的作用更为突出。

参考文献

[1] ZHANG X, SHE D. Quantifying the sediment reduction efficiency of key dams in the Coarse Sandy Hilly Catchments region of the Yellow River basin, China[J]. Journal of Hydrology, 2021, 602: 126721.

[2] CHEN Y P, WANG K B, LIN Y S, et al. Balancing green and grain trade[J]. Nature Geoscience, 2015, 8(10): 739-741.

[3] YANG X N, SUN W Y, LI P F, et al. Reduced sediment transport in the Chinese Loess Plateau due to climate change and human activities[J]. Science of the Total Environment, 2018, 642(1): 591-600.

[4] GAO P, DENG J, CHAI X, et al. Dynamic sediment discharge in the Hekou-Longmen region of Yellow River and soil and water conservation implications[J]. Science of the Total Environment, 2017, 578: 56-66.

[5] SHI P, ZHANG Y, REN Z P, et al. Land-use changes and check dams reducing runoff and sediment yield on the Loess Plateau of China[J]. Science of the Total Environment, 2019, 664: 984-994.

[6] 王传贵,梅雪梅,张国军,等. 1989—2019年黄河宁夏段支流水沙变化规律及其驱动因素[J]. 地球科学与环境学报,2023,45(4):844-856.

[7] BORJA P, MOLINA A, GOVERS G, et al. Check dams and afforestation reducing sediment mobilization in active gully systems in the Andean mountains[J]. Catena, 2018, 165: 42-53.

[8] LI Z W, XU X L, YU B F, et al. Quantifying the impacts of climate and human activities on water and sediment discharge in a karst region of southwest China[J]. Journal of Hydrology, 2016, 542: 836-849.

[9] WANG S, FU B J, PIAO S L, et al. Reduced sediment transport in the Yellow River due to anthropogenic changes[J]. Nature Geoscience, 2015, 9(1): 38-41.

[10] 刘强,尉飞鸿,夏雪等. 1980—2020年窟野河流域土地利用景观格局演变及其驱动力[J]. 水土保持研究,2023,30(5):335-341.

[11] TIAN P, TIAN X J, GENG R, et al. Response of soil erosion to vegetation restoration and terracing on the Loess Plateau[J]. Catena,2023,227:107103.

[12] 王伟,黄绘青,胡銮运. 湖南省典型区域土壤侵蚀监测方法研究与应用[J]. 测绘通报,2023(7):149-153.

[13] ZHAO G J, GAO P, TIAN P, et al. Assessing sediment connectivity and soil erosion by water in a representative catchment on the Loess Plateau, China[J]. Catena, 2020, 185:104284.